本书配套光盘使用说明

本书配有一张 DVD 光盘，里面包含了 22 段实用科研绘图技巧的视频内容，与书中各小节的教学内容相匹配。当读者阅读到此处时，可以通过三种方式来观看视频：一、通过读取 DVD 光盘中的视频文件；二、通过扫描书中对应章节处的二维码来直接下载视频内容；三、关注"中科幻彩"的微信公众号，回复五位书号给后台，可以看到视频目录，点击即可随时观看。

视频内容：Chemdraw 中计算分子键角键长的方法（对应 2.2.2 小节的教学内容）
视频时长：2 分 40 秒

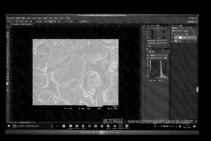

视频内容：Photoshop 中利用曲线调整图层使图像数据更有层次感（对应 2.3.1 小节的教学内容）
视频时长：3 分 07 秒

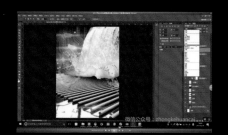

视频内容：Photoshop 中图像混合模式在伪彩上色处理中的应用（对应 2.3.2 小节的教学内容）
视频时长：3 分

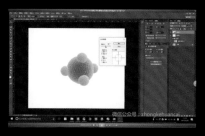

视频内容：Photoshop 中使用模糊工具处理图像杂色噪点及其他应用（对应 2.3.3 小节的教学内容）
视频时长：3 分 22 秒

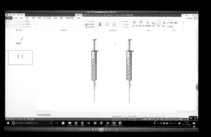

视频内容：PPT 中快速排列图形元素（对应 2.4.1 小节的教学内容）
视频时长：3 分 18 秒

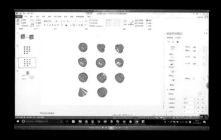

视频内容：PPT 中让图形更立体的参数设置方法（对应 2.4.2 小节的教学内容）
视频时长：2 分 52 秒

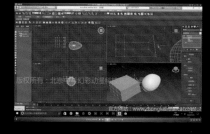

视频内容：3ds Max 中调整几何体形状工具 FFD 的使用方法（对应 3.1.2 小节的教学内容）
视频时长：4 分 26 秒

视频内容：AI 中使用图形网格工具使物体具有立体感（对应 3.1.5 小节的教学内容）
视频时长：2 分 20 秒

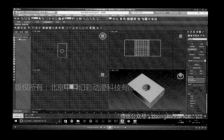

视频内容：3ds Max 中快速创建准确的分子模型晶格工具的使用方法（对应 3.2.2 小节的教学内容）
视频时长：2 分 20 秒

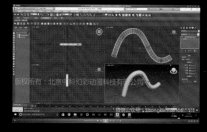

视频内容：3ds Max 中创建任意弯曲形状路径的变形绑定工具的使用方法（对应 3.3.1 小节的教学内容）
视频时长：3 分 35 秒

视频内容：3ds Max 中快速创建规律排列的晶体模型阵列工具的使用方法（对应 3.3.3 小节的教学内容）
视频时长：2 分 24 秒

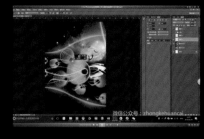

视频内容：Photoshop 中利用画笔工具绘制光电磁材料（对应 3.4.3 小节的教学内容）
视频时长：3 分 42 秒

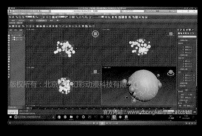

视频内容：3ds Max 中一次性创建大量相同模型的散布工具的使用方法（对应 3.4.4 小节的教学内容）
视频时长：3 分 37 秒

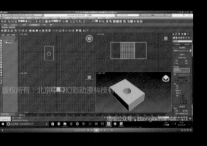

视频内容：3ds Max 中使用布尔工具制作多孔模型的方法（对应 3.7.4 小节的教学内容）
视频时长：2 分 20 秒

视频内容：Photoshop 与 AI 结合快速创建复杂箭头（对应 4.3 节的教学内容）
视频时长：2 分 28 秒

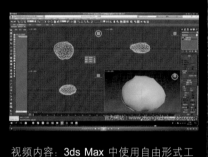

视频内容：3ds Max 中使用自由形式工具绘制细胞表面的凹凸（对应 5.1.2 小节的教学内容）
视频时长：3 分 11 秒

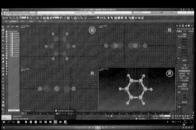

视频内容：3ds Max 中利用工作轴构建分子结构（对应 5.2.2 小节的教学内容）
视频时长：3 分 39 秒

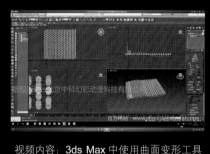

视频内容：3ds Max 中使用曲面变形工具制作氮化硼平面（对应 5.3.1 小节的教学内容）
视频时长：8 分 11 秒

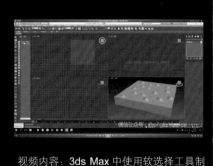

视频内容：3ds Max 中使用软选择工具制作材料表面的鼓包（对应 5.3.2 小节的教学内容）
视频时长：2 分 02 秒

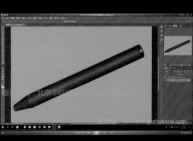

视频内容：Photoshop 中钢笔工具的抠图技巧（对应 5.4.1 小节的教学内容）
视频时长：3 分 29 秒

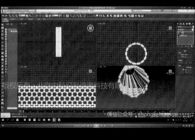

视频内容：3ds Max 中使用弯曲修改器制作碳纳米管（对应 5.4.1 小节的教学内容）
视频时长：3 分 29 秒

视频内容：Photoshop 中使用蒙版工具制作渐变背景（对应 5.6.3 小节的教学内容）
视频时长：1 分 25 秒

科研文章中的插图欣赏

01 一种新型的石墨烯制备方法

02 柔性材料多维展示

03 氧化石墨烯包裹核壳结构

04 打印模板法制备金电极

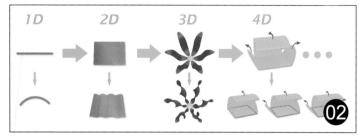

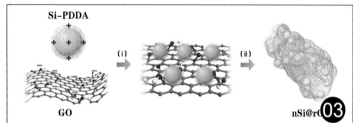

05 G4 链体荧光探针

06 图示说明：抗冻蛋白

07 图示说明：海上钻井平台油气采集

08 图示说明：微流控制备法与透析制备法的比较

09 图示说明：新型电容器

科研文章中的插图欣赏

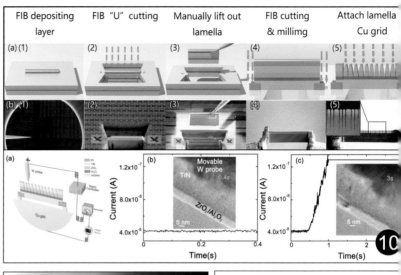

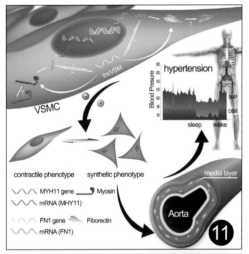

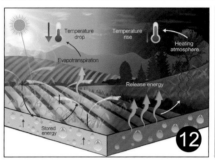

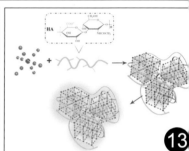

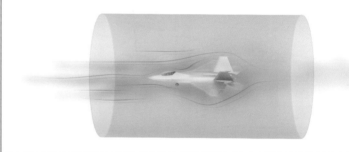

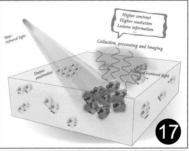

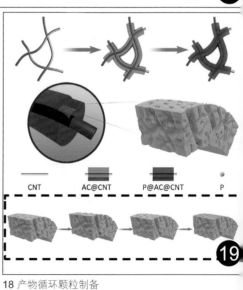

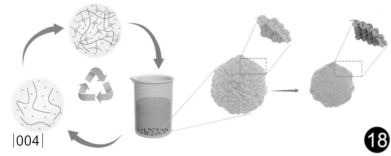

0 靶向药物治疗疾病
1 红细胞载体的新型药物治疗肿瘤
2 电池爆炸过程
3 双网络凝胶制备方法
4 药物可控释放
5 芽结构

26 微小动态力引发的力致发光现象
27 修饰后的金纳米颗粒用于生化分析
28 纳米花组装过程
29 纳米片空心球的制备

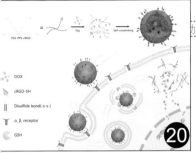

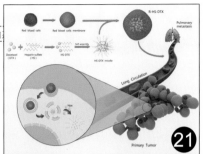

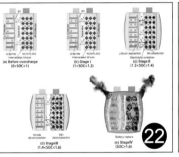

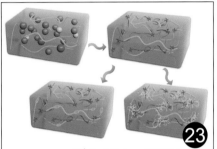

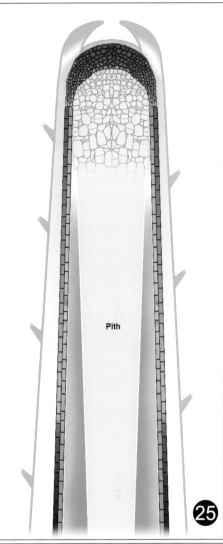

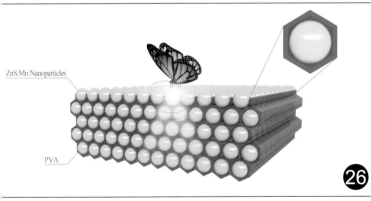

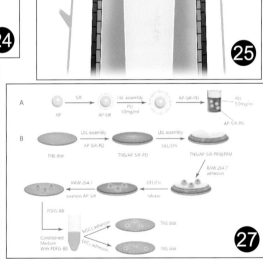

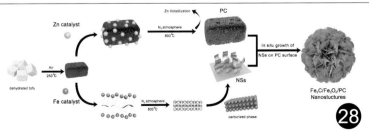

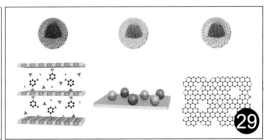

Volume 52 | Number 62 | 11 August 2016 | Pages 9603–9734

ChemComm

Chemical Communications

www.rsc.org/chemcomm

ISSN 1359-7345

ROYAL SOCIETY
OF CHEMISTRY

COMMUNICATION
Cheng He *et al.*
Engineering an iridium-containing metal–organic molecular capsule for
induced-fit geometrical conversion and dual catalysis

175 YEARS

委托制作单位：大连理工大学

学科：有机化学

图示说明：通过交联一种碳离子和可转换的双催化剂，实现了在 Ir2Co3 类型的胶囊中定量的动态胶囊 - 胶囊转换。

Volume 5   Number 27   21 July 2017   Pages 5287–5508

Journal of
Materials Chemistry B

Materials for biology and medicine

rsc.li/materials-b

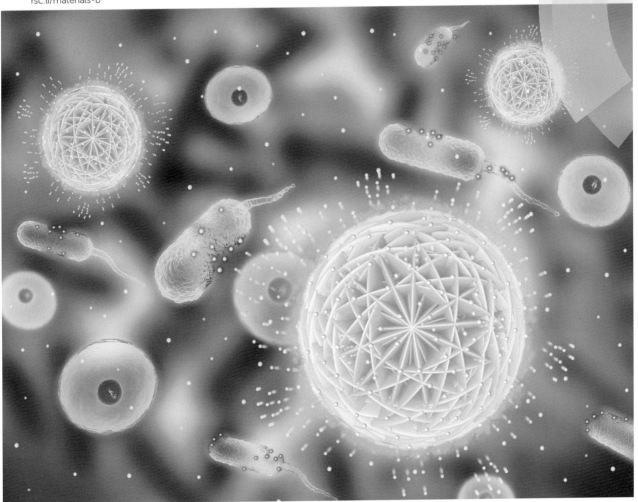

ISSN 2050-750X

**ROYAL SOCIETY
OF CHEMISTRY**

PAPER
Hongyan Sun, Zuankai Wang *et al.*
In situ reduction of silver nanoparticles on hybrid polydopamine–copper phosphate nanoflowers with enhanced antimicrobial activity

委托制作单位：香港城市大学

学科：纳米生物医学

图示说明：分支导致烷基化聚合物与 **DNA** 结合，这个研究体系具有更高的纳米颗粒稳定性、更高的基因转染细胞吸收和更好的性能。

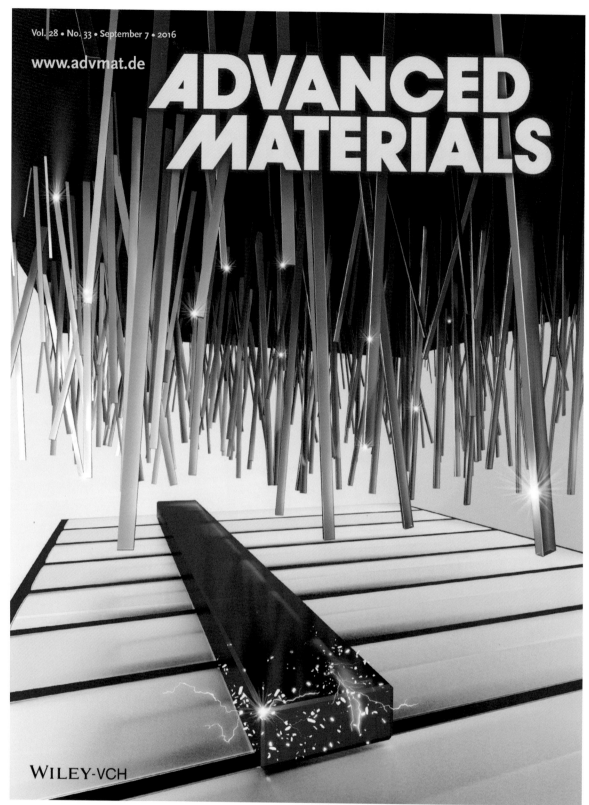

Vol. 28 • No. 33 • September 7 • 2016

www.advmat.de

ADVANCED
MATERIALS

WILEY-VCH

委托制作单位：中国科学院化学研究所
学科：电化学
图示说明：AgTCNQ 的固态电解质性质使 Ag 离子在外部诱导下迁移到电极（ AgTCNQ 界面上），形成纳米导电纤维，由此揭开了 AgTCNQ 的开关之谜。

Vol. 28 • No. 17 • May 4 • 2016

www.advmat.de

ADVANCED MATERIALS

WILEY-VCH

委托制作单位：深圳大学

学科：纳米生物医学

图示说明：P. Huang、X. Chen 和同事报道了一种基于磁性黑色素纳米颗粒 (MMNs) 的多功能生物模拟剂，该试剂能将正电子发射的断层摄影 (PET)、磁共振 (MR)、光声 (PA) 和光热 (PT) 用于多模成像，MMNs 还能有效地屏蔽紫外线和辐射。

A Journal of the Gesellschaft Deutscher Chemiker

Angewandte
GDCh
International Edition
Chemie
www.angewandte.org
2017–56/11

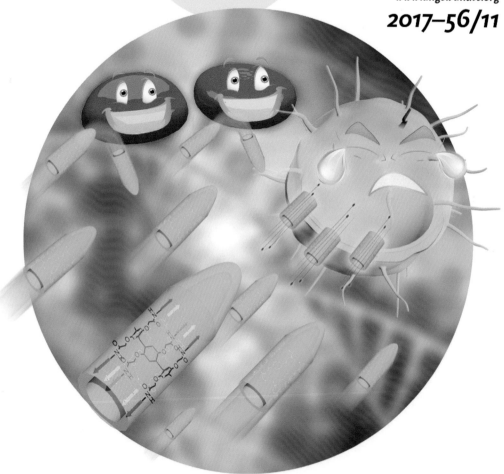

Synthetic transmembrane channels ...

... are rationally designed molecules that can transport ions by formation of nanopores that span the lipid bilayer, and provide an alternative strategy for the development of membrane-active antimicrobials. However, few such channels show membrane selectivity. In their Communication on page 2999 ff., J.-L. Hou and co-workers report a channel that is able to specifically insert into the lipid bilayers of Gram-positive bacteria but not into those of mammalian erythrocytes.

WILEY-VCH

委托制作单位：复旦大学
学科：纳米科技
图示说明：一种运输离子时能够穿过磷脂双分子层的纳米孔。

A Journal of the Gesellschaft Deutscher Chemiker

Angewandte
GDCh
Chemie
International Edition

www.angewandte.org
2017–56/14

A powerful methylating agent:

In contrast to all other known *S*-adenosylmethionine (SAM) dependent methyltrans-
ferases, the enzyme NosN does not produce *S*-adenosylhomocysteine (SAH) as a
coproduct, as shown by Q. Zhang and co-workers in their Communication on
page 3857 ff. Instead, NosN converts SAM into 5'-methylthioadenosine as a direct
methyl donor, by employing a radical-based mechanism for the methylation and release
of 5'-thioadenosine as a coproduct.

WILEY-VCH

委托制作单位：复旦大学
学科：生物催化
图示说明：一种活性生物酶。

A Journal of the Gesellschaft Deutscher Chemiker

Angewandte

GDCh

International Edition

Chemie

www.angewandte.org

2016–55/41

Cover Picture

Y. Wu, Y. Li et al.

Porous Molybdenum Phosphide Nano-Octahedrons Derived from
Confined Phosphorization in UIO-66 for Efficient Hydrogen Evolution

WILEY-VCH

ACIEFS 55 (41) 12545–12914 (2016) · ISSN 1433–7851 · Vol. 55 · No. 41

委托制作单位：中国科学技术大学

学科：纳米科技

图示说明：多孔钼磷化纳米八面体从狭窄的磷化 UIO-66 中获得高效的氢演化。

A Journal of the Gesellschaft Deutscher Chemiker

Angewandte

GDCh

Chemie

International Edition

www.angewandte.org

2017–56/5

Efficient tumor eradication ...

... by endogenous synergistic cancer therapy has been developed by combining NO gas therapy with starvation of tumor cells. In their Communication on page 1229 ff., P. Huang, T. Wang, X. Chen et al. describe a biocompatible porous nanocapsule formula made of an organosilicate that transports glucose oxidase and L-arginine into tumor cells simultaneously. This glucose-responsive nanomedicine shows sequential generation of H_2O_2 and NO.

150 Years GDCh

WILEY-VCH

委托制作单位：深圳大学
学科：生物医学
图示说明：一种使用氮气的癌细胞治疗理论。

Volume 13 · No. 6 – February 10 2017

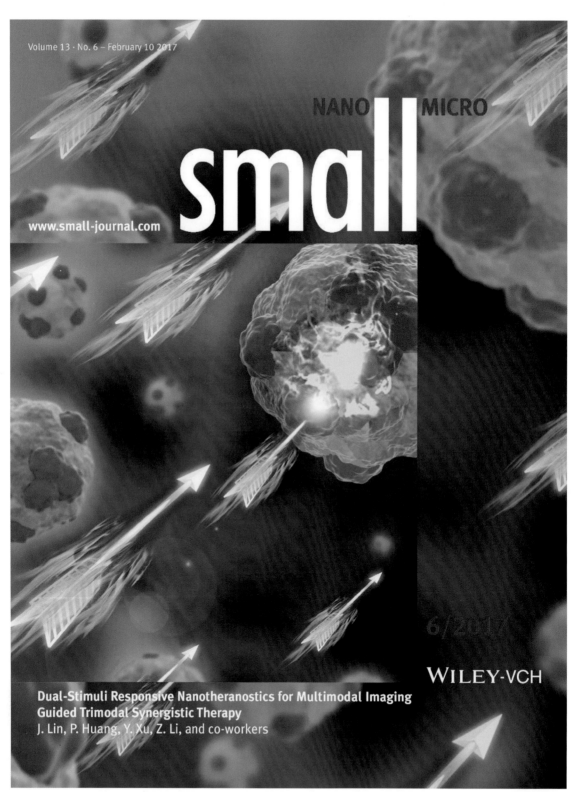

NANO || MICRO

small

www.small-journal.com

6/2017

WILEY-VCH

Dual-Stimuli Responsive Nanotheranostics for Multimodal Imaging Guided Trimodal Synergistic Therapy
J. Lin, P. Huang, Y. Xu, Z. Li, and co-workers

委托制作单位：深圳大学
学科：生物医学
图示说明：一种双刺激的多模态指导的三模式协同诊疗方法。

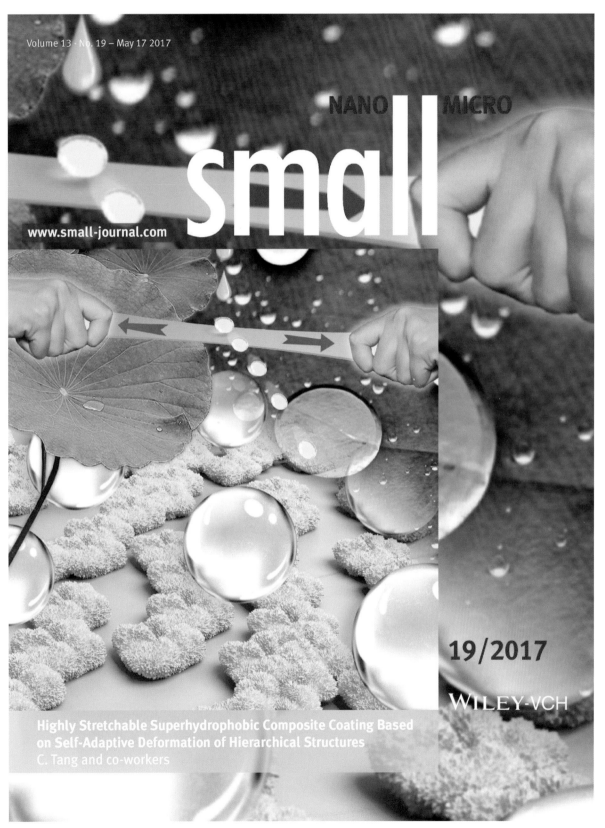

Volume 13 · No. 19 – May 17 2017

www.small-journal.com

NANO · MICRO

small

19/2017

WILEY-VCH

Highly Stretchable Superhydrophobic Composite Coating Based on Self-Adaptive Deformation of Hierarchical Structures
C. Tang and co-workers

委托制作单位：中物院成都科技发展中心
学科：材料
图示说明：基于自适应变形的分层结构的高度可拉伸的超疏水性复合涂层。

Volume 53 | Number 8 | 28 January 2017 | Pages 1329–1434

ChemComm

Chemical Communications

rsc.li/chemcomm

ISSN 1359-7345

ROYAL SOCIETY OF CHEMISTRY

COMMUNICATION
Hai-Yu Hu *et al.*
Aminoglycoside-based novel probes for bacterial diagnostic and therapeutic applications

委托制作单位：中国医学科学院药物研究所
学科：医药学
图示说明：氨基苯二胺类的新探针用于细菌诊断和治疗应用。

科研论文配图
设计与制作
从入门到精通

 中科幻彩
FantasticColour　　　编著

人民邮电出版社
北　京

图书在版编目（CIP）数据

科研论文配图设计与制作从入门到精通 / 中科幻彩
编著. -- 北京 ：人民邮电出版社，2017.12（2024.4重印）
ISBN 978-7-115-46620-4

Ⅰ．①科… Ⅱ．①中… Ⅲ．①科学技术－论文－绘图
技术 Ⅳ．①TB232

中国版本图书馆CIP数据核字(2017)第209863号

内 容 提 要

本书针对科研人员在科学可视化表达中最关心的问题——科研论文配图的设计与制作进行了全面的介绍。

全书共分6章，第1章主要介绍了科学可视化的定义、科研论文设计的思路及图像要求，还有一些绘图必备软件的介绍；第2章则分别讲解了 Origin 实验数据、电镜图的图像数据、PPT 中的图形美化、论文的排版技巧等内容；第3章以特色案例的形式很有针对性地介绍了生命科学与医学类、化学化工类、材料类、物理类、航空航天类、生态与地理类、能源与电池类等文章中的插图设计流程；第4章则进阶讲解了科研论文 TOC 内容图和 Scheme 流程图的设计要求和应用举例；第5章则介绍了各类科研论文的封面设计方案；第6章则以前瞻性的眼光总结了科学可视化的发展大趋势；最后，本书的制作团队还给大家罗列出了各款常用设计软件的快捷键设置和配色最优方案，通过扫码来获取科研绘图设计的常用素材，还有大家在制作过程中的一些常见问题解答。本书附赠 1 张 DVD 光盘，里面包含了 22 段视频教学，总时长近 100 分钟，主要讲解了各款软件在实际应用中的一些很有针对性的技巧。

本书实例丰富精美，图文并茂，结构清晰，具有实用性和针对性强的特点，不仅适合在读的研究生、即将进入研究生学习生活的大学生及高校研究院所等科研单位的工作者，也适合需要进一步学习科研绘图设计思路和高级技巧的群体阅读。

♦ 编　著　中科幻彩
　　责任编辑　王　铁
　　责任印制　陈　犇
♦ 人民邮电出版社出版发行　　北京市丰台区成寿寺路 11 号
　　邮编　100164　　电子邮件　315@ptpress.com.cn
　　网址　https://www.ptpress.com.cn
　　涿州市般润文化传播有限公司印刷
♦ 开本：787×1092　1/16　　　　彩插：8
　　印张：19.5　　　　　　　　2017 年 12 月第 1 版
　　字数：576 千字　　　　　　2024 年 4 月河北第 23 次印刷

定价：98.00 元（附光盘）

读者服务热线：(010)81055296　印装质量热线：(010)81055316
反盗版热线：(010)81055315
广告经营许可证：京东市监广登字 20170147 号

Science 杂志编辑说过："我通常审阅一篇文章只用 1 分钟。"在如此短暂的时间里，想脱颖而出，高质量的论文配图是必需的。在现代科研中，论文配图水平的高低直接影响到论文质量的好坏，而每一位导师都盼望学生发表高水平的论文。论文配图当之无愧地成为了继学习成绩和英语能力后考研学子复试加分的重要法宝，甚至在研究生学习生涯中直接决定了研究水平的高低，而只有高水平的研究才能获得各种奖学金和出国留学或留校工作的机会。

为了满足越来越多的科研人员对于科学可视化技能的学习需求，中科幻彩特别编写科技论文配图与数据图处理美化的工具书，以飨读者。作为一本简洁实用的科学可视化技能的入门与提高教程，本书立足于科研绘图中最常用、最实用的软件功能，力求为读者提供一套门槛低、易上手、能提升的科研绘图学习方案，同时也能够满足教学、培训等方面的使用需求。

本书具有以下四个方面的特色。

① 100 位博士学历专业设计师心血之作，30 名研究员参与指导，针对性强，书中讲解内容均来自各学科实际需求，经验技巧尽在其中。

② 1000 场线下科研绘图培训经验总结，9000 名学员的疑难汇总，每个知识点来源于学生实际操作，真正完全零基础学起，从入门到精通。

③ 500 套精美 PPT 模板，10000 多套 PPT 标签素材，1300 余个灯光特效素材，500 余张贴图素材，配套资源丰富，素材效果一应俱全，高效助力科研配图设计。

④ 300 页图书内容，100 个疑难解答，近 100 分钟配套视频技巧提示，集合全学科的完全自学教程。

本书编写特点如下。

① 完全从零开始，从入门到精通。

② 针对性强，书中讲解所有内容均来自于全国各地上千位科研人员提出的实际需求。

③ 案例丰富精美，满足理工科学生实际需求。

④ 把握时代脉络，内容详略得当，在线助教随时答疑。

本书的内容结构如下。

第 1 章　科学可视化的应用。主要介绍科学可视化的表达形式、科研论文图像的基本要求及主要软件在科研绘图中的应用。

第 2 章　科研实用数据的美化处理。主要介绍实验数据美化处理相关软件的使用方法及科研汇报中的技能提升。

第 3 章　科研论文插图设计。主要介绍不同学科类别科研论文插图设计制作的基本方法。

第 4 章　科研论文 TOC & Scheme 设计。主要介绍 TOC & Scheme 图像的制作方法和设计思路。

第 5 章　科研论文封面设计。主要介绍科研论文封面的设计思路和制作方法。

第 6 章　科学可视化的发展趋势。主要介绍科研视频短片的基本制作方法及科研可视化发展的方向和趋势。

本书所有学习资源均可在线下载，扫描封底的"资源下载"二维码，关注我们的微信公众号即可获得资源文件下载方式。在资源下载过程中如有疑问，可通过在线客服或客服电话与我们联系。在学习的过程中，如果遇到问题，也欢迎您与我们交流，我们将竭诚为您服务。

官方网站：www.zhongkehuancai.com

客服邮箱：zhongkehuancai@126.com

在线客服：3010463275（QQ 号）

在线助教：扫描微信二维码或 1017059874（QQ 号）

编者

2017.6 于中科院

特别鸣谢人员名单

剑桥大学赵其斌博士

北京大学王艺蒙博士

清华大学方维博士、孙玉玲博士

上海交通大学赵敏硕士

复旦大学张敏博士

中国科学院化学研究所宁浩然博士、张沛森博士、李颖颖博士、侯毅研究员、凤建岗博士、郎双雁博士、苏萌博士、曹诣宇硕士

中国科学院物理研究所刘帅博士、李岳乔博士

中国科学技术大学王翔博士、张代轩博士、牛淑文博士

国家纳米科学中心杨洋研究员、翟文超硕士、闻妍硕士

中国科学院青藏高原研究所裴顺平研究员

中国科学院力学研究所杜宇博士

中国科学院兰州物理化学研究所李朝霞硕士

中国科学院微电子研究所卜祥玺博士

中国科学院地理科学与资源研究所乔鹏炜博士

中国科学院近代物理研究所袁海博老师

中国科学院北京纳米能源与系统研究所潘曹峰研究员

中国科学院山西煤炭化学研究所陈舒瑶博士

中国科学院理化技术研究所赵宇飞研究员

中国科学院上海有机化学研究所张珍珍博士

中国科学院大连化学物理研究所孙秀成博士

中国科学院计算机网络信息中心向荣硕士、刘鹏硕士、郑双美老师、王英老师

北京航空航天大学杜建勋博士、王新龙教授

天津大学赵强博士

山东大学张宏淑硕士

苏州科技大学陈硕然博士

苏州大学林雨博士

中国农业大学王晨曦博士

解放军总医院邢鹤林博士

同济大学鲍昱辰硕士

北京师范大学孙颖郁教授

深圳大学黄鹏教授

浙江大学鲍晓冰硕士

北京化工大学周雪硕士

哈尔滨工程大学刘斌博士

中国人民大学韩君硕士

目录

第
1
章

科学可视化的应用

人类认识事物是一个综合运用视觉、听觉、嗅觉、触觉和抽象思维能力的复杂过程，其中视觉是人们获取信息的最主要、最快速的渠道。医学和心理学表明，人类日常生活中接受的信息 80% 以上来自视觉。科学可视化提供了一种发现不可见信息的方法，丰富了科学发现的过程给予人们深刻而意想不到的洞察力，它也使科学研究和工程技术人员的研究和工作方式发生了根本的变化，提高了科学技术研究的质量和效率。

1.1　科学可视化基础

强烈的社会需求是科技发展的推动力，也是孕育新学科的必要条件。随着社会发展，人类活动呈现出空间扩展性和时间瞬时性的特点。相应地，大量的信息就产生了。原有的信息处理方法，诸如数字信号处理、数字图像处理等已不能完全满足用户准确、直观、可交互及分布式的多样性需求。因此，用图形图像方式来展示信息特征，可以利用人类视觉系统的特点帮助人们更快速、更深刻地理解信息，并可以便捷地进行信息空间的导航，快速地检索信息。借助于科学计算可视化技术，并且利用计算机技术把科学计算的中间数据或结果数据转换为人们容易理解的、可进行交互分析的图形、图像、动画等形式，可以便于理解现象、发现规律和为决策提供依据等。可视化技术的发展十分迅速，现已应用于自然科学、工程技术、金融、通信和商业等各个学科和工作领域。

1.1.1　科学可视化的定义与发展

科学可视化（Scientific Visualization）是科学之中一个跨学科研究与应用的领域，主要关注的是三维现象的可视化，如建筑学、气象学、医学或生物学方面的各种系统。其重点在于对体、面及光源等物象的逼真渲染，还包括某些动态成分。可视化不仅仅是图形显示，它本质上是一种将大量无序信息转换成可被人脑感知信息的复杂过程。科学可视化包括图像生成和图像理解两部分，它既是由复杂多维数据集产生图像的工具，又是解释输入到计算机的图像数据的手段。它得到以下几个相对独立的学科的支持：计算机图形学、图像处理、计算机视觉、计算机辅助设计、信号处理、图形用户界面及交互技术。

科学的可视化与科学本身一样历史悠久。很久以前，人们就已经理解了视知觉在理解数据方面的作用。作为一个利用计算机手段的学科，科学可视化领域如今依然属于新事物，其发源于美国国家科学基金会 1987 年关于“科学计算领域之中的可视化”的报告。1987 年，首届“科学计算之中的可视化"研讨会召集了众多来自学术界、行业及政府部门的研究人员,其报告概括总结了科学可视化——这幅"科学画卷"的全景及其未来需求。科学工作者需要数字的一种替代形式。无论是现在还是未来,图像的运用在技术上都是现实可行的,并将成为知识的一个必备前提。对于科学工作者来说,要保证分析工作的完整性,促进深入细致地开展检查审核工作,以及与他人沟通交流如此深入细致的结果,绝对不可或缺的就是对计算结果和复杂模拟的可视化能力。科学计算的目的在于观察或审视,而不是列举。据估计,与视觉相关的大脑神经元多达50%。科学计算之中的可视化正是旨在让这种神经机制发挥起作用来。可视化具有培育和促进主要科学突破的潜力。这有助于将计算机图形学、图像处理、计算机视觉、计算机辅助设计、信号处理及关于人机界面的研究工作统一起来。在与各种会议、期刊杂志及商业展览相配合的情况下,这培育和促进了相关的研究与开发工作,包括从高级科学计算工作站硬件、软件及网络技术,直至录像磁带、书籍、CD 光盘等。此后,科学可视化获得了极大的发展,并且于 20 世纪 90 年代,成为了举世公认的一门学科。

1.1.2 科学可视化的重要性

科学可视化的重要应用主要体现在以下几个方面。

① 人机协同处理。包括客观现象数据质量与结构的控制、科学数据可视化计算与分析、计算机图形制作与显示、图像数据的计算机处理、四维时空现象的模拟、人机交互的可视化界面设计等。

② 科学研究成果的信息表达。包括制作直观化的科学图像、科学研究过程的模拟、复杂数据的可视化处理、研究成果的可视化表达等。

③ 为各大领域提供分析工具与手段,使各领域的用户可以分析和显示大体积、随时间变化的多维数据,并且可以提取有意义的特征和结果。例如,数据挖掘是信息可视化中的重要部分。数据挖掘,

就是从海量的、不完整的、模糊的、有噪声的、随机的数据中,提取隐含的、人们事先不知道的知识的方法,它能使人在视觉上理解多维数据中的复杂模式。此外,可视化对局部数据的模式发现有着重要的作用。

随着科学可视化的发展和科学传播途径的丰富,科技期刊图像作为二者相互渗透的实践平台,逐渐显示出愈发重要的地位和影响力。图片能够反映信息内容的重点和核心,可以把信息在不经过图像到文字转换的情况下完整地展示在读者面前,帮助读者快速获取核心知识单元。据调查结果表明,顶级期刊封面文章的引用次数要远远超过普通文章,由此可见,科研成果的学术图片及其艺术化设计作为科学成果的可视化形式在期刊中的呈现,将会为此项成果带来在科学界内的广泛传播和重点关注。以科学传播为使命的科技期刊,其封面作为推荐、介绍本期刊物有重要价值文章的平台,常通过科学可视化达到更好的传播效果,力求最完美地展现图片的科学美与艺术美。

通过研究数据图展示科学的严谨之美。以文章中出现的原始学术图片为封面,是科技期刊封面中常见的表达形式。直接采集原文数据,不仅能准确表达知识核心,也省时省力。同时这样的构图方式最为直接简单,不需耗费太多精力也能达到一定的视觉美化效果,并且期刊一般会在封二或扉页等位置上以封面摘要的形式呈现,简要介绍本项研究的主要成果,相关领域的研究者一看封面便能了解其表意。例如,化学领域的顶级期刊 *Chemical Reviews* 就曾经常使用原始图表、化学式、方程式等拼图的形式作为期刊的封面,如图 1-1-2-1 所示。

通过艺术改编和图形创作展示科学的生动之趣。基于科研成果,通过艺术手段改编学术图片和再创科学故事,使得封面丰富有趣,往往能提高读者对图片的美感体验和认识理解;并且随着科学与艺术的交融日益深入,利用绘图软件制作的封面也逐渐增多,很多作者将故事性和趣味性融入封面的设计制作当中,将科研成果的展示作为一次科学故

事的阐述。例如，很多顶级期刊的封面就是设计者根据研究结果的性质，并融入艺术化的理解，用更加形象的表达形式"升级"学术原图，用逻辑性的视觉感受为读者讲述一个全新的科学故事，如图 1-1-2-2 所示。

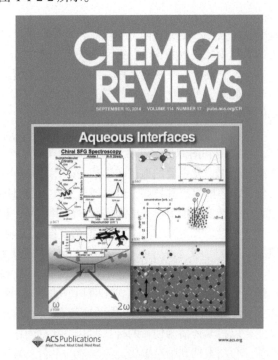

图1-1-2-1　September 10, 2014 *Chemical Reviews*杂志封面

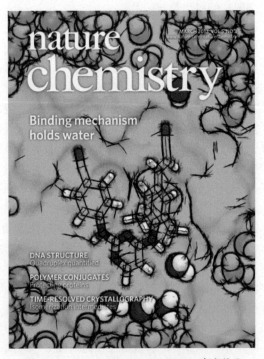

图1-1-2-2　March, 2013 *Nature Chemistry*杂志封面

通过摄影和绘画展示科学的艺术性。利用摄影技术或绘画形式来表达科学的艺术之美，近年来也被大量应用于科学可视化表达中，通过显微镜摄影、微距摄影、高速摄影和 X 光摄影等成像方法，带给读者科学世界的精致和微观世界的壮观。而利用素描、水彩、油画等美术手法进行封面设计，则为科学可视化的表达蒙上了一层艺术的薄纱，匠心独运地从不同的角度将科学研究中的种种发现展现得淋漓尽致。例如，2010 年 11 月 26 日出版的 *Science* 封面，就是利用微距拍摄技术拍摄的一只正在饮水的猫，如图 1-1-2-3 所示。

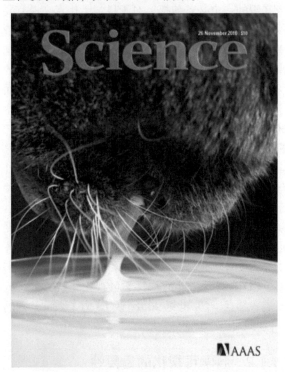

图1-1-2-3　November 26, 2010 *Science*杂志封面

随着现代科学技术的迅猛发展，科学传播发生了一系列重大变革，然而，目前出现科学传播理念明显滞后于社会进步与科学技术腾飞要求的情况。由于缺乏随时更新的理论指导和观念支持，国家科学政策的制定出现被动局面，从而制约了科学对社会的推动作用。

伴随着人类历史的发展进程，自然科学和技术飞速发展，人类社会和文明取得了前所未有的成果。与此同时，想要让人类更加充分地了解科学技术的进步，避免"盲从"和"恐惧"，并能够有效利用科学技术提高社会生产力，则离不开科学可视化表达的推动。在人类进步的过程中，科学可视化显示出不可替代的社会功能：科学技术是第一生产力的重要属性也是以科学表达作为前提的；通过科学表达，科学技术本身才有可能延续、发展；社会个体也可以通过科学表达来接受科学的熏陶与教育，全民素质才能得以提高。

随着我国政府对科研事业的大力支持，我国科研水平不断提升，科研环境质量不断提高，北京中科卓研科技有限公司专注于实验室中小型设备销售和科研检验测试，为科研工作者提供更加便捷高效的服务，助力我国科研实力的进一步提升。

1.2　科研论文图像的格式要求

科研论文图像常用图形格式如下。

1. tif（tagged image file format）文件格式

这种格式是按通用位图图像格式设计的，广泛用于桌面出版软件包中。tif 最新的版本支持图像压缩。由于目前多数编辑部仍然使用北大方正 6.0 或 7.0 版本的书版软件，软件只接受 tif 格式的文件；因此，tif 格式被视为编辑最常用的格式，但 tif 格式所需空间较大。

2. bmp（bitmap）文件格式

这种格式和 Windows 3.0 一起出现，是一种未经压缩的格式，文件占用很大空间，很少作为大的或高分辨率图像的存储格式，但部分作者仍然使用这种格式，在使用 Visio 编辑 bmp 格式图形时，可用对象链接或拷贝、粘贴的方法将其放置到 Visio 的工作界面上，然后进行编辑加工。

3. gif（graphics interchange format）文件格式

这种压缩格式是在 CompuServe 上发展起来的，从 CompuServe 上下载的大多数图像都是这种格式。对这种格式支持的软件包正在增加。

4. jpg（joint photographic experts group）文件格式

这是一种为大图像压缩而设计的格式。jpg 采用了一种新的带失真的压缩算法，因此会丢失一些图像所需数据，而人的眼睛不会注意这些丢失的信息。目前这种文件格式广泛地用到 Internet 的图形上，以及科技期刊网络版的插图中，也被北大方正 9.0 书版所接受。另外，对目前比较流行的几种大型的绘图软件，如 Photoshop（.psd、.pdd）、AutoCAD（.dxt）、CorelDRAW（.cdr）、Surfer（.srf）、Visio（.vsd）等所产生的图形格式也应做必要的了解。

目前，世界上许多科技期刊编辑部对以电子形式投稿作了详细规定，其中包括插图的格式、尺寸、色彩及字体、字号和线条等。我国也已有很多编辑部接受电子形式的投稿，而且随着信息技术的发展，电子形式的投稿会越来越多，编辑部应对电子投稿的插图在字体、字号、正斜体、线条的粗细、图的色彩及灰度等方面作一些具体规定，使作者在制作电子插图时有据可依，尽可能做出符合出版要求的图形。

（1）对电子投稿图形格式的要求。作者应标明电子插图的文件格式。根据目前常用的绘图软件，编辑部可规定接受 Auto CAD、Photoshop、CorelDRAW、Surfer、Chemical word（化学专业软件）、Visio、Excel、Word 等常用软件所生成的图像或图形格式。

（2）线条图的规范。用计算机绘制线条图时，应注意轮廓线、函数曲线等需用相对粗的线条，在计算机上采用 0.75P，而中心线、剖面线、虚线、尺寸线、指引线及坐标线等辅助线采用 0.45P。

（3）插图的尺寸、图上内容标准的规范。从版面美观及提高期刊的信息密度出发，如果图形不太复杂，可将图宽控制在 5 ~ 6cm，较复杂的图，可控制在 7 .5 cm 左右。如果是通栏图，图宽可控制在 15 cm 以内。图上的外文字母所代表的量和单位应严格按国标来表达，如图上的数字及外文字母采用 6 号字，中文字体可选择方正书宋简体，外文选用 Times New Roman 等。

（4）图形及图片的色彩要求。避免使用浅线或不同的明暗度来表示图的某些部分，而要用黑白图案或交叉斜线图案。应当用粗线或方框来强调或标出图片中的某个部分。照相铜版图片（如电子显微照片）应提供高质量的原件或反映照片灰度的 tif 格式文件（300dpi）。

1.3 科研绘图设计的总体思路

科研绘图是一门将艺术与科学相结合的工作，既能用图片的艺术感来吸引读者，又能表达出其真实的科学性，帮助读者去理解科研工作者所研究的内容。

一般科研工作者会遇到两大类需要绘制的图片。一种是解释类图片，例如论文中的TOC和Scheme，这类图片对科学性和严谨性要求最高，力求能够还原研究内容，在此标准下尽量美观；一种是美化类图片，例如学术期刊封面或是无法进行光学表达的微观图像展示，这类图片需要通过美化设计吸引他人关注研究者的具体研究内容，可以在表达内容的基础上进行一定的美化创造。针对这两类图片，总体设计思路一定要围绕文章的核心表达内容，力图简洁与突出。两类图片中学术期刊封面对美化设计和版面尺寸的要求最高，这里就以学术期刊封面为例，具体讲解科研绘图设计的总体思路。

从构图上来讲，有四点需要做到：删繁就简、主次分明、象外之象和计白当黑。

1. 删繁就简

这4个字对封面设计的构图来说，尤为重要，封面设计最忌画蛇添足。封面构图的艺术语言越简练越好，"妙语者不必多言"。如果一幅封面的构图能做到一笔不多，一笔不少，准确地表达精湛的艺术语言，才是装帧家们的不懈追求。封面构图的艺术语言应当言简意赅："一滴水见大千世界。"有的演员演戏，在一个感伤的情节中虽无一言，但掉下一滴眼泪就能传情，"此时一泪胜千古"。一幅封面构图的艺术语言，也要像一滴眼泪那样，"言有尽而意无穷"。封面设计的构图要"先做加法，后做减法"。最后落笔应当简约、鲜明、准确、生动。删繁就简是就艺术规律而言，决不是乱砍乱伐，否则会使构图空之无物，单调无趣。

2. 主次分明

封面设计的构图非常注重整体形态，如何解决好艺术形象的主次关系，正是体现整体设计观念的关键所在。在封面设计中，只有形象主次分明，画面才能豁然开朗。有一定创作经验的封面作者，总是煞费苦心地去调解艺术形象的主次矛盾，无论采用概括、夸张、象征、比喻等任何艺术手法，都以达到完美目的为原则。除此之外，对次要形象群删繁就简，最后保留下来作为主要形象的陪衬，是对构图中的主要形象在内容上的丰富和补充，好花总得绿叶衬。只有主次分明，才能使封面设计的主题突出。

3. 象外之象

封面构图的表现力的重要标志，就是看它能否超越自身，能否创造广阔、深邃的艺术境界，意在画外，撩动读者的想象之弦，使之余音袅袅。封面艺术的魅力和感染力，有时恰恰要到形式语言的外面去寻找，这种"笔不到意到"的艺术效果所体现出来的特有意境，能打破封面构图的有限空间。使人感到咫尺千里、意象无穷的艺术境界；无形中似有形，无色中似有色，无声中似有声。美国作家海明威把文学创作比作漂浮在海洋上的冰山，认为用文字直接写出的部分仅仅是露在水面上的1/8，而将隐藏在水下冰山的7/8留给读者，根据自己的生活感受和想象力去探测、去挖掘、去理解、去回味、去补充。"冰山之喻"能启迪作者如何去冲破图解的模式、因袭的陈规、偏狭的思路，去开拓与深化封面构图的艺术容量。

4. 计白当黑

中国画的构图很讲究"计白当黑"、"宁空勿实"、"疏能走马，密不透风"。古人的这些论述，对我们今天研究封面的构图来说，非常有益。封面设计的构图基本上由两大部分组成，即实体形象和空白部分。空白是封面构图中不可缺少的，就像繁杂建筑群中间要有一块广场、草坪一样。凡是成功的封面构图，除了其他因素之外，无不在疏密、虚实上下功夫，"知白守黑，得其玄妙也。"在封面构图中要善于调解统一这种矛盾所产生的节奏和韵律，能使封面的构图充满着音乐性和抒情性，令人遐想翩然，正如德国大文学家歌德所说："韵律好像魔术，有点迷人，甚至能使我们坚信不疑，美丽属于韵律"。

笔者根据多年的封面绘图经验总结出三种有效的封面设计方案：对象聚焦法、远近虚实推进法和广角镜头平视法。具体绘制时，三种方案之间可以相互重叠。接下来结合具体封面来讲解三种方法的设计要点。

1. 对象聚焦法

这种方法能够对封面的核心内容绝对突出，适合于那些需表达内容比较形象具体的封面。顾名思义，在封面的最核心位置放置最核心的表达对象，让读者第一眼看到的就是封面最核心的内容。同时可以辅以多种方法突出核心对象：（1）为核心对象添加高光、外发光、描边等效果；（2）通过调整核心对象与背景部分颜色的对比度、饱和度、亮度等使图片产生反差（注意一定要把握好反差度，封面整体要保持协调统一）；（3）通过镜头模糊方法使图像以核心对象为焦点逐渐向四周模糊过渡。分别如图 1-3-1、图 1-3-2 和图 1-3-3 所示。

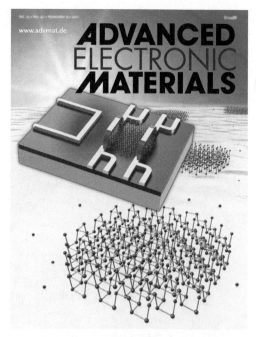

图1-3-2

图1-3-1

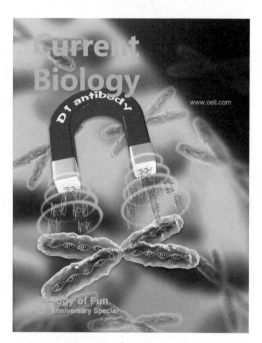

图1-3-3

2. 远近虚实推进法

这种方法能够在封面中表现多个内容对象，或是一个对象的多种形态，适合于表现内容丰富的封面，尤为适合表达对象间存在着时间上的前后顺序或是空间上的远近关系。在表现丰富内容的同时，通过虚实结合可以有重点地突出部分内容，分别如图 1-3-4、图 1-3-5 和图 1-3-6 所示。

种方案。该方案是以一个广角镜头视角平视主体描述对象作为构图，所展现的图像由近到远，辅以强烈的透视，能够产生强大的视觉冲击效果，分别如图 1-3-7、图 1-3-8 和图 1-3-9 所示。

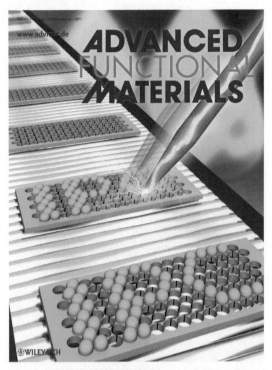

图1-3-4

图1-3-6

图1-3-5

3. 广角镜头平视法

当封面中需要表达的对象是以阵列方式存在，或是存在于一个基底平面之上时，可以考虑使用这

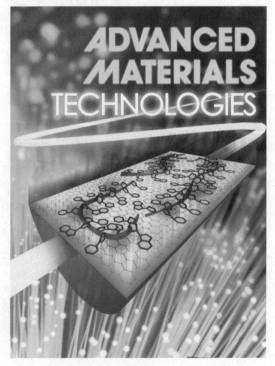

图1-3-7

图1-3-8

图1-3-9

1.4 科研绘图必备软件介绍

在科研工作当中，图形是用来说明问题的最佳辅助手段，图形的使用在一定程度上直接决定了文章的质量。在科研绘图工作中，可以利用的软件主要有AI、Photoshop、3ds Max等，一张优秀图像的制作离不开这些软件的综合运用。下面将具体介绍每款软件在科研绘图过程中扮演的角色和发挥的主要作用。

1.4.1 AI在科研绘图中的应用

根据绘图原理和方法不同，电脑图形可以分为矢量图和位图两种类型，我们也可以分别称之为图形和图像。其中，矢量图是基于数学方式绘制的曲线和其他几何体组成的图形，简单地讲就是由轮廓和填充组成的图形。它的每个图形都是一个自成一体的实体，具有颜色、形状、轮廓、大小和屏幕位置等属性。当用户对矢量图进行编辑时，如移动、重新定义尺寸、重新定义形状或改变矢量图形的色彩等，都不会改变矢量图的显示品质。

Illustrator 是 Adobe 公司推出的一款功能强大的专业矢量绘图软件，其英文全称为 Adobe Illustrator，简称 AI。该软件具有较强的实用性和便捷性，绘图功能强大，绘图效果良好，软件操作界面直观明确，并与 Adobe 家族的其他软件紧密地结合在一起。通过 Illustrator，用户可以随心所欲地创建出各种内容丰富的彩色或黑白图形、设计特殊效果的文字、置入图像，以及制作网页图形。Illustrator 拥有钢笔、铅笔、画笔、直线段、矩形，以及极坐标网络等数量众多的矢量绘图工具，可创建任何图形效果，Illustrator 还提供了丰富的滤镜和效果命令，以及强大的文字与图表处理功能等。通过这些命令和功能可以为图形图像添加特殊效果，增强作品的表现力，从而使绘制的图形更加生动具体。使用 3D 效果功能可以将二维图形创建为可编辑的三维图形，还可以添加光源，设置贴图并且可以对效果随时进行修改。神奇的混合效果可以用绘制的图形、路径创建混合，从而产生从颜色到形状的过渡效果。模板和资源库提供了几百个专业设计模板，为创作提供了极大的方便。AI 启动界面如图 1-4-1-1 所示。

图1-4-1-1　Adobe Illustrator CS6启动界面

Adobe 公司早在 1987 年就推出了 Illustrator 1.1 版本，随后的一年，又在 Windows 平台上推出了 2.0 版本。Illustrator 的真正起步应该是在 1988 年。当时 Adobe 公司在 Mac 上推出了 Illustrator 88 版本。1989 年，Mac 上的 Illustrator 升级到了 3.0 版本，并被移植到了 Unix 平台上。随着时间的推移，如今的 Illustrator 已经发展到了 CS 版本，界面更加简洁，工具使用更加方便，调板设置更加合理，同时还增添了许多新的功能。

1.4.2　Photoshop在科研绘图中的应用

Adobe Photoshop，简称 PS，是由 Adobe 公司开发和发行的图像处理软件。Photoshop 主要处理以像素构成的数字图像。使用其众多的编修与绘图工具，可以有效地进行图片编辑工作。Photoshop 的应用领域十分广泛，主要有专业测评领域、平面设计领域、广告摄影领域、影视创意领域、网页制作领域、后期修饰领域、界面设计领域等，并伴随着科学可视化程度的不断发展，Photoshop 在科研绘图领域的应用也逐渐深入，利用其强大的图像编辑功能，越来越多的科研工作者将 Photoshop 作为科研成果表达的重要工具。Photoshop 软件是最常用的图片处理软件，尤其适用于位图的制作，在科技期刊中有广泛的应用，如显微照片等。文件可直接打开或通过截屏、虚拟打印等处理方式导入 Photoshop 中，再利用各种工具对图片进行编辑加工。PS 启动界面如图 1-4-2-1 所示。

图1-4-2-1　Adobe Photoshop CS6启动界面

Photoshop 软件具有许多重要的功能，按照功能划分，该软件可以分为图像编辑、图像合成、校色调色及特效制作等方面。图像编辑是图像处理的基础，使用 Photoshop 软件可以对图像做各种变换，如放大、缩小、旋转、倾斜、镜像、透视等；也可以进行复制、去除斑点、修补、修饰图像残损等。图像合成则是将几幅图像通过涂层操作、工具应用等方法合成完整、传达明确意义的图像，Photoshop 软件提供的绘图工具让外来图像与设计者的创意实现了完美的融合。Photoshop 软件还可以实现校色调色，方便快捷地对图像的颜色进行明暗、色偏的调整和校正，也可以在不同颜色间进行切换，以满足图像在不同领域的应用。在 Photoshop 软件中特效制作主要由滤镜、通道及其他工具综合应用完成，包括图像的特效创意和特效文字的制作，如油画、浮雕、石膏画、素描等常用的传统美术技巧都可以通过该软件特效完成。科技类图片常用功能有编辑→裁切、描边、自由变换等，图像→调整→色阶、自动色阶、亮度、对比度等，图像→图像大小、画布大小等，选择→色彩范围→色彩变化、加深、变淡等，仿制图章等。由于是科技期刊，滤镜等效果性的功能使用较少。

1.4.3　3ds Max在科研绘图中的应用

由 Autodesk 公司出品的 3ds Max 是一款三维动画渲染和制作软件，可以说是三维动画界的元老之一，广泛应用于广告、影视、工业设计、多媒体制作及工程可视化等领域。

3ds Max 是目前 PC 端上最流行、使用最广泛的三维动画制作软件。它的前身是运行在 PC 机中 DOS 平台上的 3d Studio。3d Studio 曾是昔日 DOS 平台上风光无限的三维动画软件，它使 PC 机用户也可以方便地制作三维动画。要知道，在此之前三维动画制作可是高端工作站的专利。在20世纪90年代初，3d Studio在国内也得到了很好的推广，它的版本一直升级到了4.0版。此后随着DOS系统向Windows系统过渡，3d Studio也开始发生了质的变化，全新改写了代码。在1996年4月，新的3d Studio Max 1.0诞生了。3d Studio Max与其说是3d Studio版本的升级换代，倒不如说是一款全新软件的诞生，它只保留了一些3d Studio的影子，并且加入了全新的历史堆栈功能。一年后，Autodesk公司又一次重新改写代码，推出3d Studio Max 2.0。此后的2.5版本又对2.0版做了近500处的改进，使得3d Studio Max 2.5成为了十分稳定和流行的版本。3d Studio Max 3.1版的问世使得原有的软件在功能上得到了很多革新和增强。到了3ds Max 5时，它已经成为非常成熟的大型三维动画设计软件了，尤其是各种插件的开发和发展几乎把3ds Max打造得近乎完美，此后3ds Max不断地吸收各种优秀插件的同时继续发展壮大，不仅有了完整的建模系统、渲染系统、动画系统、动力学系统、粒子系统等功能模块，还具备了完善的场景管理和多用户、多软件的协作能力。3ds Max的操作界面如图1-4-3-1所示。

图1-4-3-1　3ds Max操作界面

3ds Max具有非常好的开放性和兼容性，具有成百上千种插件，极大地扩展了3ds Max的功能。3ds Max具有强大的建模功能，并且随着软件版本的不断升级，其建模功能也日臻完善，无论是简单的规则模型还是复杂的不规则模型，3ds Max都能够出色地完成任务。它首先在计算机中建立一个虚拟的世界，设计师在这个虚拟的世界中创建模型、场景，再根据要求设定模型的运动轨迹、虚拟摄影机的运动和其他动画，再赋予材质，并打上灯光，

进行渲染，生成画面。三维建模是三维图形处理和可视化设计的基础，处于所有工作流程的开始阶段，起着极其重要的作用，没有模型就像拍电影没有演员和道具一样。在3ds Max中有非常多的建模方法，如基础建模、复合对象建模、二维图形建模、多边形建模、面片建模、NURBS建模等。

相对于Autodesk的Maya和Softimage等高端软件而言，3ds Max更容易掌握，制作的思维方式也更简单，其强大的建模功能可以广泛应用于科研绘图的模型制作与展示方面，成为科学可视化表达的必备利器。学习3ds Max需要了解三维建模、材质、灯光、摄影机、渲染器、特效、粒子系统等。本书以科研绘图中的实例应用，使读者能够迅速地掌握3ds Max这款大型三维软件的主要功能，从而实现其在科研绘图中的应用。

1.4.4　Chem3D和Diamond在科研绘图中的应用

Chem3D是英国剑桥软件公司（Cambridge Soft Corporation）所开发的Chemoffice化学办公软件的一个组成部分，其界面友好，便于操作，可以显示分子的立体结构、键长、键角、分子轨道形状等，同时还具有简单的量子化学计算功能，可以对有机分子进行能量、电荷分布、红外和拉曼光谱、核磁性质、反应动力学等的计算与模拟。作为一款专业的化学图形软件，Chem3D可以为科研工作者在工作中带来很多便利。同时它也是Chemoffice中一个非常有特点的组件，是一个很好的三维模型设计和结构计算软件。可以实时地显示分子的三维空间模型，自动判断分子的模型是否正确，并可以通过计算最小化能量给出最恰当的分子空间构象。在整个过程中，分子是以三维动态的形式演示，形象地表示了分子每一步的键长键角和能量变化，其动态演示可以动画的形式记录下来。同时，Chem3D是功能强大的结构化学计算软件。

利用Chem3D，可以建立直观生动的三维分子模型、对分子进行自动校正及创建结构多样的分子模型。实时地移动和旋转，能通过PowerPoint制成幻灯片，或通过数字幻灯机直接在大屏幕上播放，清晰地观看到动态三维分子模型。制作过程简单，用其中提供的多种作图工具，鼠标拖曳几次就可以画出一个立体分子模型。当分子模型建立之后，系统可以自动对其进行检查，是否违反构

成规则，空间构象是否合理等，并给出相应提示或警告。对已建立的立体分子模型可以多种形式演示，可以是球棍模型、斯脱特模型、Wire Frame模型、Sticks 模型、Cylindrical Bonds 模型，或只显示骨干原子（是否表示阴影、变换原子大小）等，还可随时切换。对所建立的分子进行镜像、对称、翻转等操作，从而得到和比较分子的各种立体结构。Chem3D 使用简单、功能强大，可以应用于化学的很多领域。将 Chem3D 中的分子数据转移到 Excel 中，经过数据处理之后再转至 3ds Max 中生成真正的 3D 模型，整个过程是自动化的。生成的模型十分清晰逼真，同时伴随分子模型的变换、旋转，大大提高了教学效果。Chem3D 操作界面如图 1-4-4-1 所示。

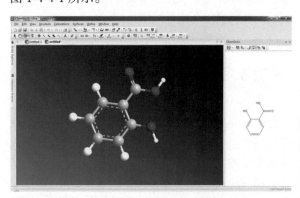

图1-4-4-1　Chem3D操作界面

Diamond 软件是德国波恩大学下属的 Crystal Impact GbR 公司所开发的一款晶体学专业软件，其操作界面如图 1-4-4-2 所示。该软件的首要功能是创建并展示晶体模型，在软件中可以根据用户需要将晶体模型设定为球棍模式、空间堆积模式和多面体模式等，同时也可以按照要求自由旋转、平移、缩放；另外借助于 Photoshop 等图像处理工具，可以将图像进行合适的标注后令其输出为常见的图片格式，如 jpg、bmp、gif 格式等。利用 Diamond 软件可以实现同晶格化合物系列衍射数据变化的演示，Diamond 软件也带有衍射数据模块，利用这个模块可以比较直观地显示出晶体结构和衍射数据（包括衍射峰的相关数据及衍射图谱等）的相互关系，因此该模块也是实现动态化展示上述关系的基础。由于 Diamond 软件可以用比例相同的尺度显示不同的原子，因此同晶格结构可以比较完整地呈现出来。利用 Diamond 软件还能够演示化合物的相变。对晶态固体材料而言，相变过程往往伴随

着晶胞内原子的空间位置改变和晶胞本身体积和形状的变化过程，因此同一种物质的不同的相之间的衍射情况既有联系又有不同。利用 Diamond 软件的粉末衍射模块与相应的绘图软件，可以在一张图中绘制出不同相结构晶体物质的 XRD 衍射图谱。

图1-4-4-2

Diamond 软件是通用结晶学软件工具，主要用于将晶体结构数据具体可视化。软件的用户界面包括主视窗、导航栏、表格面板和属性面板。其中主视窗的作用是观察晶体内部结构，为主要的工作区域；导航栏通过导航面板在当前结构图下可以快速访问其他查看选项（数据表、距离与角度分析、粉末衍射图样及所有结构图）；表格面板显示主要的晶体结构数据（即数据摘要）；属性面板显示结构图内容、结构图中的自创原子、选中的对象、选中原子间的距离、选中原子的线性度/平面度等。主要的工具栏包括标准工具栏、图像工具栏、移动工具栏、测量工具栏、装换工具栏和视频工具栏。Diamond 软件可以读取 cif 文件，用于几何计算、作图及分子内氢键分析等。

1.4.5　高端PPT在科研绘图中的应用

PowerPoint（简称 PPT）是目前最流行也是使用最简便的一种幻灯片制作工具，它集文字、图片、图像、声音及视频剪辑于一体。利用它不但可以创建各种精美的演示文稿，还可以制作广告宣传和产品演示的电子版幻灯片，所以 PowerPoint 越来越受到人们的青睐，它的应用也越来越广泛，其操作界面如图 1-4-5-1 所示。PPT 已经成为人们学习和交流的重要信息技术工具，在教育教学、学术交流、演讲、产品展示及工作汇报等场合得到广泛应用，对于科研工作者而言，科研成果的汇报展示也称为其工作的重要组成部分，一个精彩的 PPT 汇报能够为其成果增色不少。

在保证汇报内容的科学性和合理性的基础上，我们将通过兼顾界面设计、色彩搭配、文字使用，使三者在 PPT 制作上达到完美的统一，使得 PPT 从一个单纯的知识传导媒介转变为知识与艺术统一的作品，从而实现科学可视化的目的。基于美学思想的 PPT 制作，主要表现为界面设计、颜色设计、文字设计及声音动画等，这些元素的艺术融合，能够以直观、简捷及优美的形式传递给观看者，给观看者呈现新颖的视听感受。

第一，界面设计。从狭义上讲，界面设计的对象是各种视觉元素在位置、面积、大小等方面的排列组合；从广义上讲，更多的是各种视觉元素通过搭配协调构成的格调，强调美的韵味，使观看者在接受界面信息的过程中能够感受到设计者对美的追求，使观看者对信息内容的主题思想和风格特点有准确的把握与理解，从而强化信息主体的有效传达。

第二，内容形式，完美统一。PPT 制作的基础是视觉画面，界面设计所传递的思想必须以主体内容为基础，不能使界面设计脱离了内容，从而对观看者产生误导。汇报内容的表达又把 PPT 界面作为载体来传递知识信息、理念和情感。它具有文字内容无法替代的表达优势。因此，在设计 PPT 界面时，要以内容为核心，以艺术美的思想为主导，结合界面的完美设计，达到科学和艺术的高度统一，充分发挥艺术表现手法的魅力。

第三，层次分明，思路清晰。一个出色 PPT 的界面设计，在呈现给观看者时，层次感很强，主体和立意非常清晰，整个展示流程给观看者以舒悦的心理感受。层次的分明主要表现为汇报内容由主到次的一个表现过程，并以符合观看者的视觉习惯为目标，界面的设置符合一定的规律，使观看者的视线由主到次，从强到弱，形成一个和谐的阅读过程；思路清晰，主要表现为观看者从界面的设置上能够以颜色的深浅、数字的变换来引导观看者视线按照设计者的意图流动，以强烈的视觉效果引起观看者的注意，观看者的思路按照 PPT 的设计进行变化。

第四，颜色设计。对于观看者而言，PPT 中除了文本信息以外，最重要的是视觉效果和听觉效果，在视觉效果中，界面的设计占据了很重要的地位，但是色调及对比度也是其中非常重要的影响因素，不同的色调和对比，能给观看者以不同的感染力和感受，观看者又是根据不同的颜色区分来辨别不一样的信息，因此颜色的设计能强调信息的格式及内容，引导学习者的注意力，改善观看者的视觉效果，激发观看者的兴趣，减少疲劳感。考虑颜色对观看者的心理及视觉上产生的效果，颜色在 PPT 设计制作中一般分为红色、黄色、青色、绿色、蓝色、黑色和白色等。其中突出重点或形成警告的颜色有红色和黄色；令视觉轻松的颜色有青色、绿色和蓝色；可以形成鲜明对比的一般为黑色和白色。合理地利用各种颜色，给观看者在阅读时带来愉悦的心情和美感。在颜色的设计过程中要遵循一定的原则，首先使颜色产生的心理效应及视觉效果与课件的表达信息一致。每次显示的颜色不宜过多，使用过多的颜色将直接影响到注意力；其次，选择有合适对比度的颜色组合。相近的颜色组合影响辨别，且在视觉效果上容易混淆，使用一致性的颜色基调，符合人的思维规律。

第五，巧用动画和声音的设计。使用简单的二维或者三维动画，能够使画面显得生动活泼，内容直观详实，简单易懂，起到比文字和图像更好的表达效果，给观看者带来更强的视觉冲击力并增加 PPT 的可读性。

第六，文字的编排与设计。文字的编排设计是 PPT 设计制作中的最基本的环节。在主题字体的设计中一般采用对比强烈或浑厚有力的字体，能够及时引起观看者的注意，内容中引用部分美术字体，可突出对比，能够激发观看者的学习兴趣。但是在使用美术字体时要注意和它所表达的内容精神紧密结合，对文字的艺术加工应从内容出发，清晰表达文字的精神内涵，做到字体美感与信息内容保持统一，使内容的科学性、观看者的可读性和表现的艺术性相辅相成。

图 1-4-5-1

1.4.6　Matlab和Visio在科研绘图中的应用

Matlab 是 matrix&laboratory 两个词的组合，意为矩阵工厂（矩阵实验室），是由美国 MathWorks 公司发布的主要面对科学计算、可视化及交互式程序设计的高科技计算环境。Matlab 通常只要一条指令就可以解决诸多在一般高级语言需要进行复杂编程才能解决的问题，诸如矩阵运算（求行列式、求逆矩阵等）、解方程、作图、数据处理与分析、快速傅立叶变换（FFT）、声音和图像文件的读写等，从而使人们从繁琐的程序编写与调试中解脱出来。此外，MathWorks 公司针对不同应用领域，推出了诸如信号处理、偏微分方程、图像处理、小波分析、控制系统、神经网络、鲁棒控制、优化设计、统计分析、通信等多种专门功能的开放性的工具箱。这些工具箱是由该领域内的专家学者编写，用户可直接运用工具箱，同时由于工具箱源程序代码是公开的，用户也可以对其进行二次开发，使其适合自己的使用。它将数值分析、矩阵计算、科学数据可视化及非线性动态系统的建模和仿真等诸多强大功能集成在一个易于使用的视窗环境中，为科学研究、工程设计及必须进行有效数值计算的众多科学领域提供了一种全面的解决方案，并在很大程度上摆脱了传统非交互式程序设计语言（如 C、Fortran）的编辑模式，代表了当今国际科学计算软件的先进水平。

Matlab 是一种高速、可靠和开放性的科学计算语言，在数据处理和图形处理上有着其他高等语言所不能及的优点，它具有使用简单、思路直观、编程高效的特点。Matlab 在数据可视化方面提供了强大的功能，它可以把数据用二维、三维乃至四维图形表现出来。通过对图形的线型、立面、色彩、渲染、光线及视角等属性的处理，将计算数据的特性表现得淋漓尽致。在理论研究中加以合理利用，可以使研究者从烦琐的编程、数据处理、制图等技术细节中解脱出来，将精力更多地投入到分析事物现象的本质和内在联系的科研中去，从而提高科研效率。Matlab 操作界面如图 1-4-6-1 所示。

Visio 模板绘图程序是一种实用性很强的矢量化绘图软件，可以将构思迅速转换成图形，是众多绘图软件中将易用性和专业性结合得最好的一个软件。Visio 软件现已经成为 Office 的一个组成部分，与 Office 系列软件、AutoCAD 等完全兼容，实现数据共享。其特点是使用简单，提供模板和向导来绘图，并提供拖放式绘图操作，适用于 Windows 操作系统，与 Office 套装软件兼容，并可迅速简单地实现网络发布，而且具有外挂开放性、支持 OLE 2.0 技术等优点。它对图形可以随意缩小、放大（字体、字号不随之改变）和旋转，支持数百种汉字及外文字体。Visio 的专属文件有 4 种类型，分别是绘图（．vsd）、模板（．vss）、样板（．vst）和工作空间文件（．vsw）。对于科技编辑来说，常用的是前两个文件。编辑可随意调用模板中的数千种图形，也可根据需要建立新模板备用。

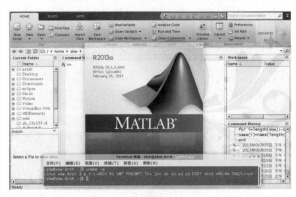

图1-4-6-1　Matlab操作界面

Visio 软件拥有强大的图像编辑功能。Visio 拥有丰富的绘图形状（类似于模型），Visio 提供了超过 60 种模板和数以千计的形状。Visio 拥有直观的绘图方式，可以通过鼠标拖曳形状轻易地组合出相当专业的图形。Visio 可以和 Microsoft 其他软件无缝集成，可动态生成数据图表，可以通过与 Office 文档链接，读取存储在文档中的相应数据，并自动地生成图表，把数据可视化。Visio 强大的 Web 发布功能，可以把制作出来的 Visio 文档保存为网页，Visio 图形基于矢量技术，可以制作高难度的网页。Visio 拥有了全新的 XML 文件格式，提供了与其他支持 XML 应用程序的互用性，促进了基于图表信息的存储和交换。

Visio 软件的特点如下。

（1）既可通过 Visio 提供的模板绘图，也可手工绘图，并可将手工绘制的图形添加到模板中。

（2）可创建智能图形（SmartShapes），所谓智能图形，是指构成图形的各个图元知道彼此的连接位置。这是因为所有的智能图形都有一个隐藏在其背后的被称为 ShapeSheet 的微电子表格，这种电子表格包含了该图形的全部信息，可以被直接操纵。例如，直线被称为 SmartConnectors（智能连接器），这是因为当用户移动任何已经连接的智能图形时，这些直线就能智能化地伸长或缩短。

（3）所绘制的图形可以保存为 tif、jpg、dwf、gif、bmp、htm 等多种文件格式，可以与 AutoCAD、Photoshop 相互转换，其 VSD 格式可以随意插入 Word，且图形清晰。

（4）tif 格式可插入北大方正排版系统，实现图文混排。

Visio 操作界面如图 1-4-6-2 所示。

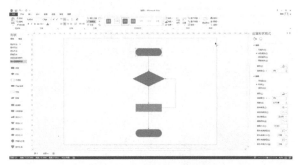

图1-4-6-2 Visio操作界面

1.4.7 Origin在科研绘图中的应用

Origin 是美国 OriginLab 公司开发的图形可视化和数据分析软件，是科研人员和工程师常用的高级数据分析和制图工具，软件界面如下图所示。Origin 自 1991 年问世以来，由于其操作简便、功能开放，很快就成为国际流行的分析软件之一，是公认的快速、灵活、易学的工程制图软件，既可以满足一般用户的制图需要，也可以满足高级用户进行数据分析、函数拟合的需要。

Origin 包括两大类功能：数据分析和科学绘图。数据分析功能包括：给出选定数据的各项统计参数平均值、标准偏差、标准误差、总和，以及数据组数；数据的排序、调整、计算、统计、频谱变换；线性、多项式和多重拟合；快速 FFT 变换、相关性分析、FFT 过滤；可利用约 200 个内建的及自定义的函数模型进行曲线拟合，并可对拟合过程进行控制；可进行统计、数学及微积分计算。准备好数据后进行数据分析时，只要选择要分析的数据，然后选择相应的菜单命令即可。

Origin 的绘图是基于模板的，本身提供了几十种二维和三维绘图模板。绘图时只需选择所要绘图的数据，然后再单击相应的工具栏按钮即可。二维图形可独立设置页、轴、标记、符号和线的颜色，可选用多种线型。选择超过 100 个内置的符号。调整数据标记（颜色、字体等），选择多种坐标轴类型（线性、对数等）、坐标轴刻度和轴的显示，选择不同的记号，每页可显示多达 50 个 xy 坐标轴，可输出为各种图形文件或以对象形式拷贝到剪贴板。用户可自定义数学函数、图形样式和绘图模板，可以和各种数据库软件、办公软件、图像处理软件等连接；可以方便地进行矩阵运算，如转置、求逆等，并通过矩阵窗口直接输出三维图表；可以用 C 语言等高级语言编写数据分析程序，还可以用内置的 Lab Talk 语言编程。同时，Origin 可以导入包括 ASCII、Excel、pClamp 在内的多种数据。另外，它可以把 Origin 图形输出为多种格式的图像文件，例如 JPEG、GIF、EPS、TIFF 等。

1.4.8 3ds Max材质系统

材质，就是用来模拟物体表面颜色、纹理和其他一些外观的特性，它表现为一组定义的参数。当它们通过最终的渲染后，物体表面就会显示出不同的质地、色彩和纹理。同时材质也会影响到物体的颜色、反光度和图案等。任何形式的实体都是由材质构成，不同的材质可以体现出各个对象之间不同的属性。在三维建模过程中材质的制作是至关重要的环节。在 3ds Max 中既可以使用自带的标准材质，也可以使用 V-Ray 材质系统来得到不同的材质，但 V-Ray 材质能更容易实现出色的效果，同时配合 V-Ray 渲染器能实现更快的渲染速度，下面主要讲解 V-Ray 材质的相关内容。

1. V-Ray材质介绍

V-Ray 是由专业的渲染器开发公司 CHAOSGROUP 开发的渲染软件，是目前业界最受欢迎的渲染引擎，基于 V-Ray 内核开发的有 V-Ray for 3ds Max、

Maya、SketchUp、Rhino 等诸多版本，为不同领域的优秀 3D 建模软件提供了高质量的图片和动画渲染功能。除此之外，V-Ray 也可以提供单独的渲染程序，方便使用者渲染各种图片。V-Ray 渲染器提供了一种特殊的材质——VrayMtl。在场景中使用该材质能够获得更加准确的物理照明（光能分布）、更快的渲染，反射和折射参数调节也更方便。使用VrayMtl，你可以应用不同的纹理贴图，控制其反射和折射，增加凹凸贴图和置换贴图，强制直接全局照明计算，选择用于材质的 BRDF（双向反射分布函数）。

2. V-Ray渲染器设置

V-Ray 材质编辑器是与 V-Ray 渲染器搭配使用的，所以在使用 V-Ray 材质编辑器之前需要将 3ds Max 的渲染器更改为 V-Ray 渲染器。在主工具栏中单击"渲染设置"，如图 1-4-8-1 所示，在弹出的窗口中将渲染器修改为"V-Ray Advxxx"，其后是 V-Ray 渲染器的版本号，不同版本的 3ds Max 需要的 V-Ray 渲染器版本也不同，这里使用的是 3ds Max 2016 搭配 V-Ray Adv3.40.01，更改之后可以看到材质编辑器也变为了相对应的版本，如图 1-4-8-2 所示，单击"保存为默认设置"，这样就将 V-Ray 渲染器设置为 3ds Max 的默认渲染器。V-Ray 渲染器作为一款渲染器插件，需要单独下载并安装好才会在渲染器列表中出现。

图1-4-8-1

图1-4-8-2

3. V-Ray材质编辑器参数

按快捷键 M 可以快速打开材质编辑器，在弹出的"材质编辑器"中单击"Standard"按钮，再在弹出的"材质 / 贴图浏览器"窗口选择 VRayMtl，如图 1-4-8-3 所示，然后"材质编辑器"下方的面板就会变成图 1-4-8-4 所示的状态，下面将详细讲解 VRayMtl 下的基本参数的含义和使用方法。

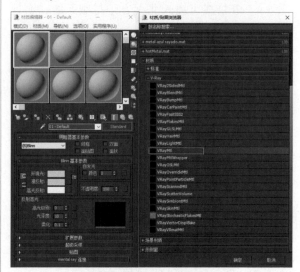

图1-4-8-3

图1-4-8-4

4. 基本参数

（1）漫反射组

【漫反射】：指定物体表面的基本颜色及属性。

粗糙度：用来描述对象表面细微的颗粒，它能让颜色看起来更加平坦，使对象看起来像蒙上了一层灰尘。

（2）反射组

【反射】：黑色创建没有反射的材质效果，白色创建完全反射的材质效果，中间的灰度范围表示不同的反射强度。

【反射光泽】：反射光泽参数控制着反射的清晰／模糊，通常真实世界的对象，除了电镀金属（铬合金）、镜子等物体外，其余的对象都有不同程度的反射光泽。数值为 1 时，表示表面完全光滑，这时反射的效果非常清晰；数值为 0 时，表示表面非常粗糙，反射会模糊到几乎没有。

【细分】：当反射光泽参数值低于 1 时，反射模糊了，V-Ray 需要更多的采样光线才能获得更加细腻的效果，而细分就代表采样的相对值。通常，反射模糊值与细分值成反比，也就是反射越模糊，需要的细分值越高。

【最大深度】：在真实世界中，两个彼此相对的反射体，它们之间光线的相互反射次数是无穷的。但在计算机的世界里，每一次光线的反射都是需要消耗系统资源来运算的，最大深度的作用就是限制反射的次数。

【退出颜色】：通常为黑色，参数的默认值一般能满足大多数情况的需要。

【菲涅耳反射】：同一材质的表面，视线的角度不同，其反射效果也会有变化，这就是菲涅耳反射，世界上所有的物质在反射光线的时候，都会出现菲涅耳现象。

【菲涅耳折射率】：如果要获得真实的反射效果，除了激活菲涅耳反射，还必须配合正确的菲涅耳折射率，该参数值必须大于 1.01，否则不会获得正确的效果。

【暗淡距离】：指定一个距离值，超过该距离则停止光线追踪，为加速光线追踪计算的一种方法。

【暗淡衰减】：为暗淡距离设置衰减半径。

【影响通道】：仅颜色：仅在颜色通道中计算反射效果；颜色 +Alpha 通道：在颜色和阿耳法通道中计算反射效果；所有通道：所有通道都计算反射效果。

（3）折射组

【折射】：默认值为黑色，即没有任何折射效果，所有的光线都不能穿过对象；折射颜色为白色时，则意味着全部的光线都可以穿过对象，即完全透明的效果；其余的灰度值，可以产生不同透明度的材质效果。

【光泽度】：透明体的表面不再光滑的时候，其效果就是光泽度。数值为 1 时，表示表面完全光滑，这时折射的效果非常清晰；数值为 0 时，表示表面非常粗糙，折射会模糊到几乎没有。

【细分】：随着光泽度的降低，透明模糊效果会越来越明显，当表面出现明显噪波的时候，则意味着要增加值了。增加细分虽然可以获得更加细腻的效果，但也会成倍增加渲染时间。

【折射率】：将光线在空气之中的折射定义为 1，当光线进入其他介质时，光线的角度会发生变化，这个角度的变化就是折射率，不同的物质，其折射率都是不一样的。

【最大深度】：折射光线的穿透对象表面的最大层数，达到设定的最大深度后，表面的背后无论有什么，都反馈为退出颜色。通常，折射的最大深度不宜低于 6。

【阿贝数】：衡量介质的光线色散程度，用以表示透明物质色散能力的反比例指数，数值越小，色散程度越大。

（4）烟雾组

【烟雾颜色】：用来产生透明物体的吸光现象，模拟当内部光线被吸收后，透明体所呈现的颜色。

【烟雾倍增】：随着烟雾倍增值的增加，对象会变得越来越不透明，就好像物体的内部起了雾一样，烟雾倍增就是用来控制烟雾浓度的。

【烟雾偏移】：也是用来影响透明体内部烟雾浓度的，影响的是，厚度不同时，雾浓度随厚度不同而变化的对比度，负值色会使其明度降低，正值色会使其明度升高。通常需要与烟雾倍增参数配合使用。

（5）半透明组

选择用于计算半透明的算法（也称为子表面散射）。请注意，必须启用折射才能使此效果可见。目前，仅支持单反跳散射。

【半透明】：无表示不对材料计算半透明度；硬（蜡）模型表示该模型特别适用于大理石等硬质材料；软（水）模型表示此模型主要用于兼容旧版 V-Ray 版本（1.09.x)；混合模型表示这是最现实的 SSS 模型，适用于模拟皮肤、牛奶、果汁等半透明材料。

【散布系数】：指定物体内的散射量。值 0.0 表示光线会在各个方向散射；值 1.0 表示光线不能改变其在子表面体积内的方向。

【正／背面系数】：控制射线的散射方向。值 0.0 表示光线只能向前（远离表面，物体内部）；

0.5 表示射线具有相等的向前或向后的机会；1.0 表示射线将向后散射（朝向表面，向对象的外侧）。

【厚度】：限制要在表面下方追踪的光线。如果不需要跟踪整个子表面体积，这将非常有用。

【背面颜色】：通常，亚表面散射效果的颜色取决于雾颜色；此参数允许用户额外调色 SSS 效果。

【灯光倍增】：指定控制半透明效果强度的乘数。

（6）自发光组

【自发光】：控制表面的发光。该参数可以在贴图卷展栏中与纹理进行映射。

【全】：启用时，自发光会影响全局照明光线，并允许表面将光照射在附近的物体上。但是请注意，使用区域灯或 VRayLightMtl 材质可能会更有效。

【倍增】：指定自发光效果的乘数。这对于增强自发光值是有用的，以便表面产生更强的全局照明。

了解以上基本参数的含义和使用方法之后，不同类型的材质会有一些相同的特点，这样就可以根据这些材质的共同点来设置 VRayMtl 的基本参数，以下是 V-Ray 中常见材质参数的具体设置。

5. V-Ray常见材质参数设置

● 石材材质

（1）镜面石材：表面较光滑，有反射，高光较小。

漫反射：石材纹理贴图可以用位图贴图。

反射：40　高光光泽：0.9　反射光泽：1　细分：9

（2）柔面石材：表面较光滑，有模糊，高光较小。

漫反射：石材纹理贴图位图。

反射：40　高光光泽：关闭　反射光泽：0.85　细分：25

（3）凹凸面石材：

漫反射：石材纹理贴图位图。

反射：40　高光光泽：关闭　反射光泽：1　细分：9

凹凸贴图：15% 同漫反射贴图相关联。

（4）大理石材质

漫反射：石材纹理贴图位图。

反射：衰减1　高光光泽度：0.9　反射光泽：0.95

● 瓷质材质：表面光涌带有反射，有很亮的高光。

漫反射：瓷质贴图（白瓷 250）

反射：衰减（可以直接设置为 133，要打开菲涅耳设置为 40 左右）

高光光泽：0.85　反射光泽：0.95（若反射设置为 40，光泽度设置为 0.85）

细分：15　最大深度：10

BRDF：WARD（如果不用衰减可以改为 PONG）各向异性：0.5　旋转值为 70

● 布料材质：常用的分为普通布料、丝绸两种，根据表面粗糙度不同而具有不同的特点。

（1）普通布料：表面有较小的粗糙，小反射，表面有丝绒感和凹凸感。

漫反射：衰减，近距衰减为布料贴图，近距衰减根据材质色调自定。

反射：16　高光光泽：0.3 左右　反射光泽：1

凹凸贴图：同漫反射贴图相关联，依粗糙程度而定。

（2）丝绸材质：有金属光泽，表面相对光滑，又有布料特征。

漫反射：衰减，近距衰减布料贴图，近距衰减根据材质色调自定。

反射：17　高光光泽：0.77　反射光泽：0.85

凹凸贴图：同漫反射贴图相关联，依粗糙程度而定。

● 木材材质：表面相对光滑，有一定的反射，带凹凸，高光较小，依据表面着色可分为亮面、哑面两种。

（1）亮面清漆木材

漫反射：木纹贴图。

反射：18-49　高光光泽：0.84　反射光泽：1

（2）哑面实木（常用于木地板）

漫反射：木纹贴图

反射：44　高光光泽：关闭　反射光泽：0.7 ~ 0.85

● 玻璃材质：表面光滑，有一定高光，透明，有反射和折射现象。

漫反射：黑色

反射：衰减　高光光泽度：1　反射光泽：0.95　细分：3

折射：252　光泽度：1.0　折射率：1.517

烟雾颜色：一般玻璃的颜色都是在这里进行设置，烟雾倍增值：0.01

● 金属材质

（1）不锈钢材质：表面相对光滑，高光小，模糊小，分为镜面、拉丝、磨砂三种。

（2）亮光不锈钢

漫反射：黑色

反射：150　高光光泽：1　反射光泽：1

细分：15

拉丝不锈钢

漫反射：黑色

反射：衰减，在近距衰减中加入拉丝贴图 高光光泽：关闭 反射光泽：0.8 细分：12

磨砂不锈钢：

漫反射：黑色

反射：衰减，在近距衰减和远距衰减保持默认

高光光泽：关闭 反射光泽：0.7 细分：12

（3）铝合金

漫反射：124

反射：86 高光光泽：0.7 反射光泽：0.75

细分：25

各向异性：沃德

● 油漆材质：光亮油漆表面光滑，反射衰减较小，高光小，无光油漆如乳胶漆，乳胶漆表面有些些粗糙，有凹凸。

（1）光亮油漆

漫反射：漆色

反射：15 高光光泽：0.88 反射光泽：0.98

（2）乳胶漆材质

漫反射：漆色

反射：23（只是为了有点高光） 高光光泽：0.25 反射光泽：1

取消反射追踪

● 皮革材质：表面有较柔和的高光，有一点反射，表面纹理很强。

漫反射：皮革贴图

反射：35 高光光泽：0.65（也有为 0.4 左右的）

反射光泽：0.75 细分：16 最大深度：3

凹凸：45% 与漫反射相关联

● 塑料材质：表面光滑，有反射，高光较小。

漫反射：塑料颜色或贴图

反射：衰减 高光光泽：0.85 反射光泽：0.95

细分：16 最大深度：8

● 纸张

漫反射：壁纸贴图

反射：30 高光光泽：关闭 反射光泽：0.5

最大深度：1

取消光线跟踪

● 半透明材质

漫反射：白色

反射：默认 高光光泽：默认 反射光泽：默认

折射：衰减光泽度：默认，勾选影响阴影 折射率：1.2（窗纱 1.01，玻璃 1.5，砖石 2.4）

生活中常见透明物质的折射率，见下表。

材质	折射率	材质	折射率
空气	1.000	冰	1.309
酒	1.329	玉石	1.61
琥珀	1.546	宝石	1.5
晶体	2	塑料	1.460
金刚石	2.417	松节油	1.472
乙醇	1.36	树脂玻璃	1.5
玻璃	1.517	聚苯乙烯	1.55
甘油	1.473		

● 镜子材质

漫反射：50

反射：150 高光光泽：关闭 反射光泽：0.94

细分：5

折射：0 光泽度：1.0 折射率：2.97 细分：50

各向异性：沃德

6. 贴图的导入

在 3ds Max 中除了对上述基本参数进行调整之外，还可以在不同的通道上添加贴图，从而让最终的材质效果更加逼真，更具有纹理感。下面将针对如何导入贴图进行详解，

步骤 ① 在材质编辑器的下方，打开"贴图"卷展栏，就能看到各个通道的贴图参数，可以对各个贴图的数值大小及是否启用进行设置，单击最右侧的"无"，在弹出的窗口中打开"贴图"卷展栏，在卷展栏下方有各种不同的效果，从而得到不同的材质，如图 1-4-8-5 所示。

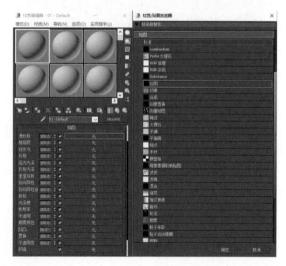

图 1-4-8-5

步骤 ② 单击其中的 "位图"，在弹出的窗口中选择相应的图片，就能将图片置于相应的通道中，如图1-4-8-6 和图 1-4-8-7 所示，贴图下的任意一个通道都可以添加位图，不同的通道影响的参数也是不同的。

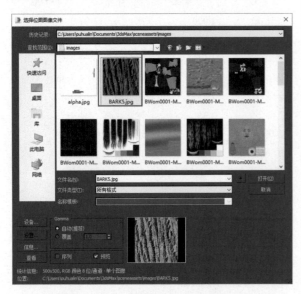

图1-4-8-6

图1-4-8-7

7. 材质的导入与使用方法

除了按照本书中的相应参数进行调节得到材质之外，本书配套的素材包中含有大量常用素材，可以直接导入 3ds Max 中应用，省时省力。下面将针对如何导入材质和使用材质进行讲解。

步骤 ① 单击 "材质编辑器"，在弹出的材质编辑器中单击 "材质/获取材质"，如图1-4-8-8 所示。在弹出的窗口中单击左上角的小黑三角，再单击 "打开材质库"，如图 1-4-8-9 所示。

图1-4-8-8

图1-4-8-9

步骤 ② 在弹出的窗口中选中本书配套素材中的材质，之后单击 "打开"，如图1-4-8-10 所示。材质/贴图浏览器中会出现刚刚打开的材质，双击此材质，相应被选中的材质球就会变为导入的材质，如图 1-4-8-11 所示。

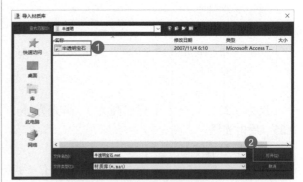

图1-4-8-10

图1-4-8-11

步骤 ③ 应用材质到模型。选中材质编辑器中的材质，同时也选中场景中的模型，在二者被同时选中的情况下，单击 "将材质指定给选定对象" 按钮即可，如图 1-4-8-12 所示。

步骤 ④ 部分材质指定给模型后，透视图中看到的效果会和材质球的效果略有差异，这是电脑为了提高运算速度只展示了缺省效果，需要渲染后才能展示最终效果。

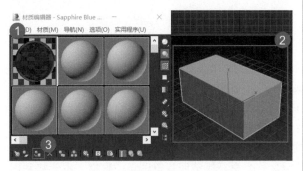

图1-4-8-12

8. 图像渲染与保存图片

渲染图片之前先保存工程文件，防止渲染中出现死机等现象丢失工程文件。单击左上角的 Max 图标，在下拉菜单中单击"保存"如图 1-4-8-13 所示。在弹出的窗口中设置保存路径，输入文件名，设置格式为"3ds Max（*.max）"，之后单击"保存"，如图 1-4-8-14 所示，这样就保存好了原始工程文件，可以再次使用 3ds Max 软件打开，防止重要设置丢失。

图1-4-8-13

图像的渲染方法。选中需要进行渲染的视口，单击"渲染设置"，在弹出的窗口中找到"输出大小"，将"宽度"和"高度"分别设置为 2000 和 1500。此处设置尺寸越大，则最终图片清晰度越高，相应的电脑的计算出图时间也就越长，具体数值可按需求修改。之后单击"渲染"，如图 1-4-8-15 所示，会弹出一个渲染窗口，并显示出渲染的进度条，

待进度条读取完成，图像渲染完成后，单击"保存"，如图 1-4-8-16 所示。

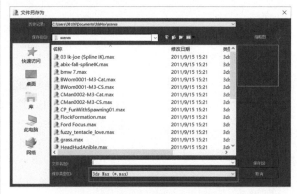

图1-4-8-14

图1-4-8-15

图1-4-8-16

在弹出的窗口中将"保存类型"选择为"png"格式，选择好保存路径单击"确定"，即可保存无背景的图片文件。

第2章 科研实用数据的美化处理

实验数据是科研文章中十分重要的部分，是文章观点强有力的证明，同时也是审稿人和读者十分关注的部分。美观的实验数据会让人眼前一亮，阅读起来十分舒适，使文章如虎添翼。

对于图表、曲线等实验数据，本章将利用 Origin 软件进行相应的整理与美化。对于电子显微镜照片、光学纤维镜照片等图像类数据，本章将利用 Photoshop 进行美化处理。

2.1　Origin的实验数据处理

Origin是美国Microcal公司推出的数据处理软件，同时也是国际科技出版界公认的标准作图软件。科研工作者需要跨越语言和专业知识的障碍从而实现有效的交流，Origin强大的数据处理和制图功能无疑是最好的选择。

在本节主要讲解 Origin 在科研绘图中的应用，通过本节内容的学习，将掌握如何把原始实验数据绘制成曲线图、柱状图、点状图等数据图，甚至让数据曲线与数据曲线进行对比，让图形更直观地表达科研思想。

Origin 具有面向对象的"窗口菜单"和"工具栏"，操作简便，包括数据的调整、统计、曲线拟合等各类完善的数学分析功能。

Origin 可以利用模板方便地绘制出数据图，本身提供了数十种二维和三维绘图模板，并且用户可以将调整后的模板重新存储，保存自定义模板。只需选择所需要的模板即可轻松制图。Origin 主要包含以下几个部分。

1. 菜单栏

提供方便的菜单项，从而实现大部分功能，如图 2-1-1 所示。

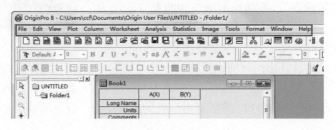

图2-1-1

2. 工具栏

工具栏提供了软件功能的快捷方式，以便用户使用，如图 2-1-2 所示。

3. 绘图区

包含子窗口，以及工作表、绘图等面板，如图 2-1-3 所示。

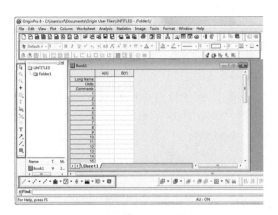

图2-1-2

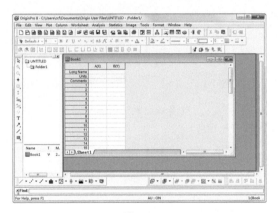

图2-1-3

4. 状态栏

标出当前鼠标指针所指工具的使用说明，如图2-1-4所示。

图2-1-4

2.1.1　数据管理与基础

作为一款科学作图和数据分析的实用软件，Origin 可以方便快捷地处理大部分来自其他实验仪器或是软件产生的数据。在这一过程中，数据的导入与管理成为了获得良好数据图表的重要一环。

通常在科研实验中，仪器产生的数据结果可以存储为可供此仪器再次打开的原始数据文件，这样的文件有助于我们保存最真实、最原始的实验结果。但通常这样的数据文件格式五花八门，都是仅供专门软件打开的格式。因此，除了要保存上述实验数据类型以外，我们同样要保存好典型的 txt 文件或 dat 文件，这样的文件属于 ASCII 码文件，可以使用记事本软件再次打开，方便数据导出与整理，如图 2-1-1-1 所示。

图2-1-1-1

这样的文件通常含有表头和实验数据，表头中包含一些实验参数设置。实验数据由 x 列和 y 列构成，列与列之间会采用一定的符号隔开。常见符号包括"，"（逗号）、" "（空格）、"TAB"（制表符）等，这些符号会把实验数据的横坐标与纵坐标分隔开，而不至于混在一起难以区分。

在导入数据时，要输入这些分隔符号，让软件识别出哪些列是属于横坐标的，哪些列是纵坐标的，换言之，让软件自动分出 x 列和 y 列。

可以直接在 Origin 中使用菜单命令"File/

Import/Single ASCII" 来导入数据文件，如图 2-1-1-2 所示。软件会识别分隔符、表头、文件格式等，但这种方式会覆盖 Origin 中已有的数据，通常在 Origin 表格空白的时候使用此方法。

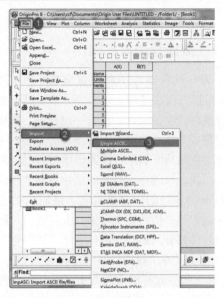

图2-1-1-2

或者也可以用记事本打开 ASCII 文件，之后将想要的部分复制到一个新建的 Excel 表格中，操作步骤如下。

步骤 ① 此时如果数据已经分列显示，则无需进行分列；如果此时所有数据在一列中显示，如图 2-1-1-3 所示，则需要进行下一步分列操作。

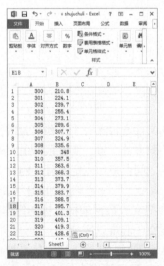

图2-1-1-3

步骤 ② 选中当前列，在 Excel 的菜单栏中选择"数据 / 分列"，如图 2-1-1-4 所示。

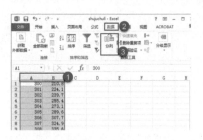

图2-1-1-4

步骤 ③ 在弹出的对话框中选择"分隔符号"，如图 2-1-1-5 所示。

步骤 ④ 选择当前的分隔符，让软件区分出 x 列和 y 列，当前数据分隔符号为逗号，然后单击"下一步"，如图 2-1-1-6 所示。

图2-1-1-5　　　　　　图2-1-1-6

步骤 ⑤ 直接采用默认设置即可完成分列，如图 2-1-1-7 所示。

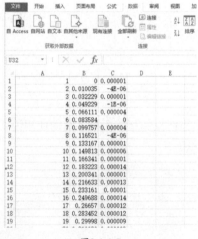

图2-1-1-7

将需要的列复制到 Origin 中，即可实现数据导入。

不仅可以把原始数据文件、ASCII 文件、Excel 文件、Origin 文件放入同一个标注好日期的文件夹，还可以在 Excel 中做出一些标注来帮助你记录一些必要信息，供将来查阅。

疑难问答 Q：如何平滑曲线？

A：选中曲线，用鼠标左键单击菜单栏中的"Analysis/Singal Processing/Smooth/Open Dialog…"，如图2-1-1-8所示。在弹出的对话框中调节"Point of Window"数值，数值越大越平滑，之后单击"OK"即可，如图2-1-1-9所示。

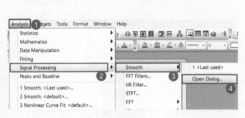

图2-1-1-8

图2-1-1-9

2.1.2　二维图形的绘制

Origin可以方便地绘制数据曲线图，这些曲线图是原始实验数据的体现，将原本的数字信息通过图像更直观地表现出来，是常用的科研表达形式之一。

在着手制图之前，思考好这张图的物理意义，要表达什么，要为哪些观点做支撑，这些都会在坐标轴、单位、刻度等属性上有所体现，带着这样的思想获取有效的数据，准备好必要的数据之后，就可以着手开始了。

绘制二维图形的具体操作步骤如下。

步骤① 数据导入。我们开始尝试二维图形的绘制，首先将数据导入Origin，如图2-1-2-1所示。

图2-1-2-1

步骤② 将导入的数据选中。可以直接通过鼠标拖动框选出想要制图的数据，也可以按住Ctrl键不放，用鼠标左键依次单击A（X）和B（Y）这两列，如图2-1-2-2所示。

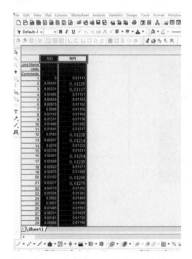

图2-1-2-2

步骤③ 选择作图类型绘图。之后可以选择合适的作图类型，Origin为我们提供了一些内置的图形模板，如曲线、点线、柱状图等，可以直接调用，方法是在选好数据的情况下，单击下方的曲线图例，如图2-1-2-3所示。

通过这样简单的操作可以迅速地将自己的数据绘制成图，如图2-1-2-4所示。每一列数据都有属性（X、Y、Z属性），刚刚的操作中只有一列X

和一列 Y，但在有些情况下可能不止一个 X 和一个 Y，这时就需要对数据的类型进行修改。

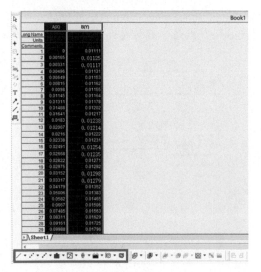

图2-1-2-3

步骤④ 添加新列。导入两组数据时需要添加新的列，先在表格右侧空白处单击鼠标右键，在弹出的菜单中选择"Add New Column"，添加新的一列，重复两次操作就可添加新的两列，如图2-1-2-5和图2-1-2-6所示。

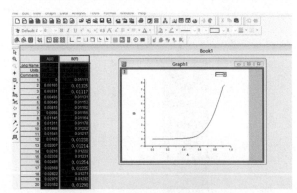

图2-1-2-4

图2-1-2-5

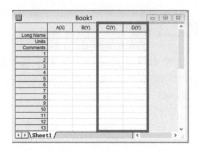

图2-1-2-6

步骤⑤ 数据导入设置。将数据导入，在 C（Y）列上单击鼠标右键，选择"Set As/X"，如图 2-1-2-7 所示。

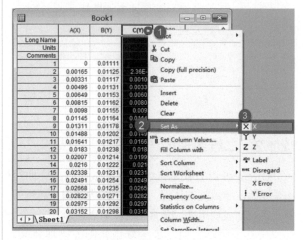

图2-1-2-7

步骤⑥ 绘图。这时会发现 C 列旁显示 X2，D 列显示 Y2，就表示 D 列为 C 列的函数，而与 A 列、B 列不产生关系。将它们选中，点选合适的图例，绘制成图，如图 2-1-2-8 所示。

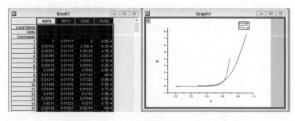

图2-1-2-8

这样就可以在一张图中得到两条曲线，甚至可以在一张图中绘出更多条曲线，这样的绘图模式经常用于对比数据优劣、表达改进性能等。

作图的过程就是数据的可视化过程，通过这种方式让实验结果一目了然，可以呈现实验结果的规律，也可以对比实验性能，无论是答辩、论文，还是专利等，都是有效的表达方式。熟练应用 Origin，可以更好地表达你的实验成果。

A：双击曲线，在弹出的对话框中单击"Workbook"，即可弹出数据表格，如图2-1-2-9所示。

图2-1-2-9

2.1.3　多层图形的绘制方法

有的时候需要在一个图形中使用不同的坐标体系、不同的图形模式及不同的坐标区间，这其中就涉及到图层的概念。在一个窗口中绘制多个图层，可以方便我们创建和管理数据曲线。

一般图层中含有坐标轴、数据图和相应的文字或图标，类似于一个完整的单独数据曲线图。Origin 利用这种方式将不同的数据图联系起来，相互叠加，形成一个具有更高展示效果的复合型数据图，如图 2-1-3-1 所示。

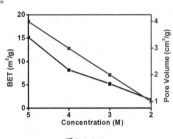

图2-1-3-1

在一个图形中同时包含多个图层时，左上角的图层标记凹陷下去的图层是当前所要更改的图层，即为活动层，如图 2-1-3-2 所示。要激活其他图层，可以直接单击左上角的图层标记，或者单击相应图层所具有的坐标轴、文字等。

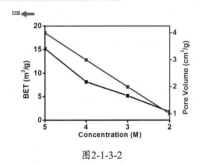

图2-1-3-2

下面开始绘制多图层图形。

步骤 ❶　首先我们绘制一张简单数据图，如图2-1-3-3 所示，之后在图形外框范围之外单击鼠标右键，

选择"New Layer（Axes）/（Linked）Top X + Right Y"，如图 2-1-3-4 所示，这样新的图层会占据原来空白的顶端和右端坐标轴，如图 2-1-3-5 所示。如果选择"Bottom X+Left Y"或其他选项，则在相应的其他位置上会出现坐标轴。

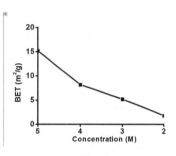

图2-1-3-3

图2-1-3-4

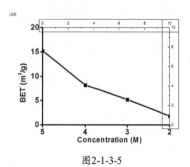

图2-1-3-5

步骤 ❷　新添加图层的角标是凹陷的，即激活状态，如图 2-1-3-6 所示。在选中新图层的状态下，在图形内部空白处单击鼠标右键，选择"Layer Contents…"，如

图 2-1-3-7 所示，给该层添加数据图形。选择左侧想要添加的数据列（此处 book1_d 指的就是表格 1 中的 d 列数据，如果数据类型为 X，则不会显示在其中，注意把需要的数据先复制到 Origin 表格中再操作此步），然后添加到右侧的方框中，然后单击 OK 按钮，如图 2-1-3-8 所示。

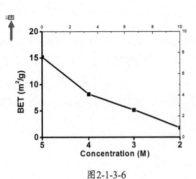

图2-1-3-6

图2-1-3-7

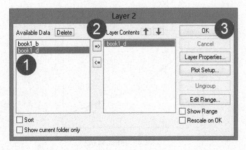

图2-1-3-8

步骤 ③ 修改合适的坐标范围，让新图层的曲线显示完整，双击右坐标轴，在弹出窗口的"From"和"To"中根据数据添上合适的起止范围，调整好"Horizontal"

的坐标，再调整"Vertical"的坐标，即横坐标和纵坐标，如图 2-1-3-9 所示。调节后的效果如图 2-1-3-10 所示。

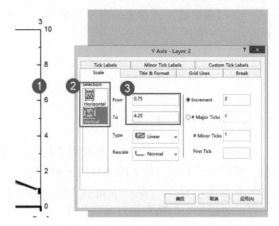

图2-1-3-9

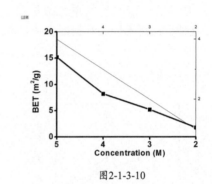

图2-1-3-10

步骤 ④ 上下两个 X 坐标轴坐标范围一致，可以将 2 层的 x 轴刻度和文本隐藏。双击顶部坐标轴，把"Title & Format"中的"Major Ticks"和"Minor Ticks"改为 None，把"Thickness"修改为和下方坐标轴一致的数值，使两个坐标轴粗细一致，如图 2-1-3-11 所示。双击顶部坐标轴文本数字，取消勾选"Tick Labels"中的"Show Major Labels"，隐藏文本，单击"确定"按钮，如图 2-1-3-12 所示。

图2-1-3-11

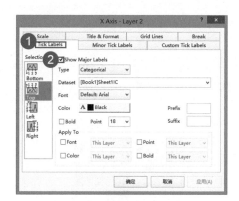

图2-1-3-12

步骤 ⑤ 双击右侧坐标轴，把"Title & Format"中的"Major Ticks"改为 Out，把"Minor Ticks"改为 None，把"Thickness"修改为和左方坐标轴一致的数值，使两个坐标轴粗细一致，单击 Color，更换为蓝色，在"Title"中添加文字，单击"确定"按钮，如图2-1-3-13 所示。双击右侧坐标轴文本数字，更改"Tick Labels"中的"Bold"和"Point"与左侧坐标文本一致，将 Color 更换为蓝色，单击"确定"按钮，如图2-1-3-14 所示。

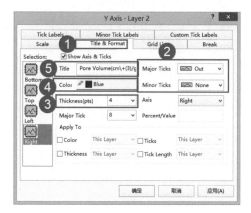

图2-1-3-13

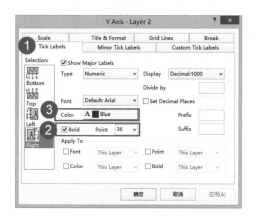

图2-1-3-14

步骤 ⑥ 双击图层 2 中的曲线，把"Plot Type"更改为合适的模式，这里选用"Line+Symbol"，之后将 Size 更改为 15，以控制点的大小，单击"Apply"按钮，如图2-1-3-15 所示。单击"Line"，更改"Width"为合适的粗细，这里用 5，把"Color"更改为蓝色，如图2-1-3-16 所示。双击坐标的单位文本，更改粗细和字号，颜色为蓝色，如图2-1-3-17 所示。完成后的如图2-1-3-18 所示。

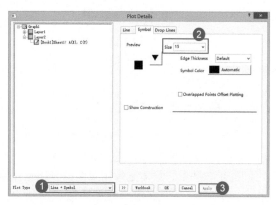

图2-1-3-15

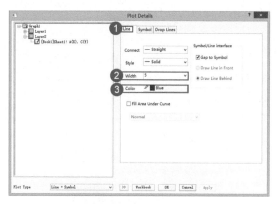

图2-1-3-16

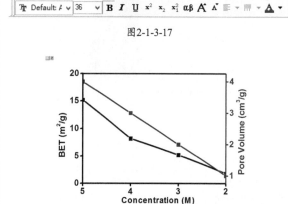

图2-1-3-17

图2-1-3-18

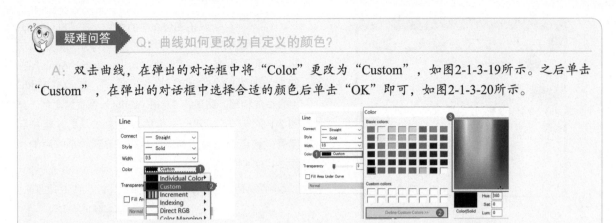

Q：曲线如何更改为自定义的颜色？

A：双击曲线，在弹出的对话框中将"Color"更改为"Custom"，如图2-1-3-19所示。之后单击"Custom"，在弹出的对话框中选择合适的颜色后单击"OK"即可，如图2-1-3-20所示。

图2-1-3-19　　　　　　　　　　　　　图2-1-3-20

2.1.4　数据分析与拟合

在科技论文中，通常需要用到线性拟合或者非线性拟合的方法对实验数据进行处理，找出不同变量之间的函数关系。具体是采用线性拟合还是非线性拟合方法，可以根据实验数据的散点图初步判断。这里以两组主客体相互作用的荧光强度变化的实验数据处理为例进行介绍。

1. 线性拟合

步骤 ① 作散点图。导入要处理的数据后，选中所导入数据，单击界面左下方的"散点图作图"工具，如图2-1-4-1所示。即可得到一个简单的散点图，如图2-1-4-2所示。

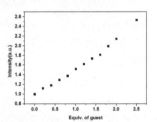

图2-1-4-2

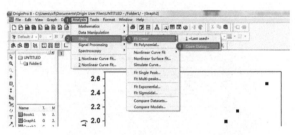

图2-1-4-3

图2-1-4-1

步骤 ② 根据散点图初步断定为线性形状，于是采用线性拟合。在菜单栏中单击"Analysis"，然后依次选择"Fitting/Fit Linear/Open Dialog…"，如图2-1-4-3所示。在弹出的对话框中单击"OK"按钮，如图2-1-4-4所示。

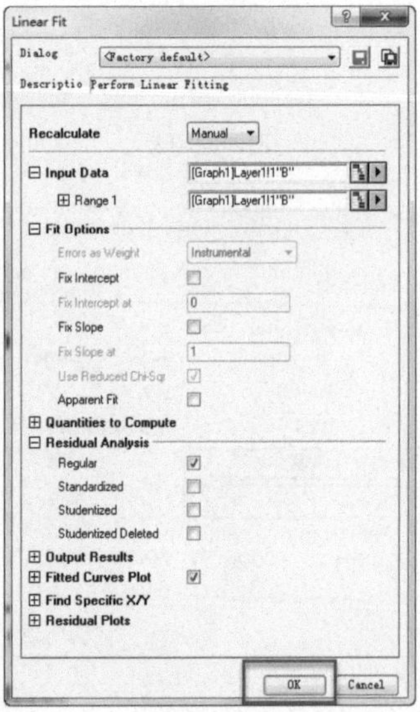

图2-1-4-4

步骤 3 在弹出的对话框中依次选择"Yes"，单击"OK"按钮，如图 2-1-4-5 所示，即可转到线性拟合结果表，如图 2-1-4-6 所示。

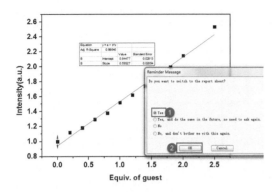

图2-1-4-5

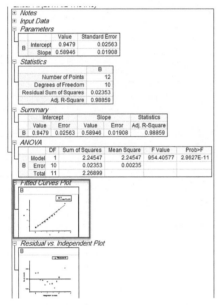

图2-1-4-6

双击拟合图线，就可以看到拟合结果和拟合曲线，如图 2-1-4-7 所示。

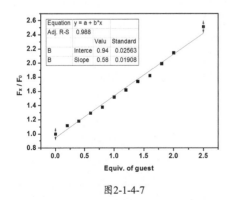

图2-1-4-7

2. 非线性拟合

步骤 1 作散点图。导入要处理的数据后，选中所导入数据，单击界面左下方的作图工具，得到一个简单的散点图，如图 2-1-4-8 和图 2-1-4-9 所示。

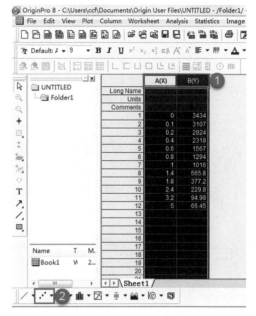

图2-1-4-8

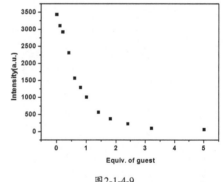

图2-1-4-9

步骤 2 根据散点图初步断定为非线性形状，于是采用非线性拟合。单击"Analysis"，然后依次选择"Fitting/Nonlinear Curve Fit/Open Dialog…"，如图 2-1-4-10 所示。

步骤 3 在弹出的对话框中依次选择"Settings/Function Selection、Fit Curve"，然后在"Function"中选择合适的拟合函数，发现此实验数据与指数衰减拟合的结果比较相符（步骤 5 函数选择和步骤 3 里的图线比较符合），于是选择一阶指数衰减函数"ExpDec1"（读者可根据自己的实验数据选择比较合适的函数），如图 2-1-4-11 所示。

图2-1-4-10

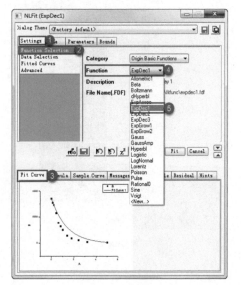

图2-1-4-11

步骤④ 单击"Formula",可以看到一阶指数衰减函数"ExpDec1"的表达式,然后单击"Fit"按钮,就可以得到拟合曲线,如图2-1-4-12所示。

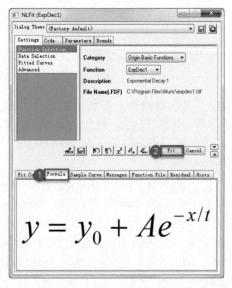

$$y = y_0 + Ae^{-x/t}$$

图2-1-4-12

步骤⑤ 依次选择"Yes",单击"OK"按钮,如图2-1-4-13所示,即可转到非线性拟合结果表,如图2-1-4-14所示。

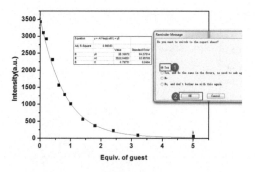

图2-1-4-13

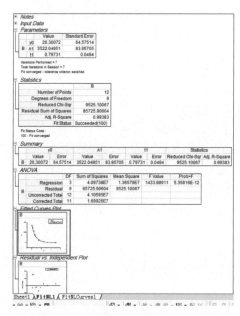

图2-1-4-14

步骤⑥ 双击拟合图线,即可看到拟合结果和拟合曲线,如图2-1-4-15所示。

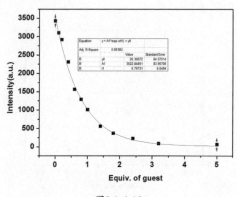

图2-1-4-15

疑难问答 Q：如何对Origin中的数据进行归一化处理？

A：选中需要归一化处理的数据，单击鼠标右键，选择"Normalize"，图2-1-4-16所示。在弹出的对话框中单击"OK"，如图2-1-4-17所示，会出现新的归一化之后的数据，如图2-1-4-18所示，可以利用新数据作图。

| 图2-1-4-16 | 图2-1-4-17 | 图2-1-4-18 |

2.1.5 三维图形的绘制

三维图形可以使我们的数据表达更直观和清楚，更好地阐明观点，在学术论文与期刊中具有极为广泛的应用，Origin也提供了较为全面的三维图形的功能，在本小节中将以XYY型数据为例，向大家介绍如何来制作和美化三维图形。

步骤 1 首先导入三列数据，注意数据属性，第一列为X，第二、三列为Y，如图2-1-5-1所示。

步骤 2 将数据利用三维模板制图。在选中三列数据的前提下，单击菜单中的"Plot"，选择"3D XYY/XYY 3D Bars"，如图2-1-5-2所示。直接套用三维图像模板后，如图2-1-5-3所示。

步骤 3 对数据图像参数进行设置。双击柱状图的柱状部分，在弹出的窗口中选择"[Book1]Sheet1!A（X），B（Y）"，在"Group"选项卡中把"Edit Mode"改为"Independent"，如图2-1-5-4所示。这样我们可以对每一个柱状图进行单独调色，而不用局限于默认的高饱和度和高对比度的颜色了。之后，在"Pattern"选项卡中找到"Fill"，将里面的"Color"改为"Custom"，如图2-1-5-5所示。之后在弹出的窗口中找到合适的颜色，甚至还可以通过下方的自定义面板自行调色，如图2-1-5-6所示。找到"Border"中的"Color"和"Width"，它们分别控制边线的颜色和粗细，把"Color"调成黑色，"Width"调成3，如图2-1-5-7所示。接下来，单击"Outline"选项卡，调节"X Direction Bar Width（in %）"，即X方向柱宽度，调节"Z Direction Bar Width（in %）"，即Z方向柱宽度，调节大小如图2-1-5-8所示。调好"[Book1]Sheet1!A（X），B（Y）"的柱状图后，再选择"[Book1]Sheet1!A（X），C（Y）"，用同样的方法把剩下的柱状图美化好，效果如图2-1-5-9所示。

图2-1-5-1　　　　　　图2-1-5-2

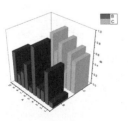

图2-1-5-3

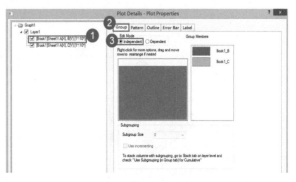

图2-1-5-4

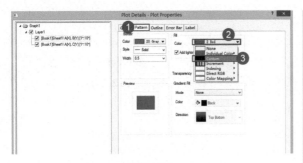

图2-1-5-5

图2-1-5-6

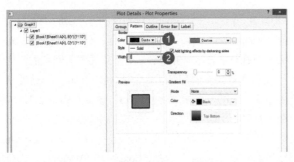

图2-1-5-7

图2-1-5-8

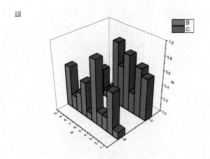

图2-1-5-9

步骤 4 调节三维图像坐标轴。双击 y 坐标轴，在弹出的窗口中，把 "Major Ticks" 里的 "Value" 设置为合适的坐标精度；把 "Minor Ticks" 里的 "Count" 设置为0，则不出现最小刻度，如图 2-1-5-10 所示。之后单击 "Line and Ticks"，将 "Line" 里面的 "Thickness" 改为3，将坐标轴加粗，如图 2-1-5-11 所示。之后单击 "Tick Labels"，将 "Format" 中的 "Size" 设置为24，"Bold" 勾选，让字体加粗加大，如图 2-1-5-12 所示。之后单击 "Title"，在 "Text" 中输入想要的坐标标题，将 "Font" 中的 "Size" 设置为36，如图 2-1-5-13 所示。设置好后单击 "OK" 按钮，用同样的方法双击 x 轴或 z 轴继续更改相应参数，将三个坐标轴都设置完毕，如图 2-1-5-14 所示。

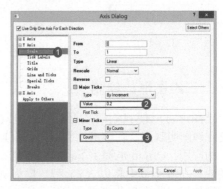

图2-1-5-10

图2-1-5-11

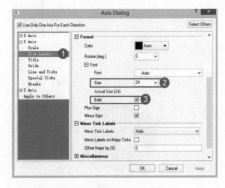

图2-1-5-12

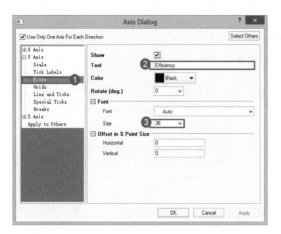

图2-1-5-13

步骤 ⑤ 调整三维数据图形的视角。当单击三维图形窗口后，会出现控制图形旋转的控制按钮，可以通过调节这几个按钮实现对三维图形的角度变换，分别代表逆时针旋转图形、顺时针旋转图形、左倾斜图形、

右倾斜图形、向下倾斜图形及向上倾斜图形，各个按钮如图2-1-5-15所示。根据自己的需要，适当调节角度，得到更加清楚美观的三维图形。

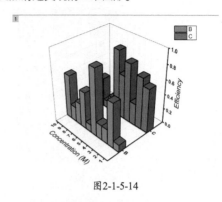

图2-1-5-14

图2-1-5-15

疑难问答 Q：如何更改Origin中的数据类型？

A：单击表格中需要修改数据类型的相应列以全选此列数据，如图2-1-5-16所示。之后单击鼠标右键，在弹出的菜单中选择"Properties"，如图2-1-5-17所示。在弹出的对话框中将"Display"修改为需要的数据类型，之后单击"OK"即可，如图2-1-5-18所示。

图2-1-5-16   图2-1-5-17   图2-1-5-18

2.1.6 二维图的美化及模板保存

用 Origin 绘图软件绘制好曲线后，可以通过对曲线的细节进行调整，如统一文字格式、曲线粗细、坐标轴，以及曲线配色等。在调整之后，可以

把这种格式直接保存下来，作为模板，下次使用时直接调用即可。具体操作步骤如下。

步骤 ① 选取数据作图。选取数据后，根据所需绘制出图线，如图 2-1-6-1 所示。

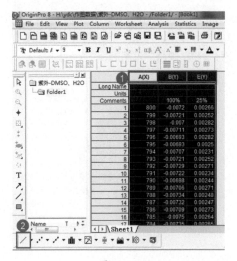

图2-1-6-1

步骤 ② 可以看出，图 2-1-6-2 并不是很美观，因此需要对图线进行美化处理。

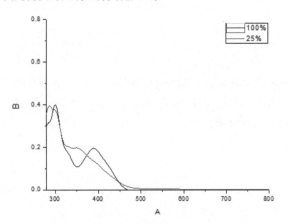

图2-1-6-2

步骤 ③ 在图片任意一处单击鼠标右键，选取"Axis"，如图 2-1-6-3 所示。

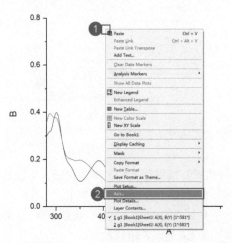

图2-1-6-3

步骤 ④ 坐标范围的调整。单击"Scale"，然后按照图 2-1-6-4 中的步骤，分别根据需要对水平坐标和纵坐标进行设置。

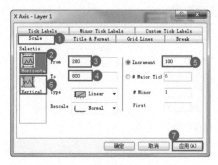

图2-1-6-4

步骤 ⑤ 坐标刻度标签设置。单击"Title & Format"，分别设置底边框和左边边框的格式，一般而言，Show Axis & Tick 是默认勾选的，如图 2-1-6-5 所示。

图2-1-6-5

步骤 ⑥ 设置底部和左边边框的格式后，效果如图 2-1-6-6 所示。

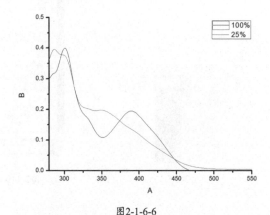

图2-1-6-6

步骤 ⑦ 如果要显示顶部和右侧的边框，需要分别选择"Top"和"Right"，用上述相同的步骤进行设置。需要注意的是，需要在步骤 2 中选中"Show Axis & Tick"，即在此选项前面打上对勾后，才会显示顶部和右侧的边框，如图 2-1-6-7 所示。

图2-1-6-7

步骤⑧ 设置顶部和右边边框的格式后，效果如图 2-1-6-8 所示。

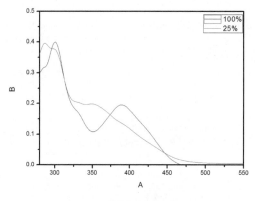

图2-1-6-8

步骤⑨ 坐标文字设置。在"Tick Labels"选项下，分别对底部和左侧坐标文字进行设置，如图 2-1-6-9 所示。

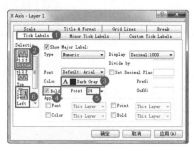

图2-1-6-9

设置后的效果如图 2-1-6-10 所示。

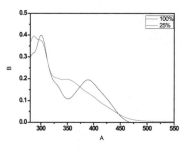

图2-1-6-10

步骤⑩ 横坐标、纵坐标名称的设置。分别双击横坐标和纵坐标名称，然后按照所需名称进行编辑，如图 2-1-6-11 所示。

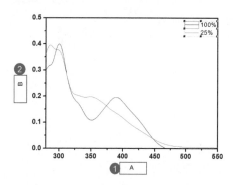

图2-1-6-11

编辑后的效果如图 2-1-6-12 所示。

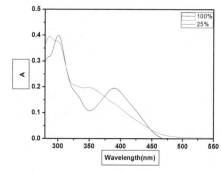

图2-1-6-12

步骤⑪ 图线的设置。双击曲线，或者在曲线上单击鼠标右键，选择"Plot Details"，如图 2-1-6-13 所示。

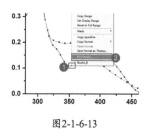

图2-1-6-13

步骤⑫ 在弹出对话框的"Group"选项卡下选择"Independent"，从而可以对曲线进行分别编辑，如图 2-1-6-14 所示。

图2-1-6-14

步骤 ⑬ 按图 2-1-6-15 所示分别设置曲线的颜色、宽度等，设置后的效果如图 2-1-6-16 所示。

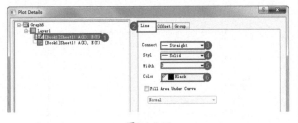

图 2-1-6-15

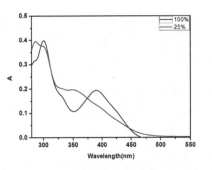

图 2-1-6-16

步骤 ⑭ 美化前后结果对比。图 2-1-6-17 和图 2-1-6-18 分别是美化前和美化后的效果，可以看出，美化后，图线效果美观很多。

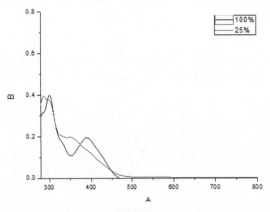

图 2-1-6-17

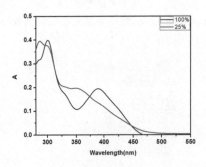

图 2-1-6-18

步骤 ⑮ 模板的保存。可以把如上设置的格式保存为模板，以便今后做类似的图线时可以引用，在菜单栏中选择 "File/Save Template As"，如图 2-1-6-19 所示。

在弹出的对话框中选择保存的目录和模板文件名称，单击 "OK" 按钮，就保存为模板了，如图 2-1-6-20 所示。

图 2-1-6-19   图 2-1-6-20

步骤 ⑯ 模板的调用。选择新的作图数据后，在菜单栏中选择 "Plot/Template Library"，如图 2-1-6-21 所示。

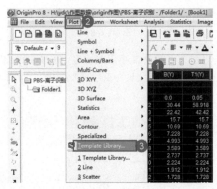

图 2-1-6-21

步骤 ⑰ 在弹出的对话框中，依次选择已保存的模板路径和模板，单击 "Plot" 按钮作图，如图 2-1-6-22 所示。

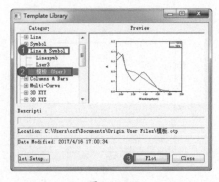

图 2-1-6-22

步骤⑱ 调用模板所作的图,如图2-1-6-23所示,然后对不恰当的地方根据需要进行微调即可。

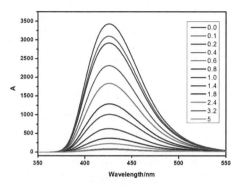

图2-1-6-23

步骤⑲ 图线的导出。做好图线后,我们往往需要将其应用到PPT或者Word中。

如何将Origin中的图应用到其他软件呢?以图2-1-6-24为例,介绍两种导出方法。

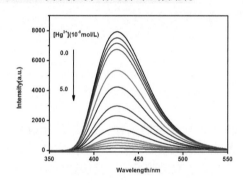

图2-1-6-24

方法1:直接导出Origin格式的图线。

在图片空白处单击鼠标右键,选择"Copy Page",即可复制图线,如图2-1-6-25所示。

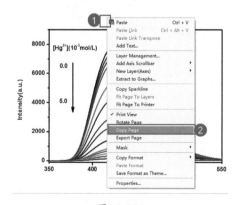

图2-1-6-25

打开PPT或者Word文档后,用"Ctrl+V"键即可很方便地将图线复制到所需文档,图2-1-6-26是以图复制到PPT文档为例。

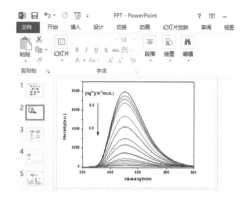

图2-1-6-26

需要注意的是,用这种方法导出到PPT或者Word文档的图线,可以通过双击图片链接到Origin程序,从而可以进一步进行编辑。

方法2:导出png、tif等图片格式。

在图片空白处单击鼠标右键,选择"Export Page",如图2-1-6-27所示。

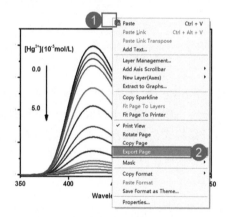

图2-1-6-27

在出现的对话框的"Image Type"中,有gif、jpg、png等常用格式,选择自己要保存的格式即可,如图2-1-6-28所示。

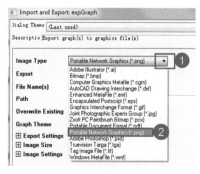

图2-1-6-28

然后根据个人习惯和需要，修改图片的名称，选择保存位置，修改图片大小等，如图2-1-6-29所示。

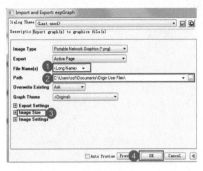

图2-1-6-29

通过如上步骤，就可以得到图片，然后根据需要，将图片插入到PPT或者Word文档，如图2-1-6-30所示。

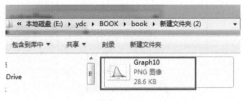

图2-1-6-30

和方法1不同的是，用这种方法导出图片，无法再通过双击图片链接到Origin程序进行编辑。

疑难问答　Q：为什么要保存Origin模板？

A：调节一张完善的图表通常比较花费时间和精力，如果把调节好的图表样式保存起来，对于新的需要处理的数据就可以直接调用，新的数据可以快速形成模板中的图表模式，省时又省力，最重要的是做到了数据的规范化处理，不必为了某一个字号大小错误反复修改了。

2.2　Chemoffice在科研绘图中的应用

Chemoffice软件是剑桥化学软件（Cambridge Soft）公司开发的软件，集成了Chem3D、ChemDraw、ChemFinder和ChemInfo等软件，具有强大的高端制图绘图功能。不仅能方便科研人员绘制分子结构式、反应方程式，还能绘制立体结构图，用于封面、TOC等展示，为表达科研思想、学术论文、会议报告等提供了极大的便利。

2.2.1　ChemDraw软件简介与基础操作

ChemDraw是Chemoffice中十分重要的软件，它的功能十分强大，可以创建、绘制与科研相关的各类图形，如建立和编辑各类分子式、反应方程式、结构式、医学器官、细胞、反应仪器等，并能对图形进行编辑，如翻转、旋转、缩放、存储、复制、粘贴等各类操作。用它绘制的图形可以输出到PPT、Word等软件中使用。ChemDraw在科研论文中的使用十分广泛，已成为科研日常必备软件。ChemDraw比较重要的几个部分有菜单栏、工具栏、图形工具、状态栏、编辑区，如图2-2-1-1所示。

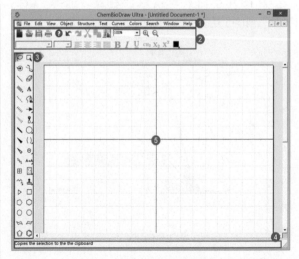

图2-2-1-1

该软件具有以下几项功能。

1. 绘制简单的化学键

首先选择绘制化学键工具，之后在绘图区按下鼠标左键并拖动，可拖出一条化学键，在松开左键之前调整鼠标位置可以改变化学键的方向，确定好后松开鼠标左键即可，如图 2-2-1-2 所示。绘制化学键还可以用以下几种工具，利用这些特殊键工具，可以直接在绘图区中单击或者拖拉来绘制特殊显示的化学键，如图 2-2-1-3 所示。

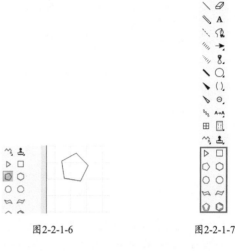

图2-2-1-6   图2-2-1-7

3. 绘制任意长度的脂肪链

选择脂肪链工具，在相应的原子上悬停鼠标指针，会看到蓝色的方块，单击左键并拖动，可以看到随着拖动距离变长，画出的脂肪链变长了，如图 2-2-1-8、图 2-2-1-9 所示。也可以在相应原子上单击鼠标左键，在新弹出的窗口中输入想要的碳原子数，即可得到相应的脂肪链，如图 2-2-1-10 所示。

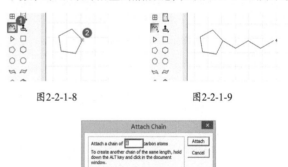

图2-2-1-8   图2-2-1-9

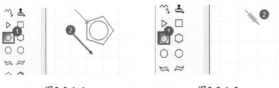

图2-2-1-10

4. 改变键的类型

在 ChemDraw 中有许多键的类型，其中双键工具右下角有一个黑三角形，表示有更多工具整合在一起。单击并长按此按钮，可以在弹出的窗口中选择更多类型的多键，如图 2-2-1-11 所示。可以利用这些特殊的键工具直接拖动来创建多键，也可以利用这些工具在已经创建好的单键上单击鼠标左键，将普通单键更改为相应的特殊类型显示。长按双键工具，选择里面的三键，如图 2-2-1-12 所示。指向已经编辑好的单键，出现蓝色长方框，单击，会出现新的相应类型的键，如图 2-2-1-13 和图 2-2-1-14 所示。

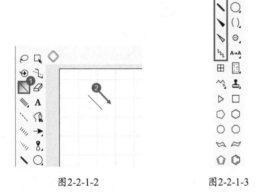

图2-2-1-2   图2-2-1-3

2. 绘制环结构

选择一个环工具，将鼠标指针悬停到一个原子上，会出现蓝色的小方块，单击并按住左键拖动，会在该原子上添加一个环结构，并且随着鼠标指针移动，环的方向也会发生改变，如图 2-2-1-4 所示。如果将鼠标指针悬停到在一条键上，键上会出现蓝色的长方形方块，单击则会在键上添加一个环结构，如图 2-2-1-5、图 2-2-1-6 所示。当然，也可以单击该键上的原子，通过拖动调整角度使两个键重合。绘制环结构还可以用以下几种工具，利用这些工具，可以直接在绘图区中单击或者拖拉来绘制不同碳原子数的环结构，如图 2-2-1-7 所示。

图2-2-1-4   图2-2-1-5

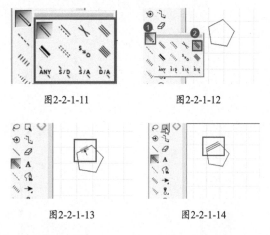

图2-2-1-11　　　　　　　图2-2-1-12

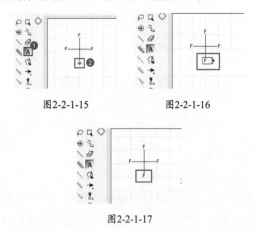

图2-2-1-13　　　　　　　图2-2-1-14

5. 改变元素

在 ChemDraw 中，碳原子默认是不显示的，每一个键与键的转弯处都代表着一个碳原子，可以通过更改文本的方式更改元素。选择"文本"工具，指向绘图区的原子，当鼠标指针指向一个原子上的时候，指示器的形状会发生改变，如图 2-2-1-15 所示。在想要更改的原子上单击鼠标左键，会看到弹出一个小输入框，可以输入想要的元素，如图 2-2-1-16 所示。之后按回车键即可将此碳原子改变为新的原子，如图 2-2-1-17 所示。请注意不同元素的价键要符合事实，形成科学合理的分子结构，如果出错，软件会以红框的形式标示出来。

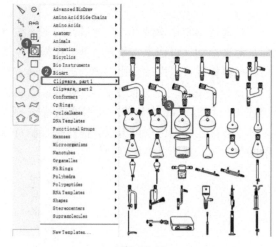

图2-2-1-15　　　　　　　图2-2-1-16

图2-2-1-17

6. 利用模板库绘制生物和反应容器等

在 ChemDraw 中有内置好的模板库，在库中可以随意调用资源。这里以插入一个烧瓶进行举例。用鼠标左键按住"Templates"工具，在右侧弹出的菜单中选择"Clipware, part 1"，会在右侧出现关于玻璃仪器的模板，选择烧瓶，如图 2-2-1-18 所示。之后在编辑区按下鼠标左键并拖动即可创建

出烧瓶，如图 2-2-1-19 所示。

图2-2-1-18

图2-2-1-19

内置的模板库并不仅限于玻璃容器，更具有大量的关于 DNA、生物分子、细胞器、实验仪器、动物、人体器官、常用高分子等模板，如需调用只需按照刚才的操作，按住"Templates"工具，在右侧弹出的菜单中选择相应的模板库，如图 2-2-1-20 所示，会在右侧继续出现关于此库的内容，选择合适的模板即可。

图2-2-1-20

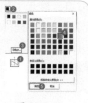

疑难问答 Q：ChemDraw中如何修改分子式颜色？

A：在ChemDraw中选中需要修改颜色的分子式，用鼠标左键按住工具栏处的颜色方块，在不松开左键的情况下将鼠标指针移动到"Other"键上，可在弹出的对话框中选取颜色，之后单击"确定"即可，如图2-2-1-21所示。

图2-2-1-21

2.2.2 分子结构的分析方法

◎ DVD\2.2.2 Chemdraw 计算分子键角键长的方法

ChemDraw 为我们提供了强大的分析功能，利用这些功能，可以检查绘制的结构错误，查找化合价和元素的错误，查看绘制结构的分析信息、化学性质，还可以将结构立体化，并计算结构的核磁光谱、分析峰的归属等。这些数据可以在论文数据、答辩 PPT、会议报告 PPT 中起到十分重要的作用。下面我们一起来学习一下ChemDraw 中的分析功能。

扫码看视频教学

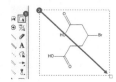

密码：fpj3

1. 检查绘制分子的结构

在绘图区绘制一个分子，之后选择框选工具，在分子的左上角按住鼠标左键并向右下角拖动，直到框住整个分子，如图 2-2-2-1 所示。松开鼠标左键，分子被框住，分子周围出现一个蓝色方框，表示已将分子选中。之后单击菜单栏中的"Structure/Check Structure"，如图 2-2-2-2 所示。ChemDraw 会为我们检查每一个元素和键，如果没有错误，会提示"No errors found"，如图 2-2-2-3 所示。如果有错误，会弹出一个新的窗口并用蓝块标注错误，并配有文字提示错误的原因，如图 2-2-2-4 所示。可以关闭窗口后重新修改绘制的结构，如现在的错误是键多了，可以用框选工具选中多余的键，如图2-2-2-5 所示。按下键盘上的"Delete"键删除即可。

图2-2-2-1

图2-2-2-2 　　　　图2-2-2-3

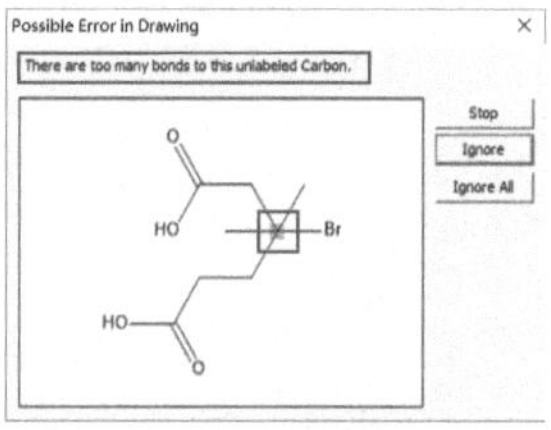

图2-2-2-4 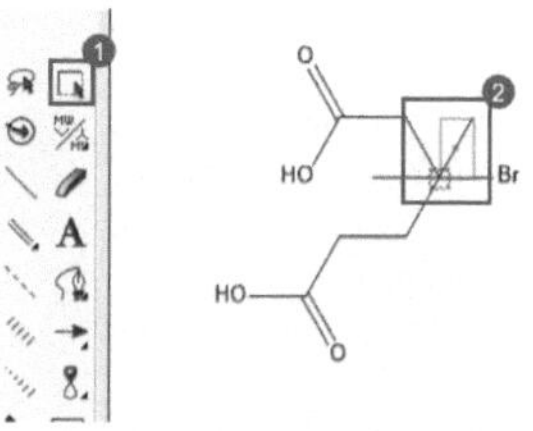　　　　图2-2-2-5

2. 查看绘制分子的分析报告

用框选工具选中整个分子，如图 2-2-2-6 所示。单击菜单栏中的"View/Show Analysis Window"，如图 2-2-2-7 所示。会弹出一个新的窗口，显示化学式、分子量、质量、质核比和元素分析等信息，如图 2-2-2-8 所示。单击"Paste"按钮可以将这些信息复制到粘贴板，之后可以在 Word 或 PPT 中粘贴。

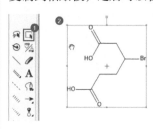

图2-2-2-6　　　　图2-2-2-7

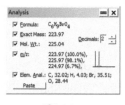

图2-2-2-8

3. 查看核磁共振光谱波普分析结果并分析峰的归属

ChemDraw 为我们提供了一个强大的分析功能，可以为绘制的分子计算出核磁光谱。用框选工具选中整个分子，如图 2-2-2-9 所示。单击菜单栏上的"Structure/Predict 1H-2-2-NMR Shifts 或 Predict 13C-2-2-NMR Shifts"，如图 2-2-2-10 所示。会弹出一个新的窗口，展示了相应的 H-2-2-NMR 和 C13-2-2-NMR 图谱及其他详细信息，如图 2-2-2-11、图 2-2-2-12 所示。可以使用框选工具全部选中，复制、粘贴到 Word 或 PPT 中。也可以单击菜单栏中的"File/Save As"，将文件格式改为 png 等图片格式，保存为图片输出。

性质的窗口，如图 2-2-2-15 所示。有些性质是基于文献的，有些是基于结构计算出来的，可以使用框选工具把这些性质全部选中，复制、粘贴到 Word 或 PPT 中。

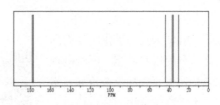

图2-2-2-9 图2-2-2-10

图2-2-2-12

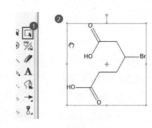

图2-2-2-11

4. 查看绘制结构的化学性质

用框选工具选中整个分子，如图 2-2-2-13 所示。单击菜单栏上的"View/Show Chemical Properties Window"，如图 2-2-2-14 所示，会弹出一个显示化学

图2-2-2-13

图2-2-2-14 图2-2-2-15

Q：ChemDraw中上方的工具栏不见了该怎么办？

A：单击最顶端的菜单栏中的"View"，可以在下拉菜单中找到隐藏的工具栏，在相应的条目前勾选即可将其显示出来，如图2-2-2-16所示。

图2-2-2-16

2.2.3 分子式及反应式的设计制作

科研论文的发表离不开对科学原理的论述、讨论实验结果及分析对比实验因素，对于化学、物理、生物、医学等学科，经常需要用分子式的转变或是反应方程式来表达，ChemDraw 在此方面就可以提供极大的便利，能够快速精准地绘出反应式，如图 2-2-3-1 所示。下面我们来介绍一下分子式及反应式的制作步骤。

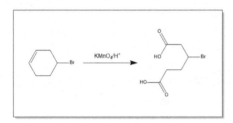

图2-2-3-1

步骤 ① 创建具有双键的六元环结构。单击"六元环"工具，在绘图区按住鼠标左键并拖动，随着鼠标指针的移动调整六元环的角度，当和图片一致时松开鼠标左键，六元环即创建完成，如图 2-2-3-2 所示。单击"单键"工具，在六元环中找到左上方的一条单键，将鼠标指针悬停到上面，会出现蓝色方块，如图 2-2-3-3 所示。保持蓝块出现的状态，单击鼠标左键，此条单键会变成双键，如图 2-2-3-4 所示。

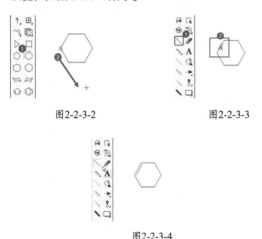

图2-2-3-2　　　　　　图2-2-3-3

图2-2-3-4

步骤 ② 添加溴基。单击"单键"工具，将鼠标指针悬停到六元环中最右侧的原子上，会出现蓝色的方块，如图 2-2-3-5 所示。保持蓝块出现的状态，按住鼠标左键并拖动，随着鼠标的移动调整新出现的单键的角度，当和图片一致时松开鼠标左键，单键即创建完成，如图 2-2-3-6 所示。单击"文本"工具，将鼠

标指针悬停到最右侧的原子上，鼠标会发生变化，如图 2-2-3-7 所示。保持特殊图标出现的状态，单击鼠标左键，会出现文本输入框，输入"Br"，如图 2-2-3-8 所示。之后按回车键，溴基就添加完成了，如图 2-2-3-9 所示。

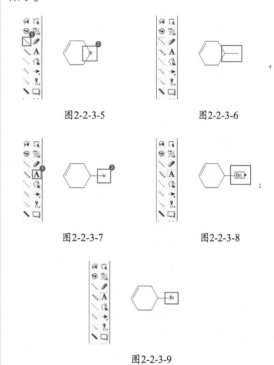

图2-2-3-5　　　　　　图2-2-3-6

图2-2-3-7　　　　　　图2-2-3-8

图2-2-3-9

步骤 ③ 绘制右侧产物的结构。单击"单键"工具，在空白处按住鼠标左键并拖动出一条水平单键后松开，如图 2-2-3-10 所示。继续使用"单键"工具，单击其中一个原子并拖动，在调整好合适的角度后松开鼠标左键，绘制出第二条单键，如图 2-2-3-11 所示。利用这样的方法把其他的键都绘制出来，如图 2-2-3-12 所示。

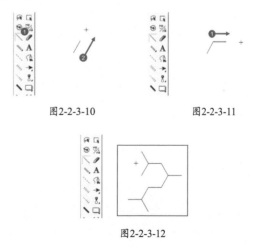

图2-2-3-10　　　　　　图2-2-3-11

图2-2-3-12

步骤④ 为结构添加双键。单击"单键"工具，在单键结构中找到需要转变的单键，将鼠标指针悬停到上面，会出现蓝色方块，如图2-2-3-13所示。保持蓝块出现的状态，单击鼠标左键，此条单键会变成双键，如图2-2-3-14所示。用同样的方法将此结构中另外一条单键变为双键，如图2-2-3-15所示。

出一条合适的箭头，如图2-2-3-21所示。选择"文本"工具，在箭头上方空白处单击鼠标左键，弹出输入框，在其中输入合适的文本，注意字体及格式的调整，如图2-2-3-22所示。按回车键完成文本的输入。

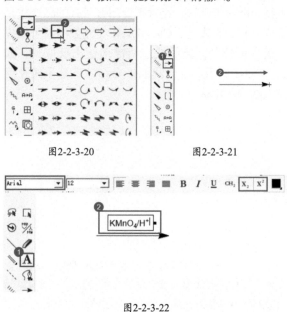

图2-2-3-20　　　　　　　图2-2-3-21

图2-2-3-22

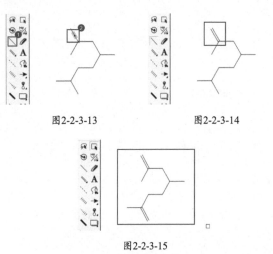

图2-2-3-13　　　　　　　图2-2-3-14

图2-2-3-15

步骤⑤ 改变特殊基团的文本。单击"文本"工具，将鼠标指针悬停到最上方的原子上，鼠标指针会发生变化，如图2-2-3-16所示。保持特殊图标出现的状态，单击鼠标左键，会出现文本输入框，输入"O"，如图2-2-3-17所示。之后按回车键，这个文本就修改完成了，如图2-2-3-18所示。用同样的方法将需要修改的文本修改完毕，如图2-2-3-19所示。

步骤⑦ 调整位置。单击"框选"工具，拖动鼠标左键框选住产物分子式，会有蓝色框显示出来，如图2-2-3-23所示。在这样的情况下，可以直接用鼠标左键拖动它，更改到合适的位置，把每一部分都这样调整后，结果如图2-2-3-24所示。

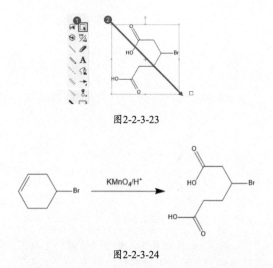

图2-2-3-23

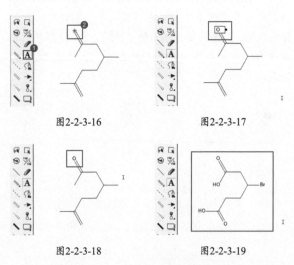

图2-2-3-16　　　　　　　图2-2-3-17

图2-2-3-18　　　　　　　图2-2-3-19

步骤⑥ 添加中间的箭头及反应条件。长按"箭头"工具以显示其他箭头模板，选择合适的箭头工具，如图2-2-3-20所示。在绘图区按住鼠标左键并拖拉，拖

图2-2-3-24

步骤⑧ 保存原始文件及输出。绘制完成之后记得保存原始文件，单击菜单栏中的"File/Save As…"，如图2-2-3-25所示，格式为cdx，单击"保存"按钮，如图2-2-3-26所示。在保存好原始工程文件的前提下，可

以直接用"框选"工具框选住整个方程式，按"Ctrl+C"组合键复制，在 Word、PPT 等软件中按"Ctrl+V"组合键粘贴。也可以单击菜单栏中的"File/Save As…"，将文件格式改为 png 等图片格式，保存为图片输出，可以导入 PPT、Word、Photoshop 等软件中直接使用。

图2-2-3-25

图2-2-3-26

 疑难问答 　　Q：如何在ChemDraw中同时选中多个键？

　　A：通常直接利用框选工具可一次性框选住多个键。个别情况下，想要选中的目标化学键不相邻或是附近存在其他不需要被选中的键，在这种情况下框选工具较难一次性选中目标键，可以按住键盘上的"Shift"键用鼠标左键依次单击目标键即可。

2.2.4　立体结构的设计制作

　　科研配图除了要表达准确之外，美观也是格外重要的一部分。在 Chemoffice 中我们不仅可以使用 ChemDraw 来进行精确的结构式绘制与分析，也可以借助 Chem3D 将 ChemDraw 中的分子立体化表现出来。Chem3D 是 Chemoffice 中一款重要的软件，专用于立体化分子式的展现，在论文配图、TOC、Scheme、杂志封面、会议 PPT 中表达美观，具有较强的视觉冲击力，能够较为形象完整地表达作者的思想。

　　熟练使用 Chem3D 可以为你的论文锦上添花，将 ChemDraw 中的分子结构加以处理，可以实现形象立体的展示，如图 2-2-4-1 所示。下面我们一起学习一下 Chem3D 关于立体分子结构的制作。

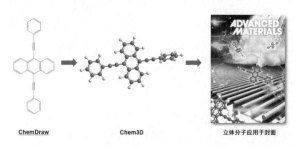

图2-2-4-1

步骤 ① 导入分子到 Chem3D 中。在 ChemDraw

中绘制分子式，如图 2-2-4-2 所示。方法和前面 2.2.2 小节介绍的一样，所用到的工具如图 2-2-4-3 所示。之后利用框选工具将整个分子框选，按下键盘上的"Ctrl+C"组合键复制，打开 Chem3D 软件，按下键盘上的"Ctrl+V"组合键粘贴，在 Chem3D 中会出现立体的分子式，如图 2-2-4-4 所示。

图2-2-4-2

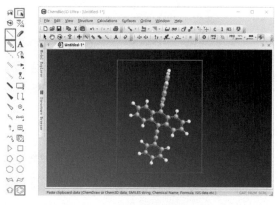

图2-2-4-3　　　　　　　　图2-2-4-4

步骤 ② 控制视角与调整分子。Chem3D 是一个三维软件，对处于其中的三维物体需要通过旋转角度、调节远近、移动等工具来控制它们处于合适的状态。单击"平移"工具，把鼠标指针放在视口的任意位置上，鼠标指针会变成小手状，如图 2-2-4-5 所示，此时按下鼠标左键并拖动可以任意平移视口，可以通过这个方法把分子调节到合适的位置上。单击"旋转"工具，把鼠标指针放在视口的任意位置上，鼠标指针会变成带黑色箭头的小手状，如图 2-2-4-6 所示，此时按下鼠标左键并拖动可以任意旋转视口，可以通过这个方法把分子旋转到合适的角度上。如果把鼠标指针放在视口贴近边缘的位置上，会出现"Rotate About X Axis"、"Rotate About Y Axis"、"Rotate About Z Axis"的按钮，如图 2-2-4-7 所示，在相应的按钮上按下鼠标左键并拖动，会看到分子在相应的轴向上发生旋转。单击"缩放"工具，把鼠标指针放在视口的任意位置上，鼠标指针会变成一大一小两个箭头状，如图 2-2-4-8 所示，此时按下鼠标左键并拖动可以放大或缩小视口，可以通过这个方法控制分子在画面中的大小。利用上述工具将三维分子调节到合适的显示情况。

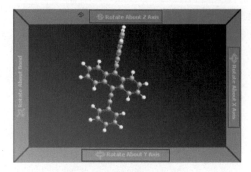

图2-2-4-7

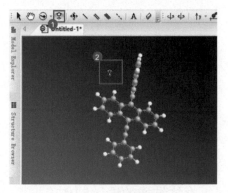

图2-2-4-8

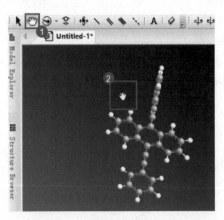

图2-2-4-5

步骤 ③ 更改 3D 分子模型的显示模式。Chem3D 不仅为我们提供了普通的球棍模型，还可以更改其他的模型。单击球棍模型旁的小三角，可以看到其他显示模式，如图 2-2-4-9 所示。如果选择线状模型，即单击"Wire Frame"，效果如图 2-2-4-10 所示。如果选择棒状模型，即单击"Sticks"，效果如图 2-2-4-11 所示。如果选择柱状模型，即单击"Cylindrical Bonds"，效果如图 2-2-4-12 所示。如果选择空间填满模型，即单击"Space Filling"，效果如图 2-2-4-13 所示。尝试使用不同的模型来表现当前结构。

图2-2-4-9

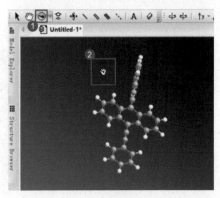

图2-2-4-6

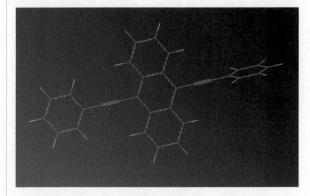

图2-2-4-10

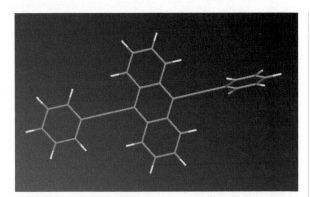

图2-2-4-11

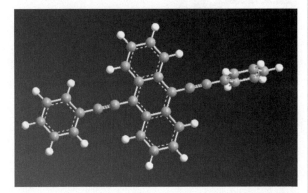

图2-2-4-12

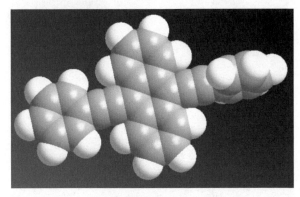

图2-2-4-13

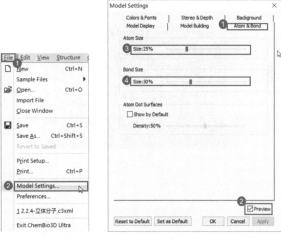

图2-2-4-14　　　　　　　图2-2-4-15

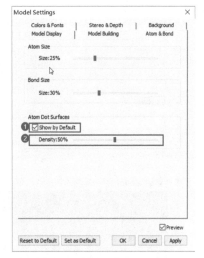

图2-2-4-16

步骤 ④ 更改原子的半径和键的粗细。单击菜单栏中的"File/Model Settings",如图 2-2-4-14 所示。在弹出的窗口中单击"Atom&Bond"选项卡,将底部的"Preview"勾选上,调节"Atom Size"里面的"Size",可以更改原子的半径。调节"Bond Size"里面的"Size",可以更改键的半径,如图 2-2-4-15 所示。如果勾选"Atom Dot Surfaces"中的"Show by Default",则可以显示出电子云,调节"Density"可以改变电子云密度,如图2-2-4-16所示。但这样会使结构比较乱,请视需求调节。

步骤 ⑤ 选择相同元素原子。单击"选择"工具,将鼠标指针指到其中一个原子上单击,该原子将变成高亮黄色,表示该原子被选中,如图 2-2-4-17 所示。如需一次性选择更多原子,可以按住键盘上的"Shift"键,继续单击"选择"工具,则所有单击过的原子将都被选中。很多时候选择原子都是希望把所有相同元素的原子全部选中,在这种情况下,可以单击菜单栏中的"View/Atom Property Table",如图 2-2-4-18 所示。单击之后会在左侧出现一个新窗口,里面用表格显示了所有原子及其编号,如图 2-2-4-19 所示。在表格中单击任意一个原子,视口中的相应三维原子会同步高亮显示,如图 2-2-4-20 所示。单击"C(1)",选中了一号碳原子,按住键盘上的"Shift"键单击"C(30)",则从"C(1)"到"C(30)"之间的所有碳原子将全部被选中,如图 2-2-4-21 所示。

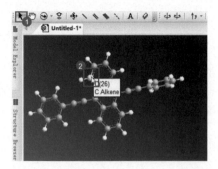

图2-2-4-17

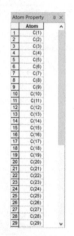

图2-2-4-18　　　　　　　图2-2-4-19

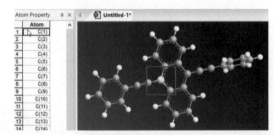

图2-2-4-20

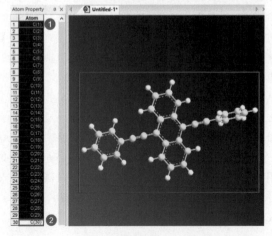

图2-2-4-21

步骤⑥ 更改原子颜色。选中同种元素的原子之后，在其中一个选中的原子上单击鼠标右键，在弹出的菜单中选择"Colo/Select Color"，如图2-2-4-22所示。会弹出选择颜色的窗口，如图2-2-4-23所示，在其中选择合适的颜色。也可以单击"Custom"自己来调色，选好之后单击"OK"按钮即可，如图2-2-4-24所示。重复上述方法将所有碳原子调成蓝色，氢原子调成浅紫色，全部调整好颜色，选择的颜色如图2-2-4-25所示，调节好后如图2-2-4-26所示。更多关于配色的教程及方案可以查看附录相关内容。

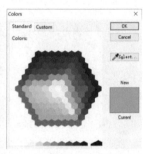

图2-2-4-22　　　　　　　图2-2-4-23

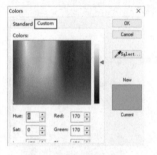

图2-2-4-24　　　　　　　图2-2-4-25

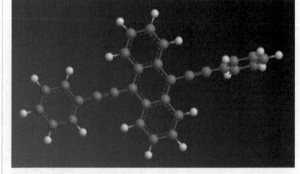

图2-2-4-26

步骤⑦ 保存原始文件及输出图片。绘制完成之后记得保存原始文件，单击菜单栏中的"File/Save As"，如图2-2-4-27所示，格式为c3xml，修改文件名，选择合适路径，单击"保存"按钮，如图2-2-4-28所示。

在保存好原始文件的前提下，可以单击菜单栏中的"File/Save As"，将文件格式改为png，"DPI"设置为"300"，将"Transparent Background"勾选上，如图2-2-4-29所示，保存为无背景的图片，可以导入PPT、Word、Photoshop等软件中直接使用。

图2-2-4-28

图2-2-4-27

图2-2-4-29

疑难问答

Q： 已经导入Chem3D的分子结构式还想要更改怎么办？有没有能在Chem3D中编辑分子的功能？

A： 单击Chem3D上方菜单栏中的"View/ChemDraw Panel"，会在右侧出现一个新的窗口，可以在其中绘制和修改分子，分子的三维结构也会同步显示。

2.3　电镜图等图像数据的修饰、美化与伪彩

在科研论文的撰写中，除了表格、曲线等数据之外，电子显微镜图、光学显微镜图、荧光图、原子力显微镜图、扫描隧道显微镜图等图像数据同样是十分有力的表征数据，且占有不小的比重。将图像数据处理得体，表现得美观大方就显得尤为重要。

Photoshop是众所周知的图像处理软件，利用其强大的图像处理功能，可以制作出不可思议的图像，也可以对照片进行修复；还可以进行精美的图案设计、专业网页设计、印刷设计、海报设计等，可谓无所不能。Photoshop的强大已在商业市场上得到了强有力的印证，如果能将如此有效的工具应用到科研图像处理上，将为我们的科研工作提供不小的帮助。接下来将以此展开为大家讲解。

通过本节的学习，将带领读者学会利用Photoshop这一图像美化利器全面优化表现数据图像，包括图像数据的修饰、美化与伪彩等。

2.3.1　使图像数据更有层次感

 DVD\2.3.1 Photoshop利用曲线调整图层

电子显微镜是十分强大的微观观测仪器，借助它科研工作者可以观测到十分微小的结构，但由于其十分精密，价格昂贵，需要定期维护，操作前大多需要提前预约，加之样品的制备、喷金等工作，每一次的数据获取就要花费大量的时间和精力。如此珍贵的图像数据，

扫码看视频教学

密码：ktre

若发现拍摄的层次不好、对比不够，又或是亮度过高等问题时，重新拍摄将会浪费大量的时间，在这里 Photoshop 软件将会帮助我们在不影响数据准确有效的前提下对图形进行快捷的美化与优化处理，接下来就以电镜图为例进行讲解。

1. 利用Photoshop的直方图了解图像

位图都是由像素点拼成的，直方图是表示图像像素点亮度分布的图，以数据形式表示出来，表现了像素点在图像中的分布情况。从曝光角度来讲，直方图按照从黑到白不同的明暗级别统计像素有多少。直方图使我们判断图像的明暗更为准确，并提供了数据依据。打开 Photoshop，单击菜单栏中的"文件 / 打开"，打开图片，如图 2-3-1-1 所示。在弹出的窗口中找到需要修改的文件，之后单击"打开"按钮即可。单击菜单栏中的"窗口 / 直方图"，如图 2-3-1-2 所示，将直方图显示出来，如图 2-3-1-3 所示。在直方图中，横轴代表的是图像中的亮度，由左向右，从黑逐渐过渡到白，分为 256 个级别；纵轴则代表图像中处于各个亮度级别像素的数量。简单来说，左侧代表图像的暗部，右侧代表图像的亮部，而中间部分则代表中间调。通过观察这张图，上面灰色的数据曲线的峰值越高，则代表具有此亮度的像素点数量越多。反之，若是某一处数据曲线的峰值越低，则代表具有此处亮度信息的像素点越少。

2. 判断图像的几种情况

通常若是图像内没有明显的亮度差异，且暗部、亮部分布合理，则在直方图上也会有所体现，如像素点会分布较为平均，具有合适的暗部和亮部，如图 2-3-1-4 所示。若是观察到的直方图的波峰向左方大幅倾斜时，则表示图像的明亮部分较少，昏暗部分较多，如图 2-3-1-5 所示。相反，当观察到直方图的波峰向右方大幅倾斜时，则表示图像的明亮部分较多，昏暗部分较少，如图 2-3-1-6 所示。若是直方图的曲线在左侧戛然而止，即曲线并没有一个缓降趋势至零，则说明图像暗部缺失，如图 2-3-1-7 所示。若是直方图的曲线在右侧戛然而止，即曲线并没有一个缓降趋势至零，则说明图像亮部缺失，如图 2-3-1-8 所示。缺失的部分是无法再补回来的，这是需要注意的。这些规律可以帮助我们对图像有一个大概的认知，但并不是绝对的，需要针对具体情况具体分析。

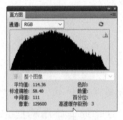

图2-3-1-4

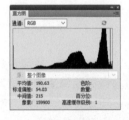

图2-3-1-6

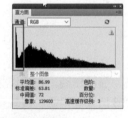

图2-3-1-7

图2-3-1-1　　　　　图2-3-1-2

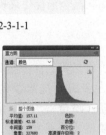

图2-3-1-3

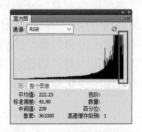

图2-3-1-8

3. 利用色阶调节图像

色阶是用直方图描述出的整张图片的明暗信息，修改色阶具有扩大照片的动态范围（动态范围指相机能记录的亮度范围）、查看和修正曝光、提高对比度等作用，它是比调节"亮度/对比度"更加精细的调节。打开要调节的图片，此处以电镜图为例，如图2-3-1-9所示。利用第2点的方法打开直方图，在直方图中观察亮暗点分布，发现直方图的峰偏向于右侧，而且右侧的峰没有归于零就中断了，代表图像偏亮且伴有轻微的亮部缺失，如图2-3-1-10所示。单击菜单栏上的"图像/调整/色阶"，如图2-3-1-11所示。

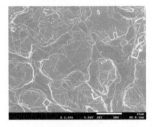
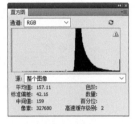

图2-3-1-9　　　　　　　　图2-3-1-10

图2-3-1-11

此时会弹出一个色阶调整窗口，将"预览"勾选上，用鼠标左键拖动左侧黑色滑块到峰开始出现的位置（此处像素点较少，也可以再往右侧拖一些，但是会造成微量的暗部缺失，好处是对比度更强），如图2-3-1-12所示，图像会发生变化。此时"输入色阶"中的两端白色方块内显示102和255两个数字，"输出色阶"显示0和255两个数字，如图2-3-1-13所示。

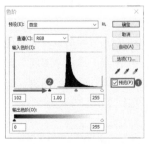
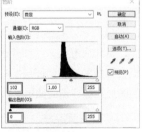

图2-3-1-12　　　　　　　图2-3-1-13

这里的意思就是将原来图像的亮度从102～255的区间拉长，拉至0～255。像素的亮度将重新分配，这样画面中之前最暗的点亮度值为102左右，被拉到亮度为0，扩大了图像的对比度。观察

直方图中显示的新数据，发现峰有些偏左，即画面有些偏暗，直方图如图2-3-1-14所示，此时的图像如图2-3-1-15所示。

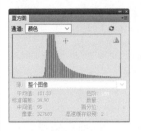
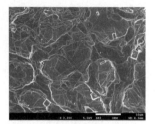

图2-3-1-14　　　　　　　　图2-3-1-15

向左拖动中间的灰色滑块，同时观察直方图，如图2-3-1-16所示，图像会变亮，如图2-3-1-17所示。直方图峰处于中间即可，如图2-3-1-18所示。灰色滑块代表中间调，可以控制图像大部分像素的明暗，调节好后画面就不会那么暗了，同时对比度也得到了提高，前后效果对比如图2-3-1-19所示。

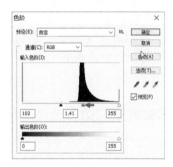

图2-3-1-16

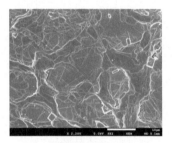

图2-3-1-17

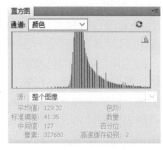

图2-3-1-18

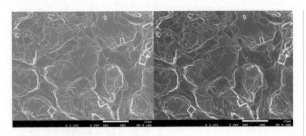

图2-3-1-19

4. 输出图片

绘制完成之后输出图片，可以单击菜单栏中的"文件 / 存储为"，如图 2-3-1-20 所示。在弹出的窗口中更改文件名，选择合适的文件格式（通常为 jpg、tif、png），单击"保存"按钮即可，如图 2-3-1-21 所示。

图2-3-1-20

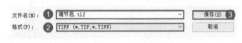

图2-3-1-21

疑难问答 **Q:** 调整后的效果如果觉得不满意有什么能回到上一步的方法吗？

A: 在调整图像之后，可以按下快捷键"Ctrl+Z"回到调整前的状态。再次按下快捷键"Ctrl+Z"可以再次看到调整后的状态，反复按下快捷键"Ctrl+Z"可以对比出前后调整的差异，有助于选择更好的效果。

2.3.2 图像数据的伪彩上色处理

DVD\2.3.2 Photoshop 图像混合模式在伪彩上色处理中的应用

电子显微是指在真空条件下利用加速电子照射样品，通过穿透样品时形成散射电子和透射电子在荧光屏上成像。它是根据电子散射数量来决定明暗的：投射到荧光屏上的电子少则呈暗像，电子照片上则呈黑色，电子多则呈现亮像，照片则亮。电子显微的工作原理决定了拍摄出的照片不会具有颜色信息，只具有明暗信息，看起来像灰白照片一样。

扫码看视频教学

密码：isqm

我们可以利用 Photoshop 的强大功能，为电镜照片人为地添加颜色，这样的操作就是电镜伪彩。电镜伪彩可以帮助我们区分出一张照片中的主次，例如，把主体结构的颜色和基底的颜色区分开，突出主体。我们也可以将一张照片中不同的结构标注不同颜色，以表明每一部分的区别，这样的操作会使电镜图表述更清晰，一目了然，这在科研工作中应用极为广泛。接下来我们学习一下如何进行电镜伪彩。

步骤 ① 认识图层。伪彩上色需要基于图层进行操作，Photoshop 中图层是层层堆放的关系，一个文件中的所有图层都具有相同的分辨率、相同的通道数及相同的图像模式。普通的图层在图像中的作用相当于一张透明纸，多个图层摞在一起形成了图像。打开 Photoshop，单击菜单栏中的"文件 / 打开"，如图 2-3-2-1 所示，在弹出的窗口中找到需要修改的文件，之后单击"打开"按钮即可，此处待修改图像如图 2-3-2-2 所示。如果图层面板没有显示出来，可以单击菜单栏中的"窗口 / 图层"，如图 2-3-2-3 所示，会显示"图层"面板，如图 2-3-2-4 所示。在图层的面板中会显示现在所具有的图层数，目前只有打开的图片这一个图层。单击"图层"面板右下角的"新建图层"按钮，即可创建新的图层，新的图层会叠在旧的图层上面，如图 2-3-2-5 所示。

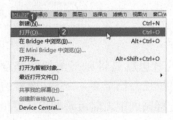

图2-3-2-1

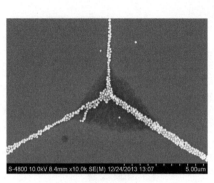

S-4800 10.0kV 8.4mm x10.0k SE(M) 12/24/2013 13:07 5.00um

图2-3-2-2　　　　　　　　图2-3-2-3

图2-3-2-4　　　　　　　　图2-3-2-5

步骤 ② 认识颜色混合模式。每一个图层都具有混合模式，所谓图层混合模式就是指一个层与其下图层的色彩叠加方式，默认是正常模式，如图 2-3-2-6 所示，即上面的能遮挡住下面的，就像正常纸张叠在一起只能看到上面的一样。除了正常模式以外，还有很多种混合模式，它们都可以产生迥异的合成效果。选中最上面的图层，单击"正常"，在下拉菜单中找到"颜色"，就更改为了颜色混合模式，如图 2-3-2-7 所示。颜色模式是指用下方图层的亮度及当前图层颜色的色相和饱和度创建结果色。这样可以保留下方图像中的灰阶，也就是保留了电镜图片的明暗信息。总体上来说，将当前图层的颜色应用到了下方图像的亮度信息上。目前在这个图层里我们并没有添加任何颜色，所以图像看起来并不会有变化。

图2-3-2-6　　　　　　　　图2-3-2-7

步骤 ③ 利用画笔和橡皮工具绘制形状。选择画笔工具，单击"颜色"，如图 2-3-2-8 所示。会弹出一个颜色窗口，调整好合适的色相，选择合适的饱和度和明度，单击"确定"按钮，如图 2-3-2-9 所示。选择好颜色后单击上方的小黑三角，在弹出的窗口中调整大小和硬度，大小决定了画笔的粗细，硬度决定了画笔边缘的模糊程度，如图 2-3-2-10 所示。选中要绘制颜色的上方的图层，在图像要填涂颜色的位置按住鼠标左键拖动以绘制颜色，仔细填涂颜色，如图 2-3-2-11 所示。涂错的地方可以用橡皮工具擦除，橡皮工具也具有半径和软硬参数，如图 2-3-2-12 所示，和画笔的调节方式完全一样。将画笔和橡皮工具结合起来使用，将结构填涂好颜色，如图 2-3-2-13 所示。若此时将图层的"混合模式"更改为正常，则可以看到颜色填涂的准确区域，用以检查填涂是否完好，如图 2-3-2-14 所示，填涂好之后再调整为颜色混合模式即可。

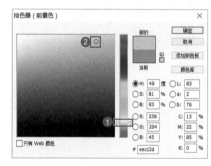

图2-3-2-8　　　　　　　　图2-3-2-9

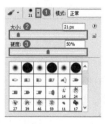　　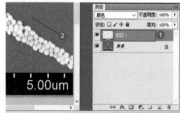

图2-3-2-10　　　　　　　　图2-3-2-11

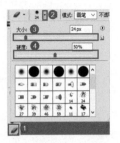

图2-3-2-12

图2-3-2-15

图2-3-2-16

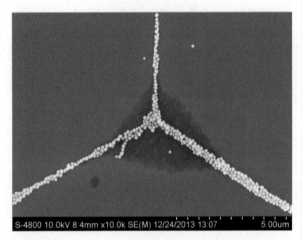

图2-3-2-13

图2-3-2-17

图2-3-2-18

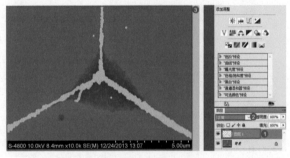

图2-3-2-14

图2-3-2-19

步骤 ④ 利用油漆桶工具为基底上色。单击"图层"面板上的"新建图层"按钮，并在新建的图层上按住鼠标左键拖动到图层1的下面，电镜图层的上面，如图 2-3-2-15 所示，移动后的位置如图 2-3-2-16 所示。单击"油漆桶工具"，它和"渐变"工具在一起，需要用鼠标左键长按住渐变工具才能显示，如图 2-3-2-17 所示。更改油漆桶颜色，方法和修改画笔颜色完全一样，选中新建的图层2，在画面中单击一下鼠标左键，整个图层2就会被填满油漆桶的颜色，如图 2-3-2-18 所示。之后将图层2的混合模式修改为颜色，如图 2-3-2-19 所示，完成后的效果如图 2-3-2-20 所示。伪彩前后对比如图 2-3-2-21 所示。

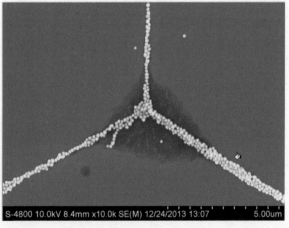

图2-3-2-20

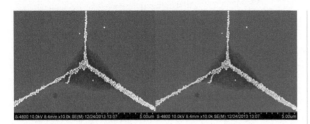

图2-3-2-21

图2-3-2-22

步骤 5 输出图片。绘制完成之后输出图片，可以单击菜单栏中的"文件 / 存储为"，如图 2-3-2-22 所示。在弹出的窗口中更改文件名，选择合适的文件格式（通常为 jpg、tif、png），单击"保存"按钮即可，如图 2-3-2-23 所示。

图2-3-2-23

 疑难问答 **Q：颜色混合模式的算法是什么？如何得到伪彩效果呢？**

A： "颜色"模式用混合图层的色相值与饱和度替换基层图像的色相值和饱和度，而亮度保持不变。决定生成颜色的参数包括：基层颜色的明度、混合层颜色的色相与饱和度。在这种模式下混合色控制整个画面的颜色，是黑白图片上色的绝佳模式，因为这种模式下会保留基色图片，也就是黑白图片的明度。

2.3.3 图像数据的杂色与噪点处理

DVD\2.3.3 Photoshop 模糊工具处理图像杂色噪点及其他应用

在环境不好或是调节不够的情况下，拍摄的照片经常会出现一些噪点，如光线不足的环境、聚焦不准的情况等。如果我们在进行一些实验操作，需要记录实验流程或是利用数码相机拍摄宏观反应过程等，取得的图像就具有极高的时间成本，一旦出现一些瑕疵就很难重新拍摄。有一些科研工作者了解的摄影知识有限，对于此类拍摄经常出现要返工的情况，延误实验进度。数据图像也不例外，比如电子显微镜样品由于导电性不好、喷金量不够、仪器状态不稳定、聚焦不准确等原因，都会使图像出现瑕疵。

扫码看视频教学

密码：1y58

本小节将对噪点、杂色、锐化不足等情况提出一些图像补救措施，可以在一定程度上处理在前期拍摄期间造成的瑕疵，在不影响数据准确的前提下使科研图像更加完美地表达科研思想。下面将用 Photoshop，并以一张光学显微镜图像为例进行讲解，操作方法同样可以应用于数码相机拍摄的宏观照片。

步骤 1 去除噪点和杂色。打开 Photoshop，单击菜单栏中的"文件 / 打开"，如图 2-3-3-1 所示。在弹出的窗口中找到需要修改的文件，之后单击"打开"按钮即可。发现图像上有许多噪点，使我们想要突出的边缘结构弱化了，如图 2-3-3-2 所示，影响观测，要去掉这些噪点。单击菜单栏中的"滤镜 /Camera Raw 滤镜"，如图 2-3-3-3 所示。在弹出的窗口中单击"细节"按钮，将"减少杂色"中的"明亮度"滑块向右拖动，同时适当把"明亮度细节"滑块向左拖动，如图 2-3-3-4 所示。这两个滑块需要一边观察画面变化一边仔细缓慢调节，找到平衡点，既不让画面失真，又不暴露噪点，这样的操作会使噪点和杂色显著降低，此步骤调节前后对比如图 2-3-3-5 所示。

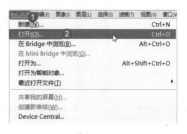

图2-3-3-1

图2-3-3-2

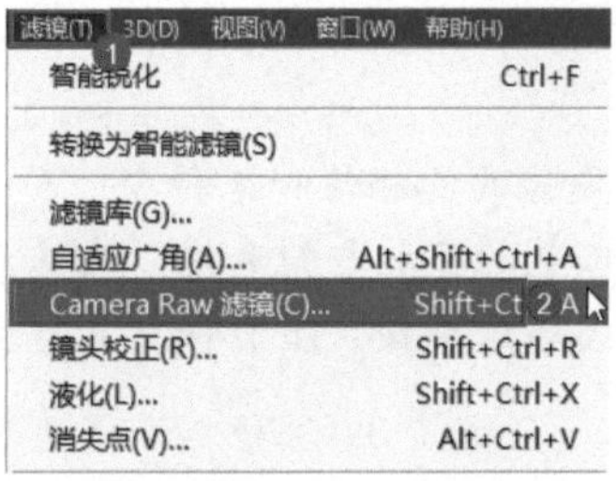

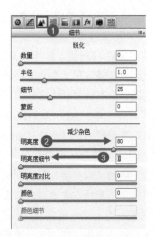

图2-3-3-3

图2-3-3-4

步骤 ② 进一步去除杂色。单击菜单栏中的"滤镜 / 杂色 / 减少杂色",如图 2-3-3-6 所示。在弹出的窗口中单击"放大镜",将画面放大观察,将"强度"滑块向右拖动,同时观察画面中的杂色显示情况,调节好之后单击"确定"按钮即可,如图 2-3-3-7 所示。这一步的操作也需要一边观察图像一边调节,找到合适的强度,此步骤调节前后对比效果如图 2-3-3-8 所示。

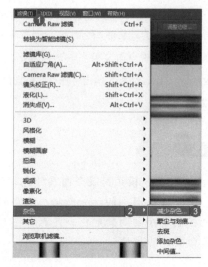

图2-3-3-6

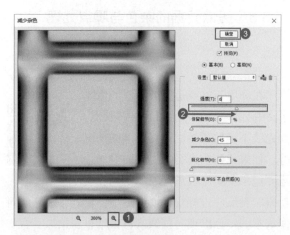

图2-3-3-7

图2-3-3-5

图2-3-3-8

步骤③ 锐化边缘。经过刚才的操作已经将杂色和噪点去除了，接下来需要对想要表现的结构进行强化处理。单击菜单栏中的"滤镜 / 锐化 / 智能锐化"，如图 2-3-3-9 所示。在弹出的窗口中单击"放大镜"，将画面放大观察，将"减少杂色"滑块向右拖动，将"数量"滑块向右拖动，同时观察画面中的杂色显示情况，微量增大"半径"，调节好之后单击"确定"按钮即可，如图 2-3-3-10 所示。"半径"决定边缘像素周围受锐化影响的数量，半径越大，受影响的边缘就越宽，需按需求调节。全部调节完毕前后的图片对比如图 2-3-3-11 所示。放大细节对比如图 2-3-3-12 所示。

图2-3-3-11

图2-3-3-12

步骤④ 输出图片。绘制完成之后输出图片，可以单击菜单栏中的"文件 / 存储为"，如图 2-3-3-13 所示。在弹出的窗口中更改文件名，选择合适的文件格式（通常为 jpg、tif、png），单击"保存"按钮即可，如图 2-3-3-14 所示。

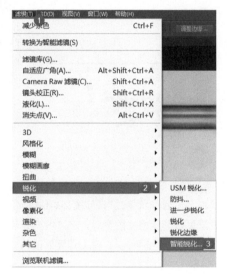

图2-3-3-9

图2-3-3-13

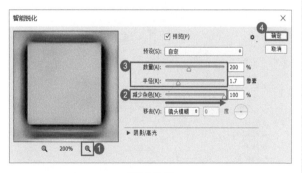

图2-3-3-10

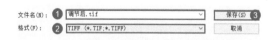

图2-3-3-14

疑难问答 Q：锐化的数量和半径参数各是什么意思？

A：数量是锐化后边缘部分会产生的颗粒，数值越高，锐化效果越明显，用来控制锐化效果的强度。半径是用来决定边缘区域的锐化范围。适当的锐化可以让人在视觉上产生清晰的感觉，一旦锐化过度图像就会出现溢色，所以要视情况调节合适的参数。

2.4 PPT在科研中的应用

PowerPoint是一款用于制作和演示幻灯片的软件，能够实现图片、文字、音频、视频等元素于一体展示。配合演讲者的表述，为听众呈现音画合一、图文并茂的视听体验。近来PPT在商业领域应用越来越广泛，许多关于PPT的设计问题也逐渐进入人们的视线。经常应用于商业海报和banner的设计理念被逐渐应用于PPT中，促进了PPT设计的发展。

对于科研工作者，PPT经常用于会议介绍、展示科技成果、学术答辩等，加以改进将对科研生涯起到意想不到的作用；同时PPT也可以绘制示意图，甚至在一定程度上可以完成AI中的工作，快捷高效。

2.4.1 二维图形的绘制

◎ DVD\2.4.1 PPT 中快速排列图形元素

PPT 中经常需要用到配图来辅助理解演讲者的理论，进入 Illustrator 或是 Photoshop 中绘制通常需要辗转于多款软件，导入导出较为复杂，若是图像不复杂，可以直接利用 PPT 自带的工具进行绘制。

扫码看视频教学

密码：y6te

PPT 为我们提供了绘制多边形的丰富模板、取色工具、编辑顶点工具等，这些工具可以在一定程度上帮助我们绘出简单的图形，如图 2-4-1-1 所示。下面将结合这个案例，讲解在 PPT 中如何绘制二维图形。

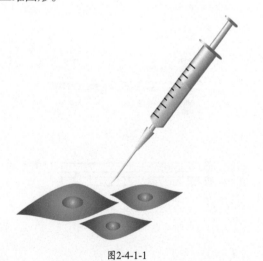

图2-4-1-1

步骤 ① 绘制注射器部分。先从注射器部分开始绘制。打开 PPT，在菜单栏中单击"插入 / 形状"/"矩形"图案，如图 2-4-1-2 所示。在画面中按下鼠标左键并拖动，绘制出一个矩形，如图 2-4-1-3 所示。

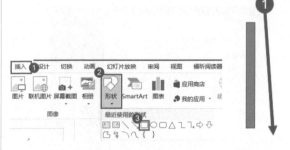

图2-4-1-2   图2-4-1-3

步骤 ② 选中矩形，单击鼠标右键，在弹出的菜单中单击"设置形状格式"，如图 2-4-1-4 所示，此时会弹出关于设置形状格式的窗口，在"填充线条"下的"填充"中点选"渐变填充"，将"角度"改为"0"，如图 2-4-1-5 所示。

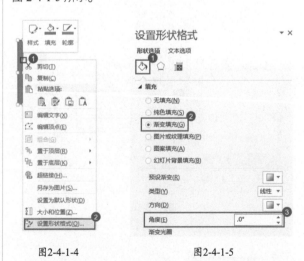

图2-4-1-4   图2-4-1-5

步骤 ③ 选择一个"渐变光圈"，再单击下方的"颜色"可以更改该光圈的颜色，如图 2-4-1-6 所示。单击右侧的"添加渐变光圈"可以添加一个新的光圈，如图 2-4-1-7 所示。

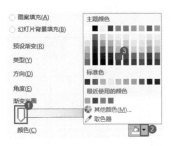

图2-4-1-6　　　　　　　图2-4-1-7

步骤④ 拖动光圈可以使其左右平移，从而改变其位置。在这里一共用到了三种颜色，如图2-4-1-8所示，使用以上方法进行调节，将渐变光圈调节成图2-4-1-9所示的效果。调节好的矩形会变成图2-4-1-10的效果。

图2-4-1-8　　　　　　　图2-4-1-9

步骤⑤ 在菜单栏中单击"插入/形状/流程图：终止"图案，如图2-4-1-11所示。在画面中按下鼠标左键并拖动，绘制出此图形，再适当缩放，得到图2-4-1-12所示的效果。利用刚才制作渐变色的方法，将此图形调整为图2-4-1-13所示的效果。

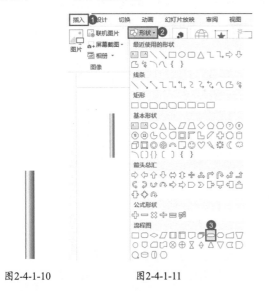

图2-4-1-10　　　　　　图2-4-1-11

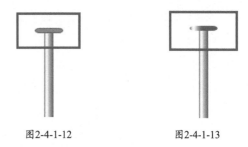

图2-4-1-12　　　　　　　图2-4-1-13

步骤⑥ 单击以上创建好的图形，按快捷键"Ctrl + C"可以进行复制，然后按"Ctrl + V"组合键进行粘贴，将复制出的图形调整为图2-4-1-14所示的效果。选中最下方的矩形，单击菜单栏中的"格式/编辑形状/编辑顶点"，如图2-4-1-15所示。

步骤⑦ 之后在底边上按住鼠标左键向下拖动，添加两个新的"顶点"，如图2-4-1-16所示；在新的顶点两边调节"手柄"角度，如图2-4-1-17所示，使形状变为图2-4-1-18所示的效果。

图2-4-1-14

图2-4-1-15

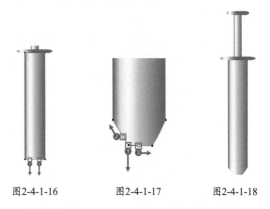

图2-4-1-16　　　　图2-4-1-17　　　　图2-4-1-18

步骤⑧ 绘制针头部分。在菜单栏中单击"插入/形状/梯形"图案，如图2-4-1-19所示。按下鼠标左键拖动绘制出梯形，如图2-4-1-20所示。选中绘制好的梯形，在出现的旋转手柄上按下鼠标左键并拖动，如图 2-4-1-21 所示。

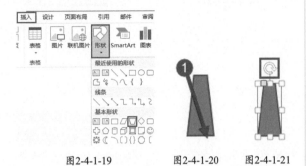

图2-4-1-19　　图2-4-1-20　　图2-4-1-21

步骤 ⑨ 将梯形旋转180°，如图 2-4-1-22 所示。将梯形调整为渐变色，渐变色设置如图 2-4-1-23 所示，采用的颜色如图 2-4-1-24 所示。调整好的效果如图 2-4-1-25 所示。

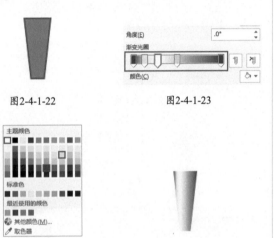

图2-4-1-22　　　　　　　图2-4-1-23

图2-4-1-24　　　　　　　图2-4-1-25

步骤 ⑩ 在菜单栏中单击"插入 / 形状 / 矩形"图案，如图 2-4-1-26 所示。在画面中按下鼠标左键并拖动，绘制出一个矩形，如图 2-4-1-27 所示。

步骤 ⑪ 选中刚绘制好的矩形，单击菜单栏中的"格式 / 编辑形状 / 编辑顶点"，如图 2-4-1-28 所示。将左下角的"顶点"向下拉动，如图 2-4-1-29 所示。

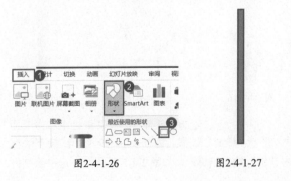

图2-4-1-26　　　　　图2-4-1-27

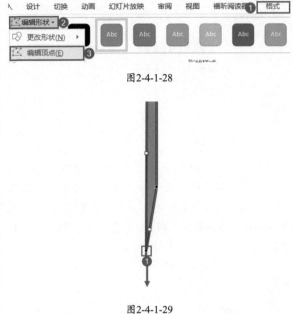

图2-4-1-28

图2-4-1-29

步骤 ⑫ 将此图形颜色调整为渐变色，渐变色设置如图 2-4-1-30 所示，采用的颜色如图 2-4-1-31 所示。

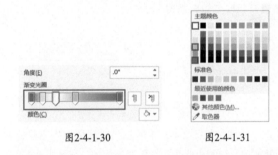

图2-4-1-30　　　　　　　图2-4-1-31

步骤 ⑬ 之后将绘制好的梯形组合好，调整后的效果如图 2-4-1-32 所示。再将注射器和针头组合起来，稍做调整，如图 2-4-1-33 所示。

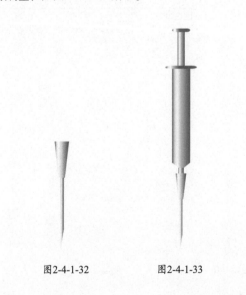

图2-4-1-32　　　　　　　图2-4-1-33

步骤 ⑭ 绘制注射器内液体。选中注射器身的图形，按快捷键"Ctrl + C"组合键进行复制，然后按"Ctrl + V"组合键进行粘贴，在图形上单击鼠标右键，在弹出的菜单中选择"设置形状格式"，如图 2-4-1-34 所示。选择"线条填充"中的"纯色填充"，将"颜色"设置为"金色，着色 4"，如图 2-4-1-35 所示；将"透明度"设置为"60%"，如图 2-4-1-36 所示。

图2-4-1-34　　　　　图2-4-1-35

图2-4-1-36

步骤 ⑮ 将此图形适当缩小、压扁后与注射器组合好，如图 2-4-1-37 所示。

图2-4-1-37

步骤 ⑯ 绘制刻度。在菜单栏中单击"插入 / 形状 / 直线"，如图 2-4-1-38 所示。在注射器身上按下鼠标左键并拖动，绘制出一条水平的直线，如图 2-4-1-39 所示。

图2-4-1-38

图2-4-1-39

步骤 ⑰ 选中刚刚绘制好的直线，单击菜单栏中的"格式 / 形状轮廓 / 粗细 /1.5 磅"，如图 2-4-1-40 所示。在"形状轮廓"中设为"主要颜色"为黑色，如图 2-4-1-41 所示。将此条短线多复制几次，调整长度和位置，得到图 2-4-1-42 所示的效果。

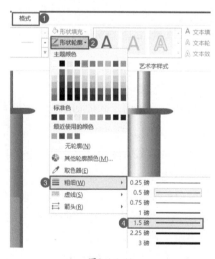

图2-4-1-40

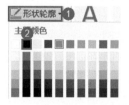

图2-4-1-41

图2-4-1-42

格式，之后单击"保存"按钮即可，如图 2-4-1-45 所示。

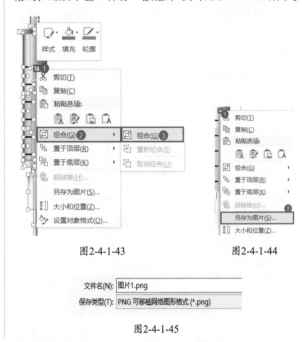

图2-4-1-43　　　　　　图2-4-1-44

步骤 ⑱ 组合输出。将所有图形框选住单击鼠标右键，在弹出的菜单中选择"组合 / 组合"，如图 2-4-1-43 所示。在组合体上单击鼠标右键，在弹出的菜单中选择"另存为图片"，如图 2-4-1-44 所示，在弹出的对话框中更改合适的文件名，"保存类型"选择为 png

| 文件名(N): | 图片1.png |
| 保存类型(T): | PNG 可移植网络图形格式 (*.png) |

图2-4-1-45

 疑难问答 ▶　**Q：** 在PPT中绘制图形经常需要放大缩小画面，有没有快速放大缩小的方法？

A： 按住键盘上的"Ctrl"键滑动鼠标滚轮可以快速实现放大缩小，方便图形绘制。

2.4.2　三维图形的绘制

◎ DVD\2.4.2 PPT 让图形更立体的参数设置方法

　　PPT 中除了需要各种数据作为支撑，也会经常需要用到一些原理图进行更为形象的说明。有些时候我们可以不借助其他绘图软件，直接利用 PPT 自带的功能进行绘制，这些功能远比我们想象的要强大，不仅可以轻松地绘制二维图像，还能加以设置转换为三维图像。虽然它的三维功能不能单独拿出来和 3ds Max 比，它的二维功能也比不上 AI，但是它的便利性是无可替代的，综合其他软件优势使得 PPT 大而全，仅需在这一款软件中就能实现简单的绘图功能，足以应付一般要求不高的示意图。

　　PPT 中的绘图功能可以直接用于文章配图、会议演讲、学术答辩等情况。下面，我们以绘制图 2-4-2-1 中的三维示意图为例，介绍一下具体的操作步骤。

扫码看视频教学

密码：6qvr

图2-4-2-1

　　步骤 ① 绘制二维细胞。打开 PPT，在菜单栏中单击"插入 / 形状 / 七角星"图案，如图 2-4-2-2 所示。在画面中按下鼠标左键并拖动，绘制出一个七角星，如图 2-4-2-3 所示。

　　步骤 ② 在选中此"七角星"图形的情况下，单击菜单栏中的"格式 / 编辑形状 / 编辑顶点"图案，如图 2-4-2-4 所示。之后"七角星"图形上的所有顶点都会变成黑色方点，表示可供编辑，在内凹的顶点上单击鼠标右键，在弹出的菜单中选中"平滑顶点"，如图 2-4-2-5 所示。这样顶点会变成平滑的状态。

图2-4-2-2

图2-4-2-4

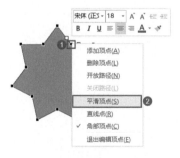

图2-4-2-5

点上的两个手柄，拉得越长对附近的线条影响越大，表现出弯曲的触手的感觉，如图 2-4-2-7 所示。

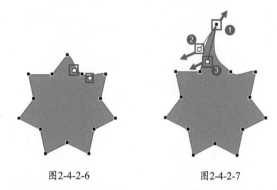

图2-4-2-6　　　　　　图2-4-2-7

步骤 ④ 将所有凹进去的点都转换为平滑角点，然后向外拉并控制手柄做出触角，全部完成之后如图 2-4-2-8 所示。在菜单栏中单击"插入 / 形状 / 椭圆"图案，如图 2-4-2-9 所示。在画面中按下鼠标左键并拖动，绘制出一个椭圆作为细胞核，如图 2-4-2-10 所示。

图2-4-2-8

图2-4-2-9

图2-4-2-3

图2-4-2-10

步骤 ③ 在平滑顶点两边可以看到有两个白色的手柄，这两个手柄与该顶点处于同一条直线上，拖动任意一个手柄远离顶点，会使此处的线条更平滑，如图2-4-2-6 所示。单击凸出的点并向图形外拖动，拖动该顶

步骤 ⑤ 添加纹理。选中细胞，单击鼠标右键，在弹出的菜单中单击"设置形状格式"，如图 2-4-2-11 所示。此时会弹出关于设置形状格式的窗口，在"填充

线条"下的"填充"中点选"图片或纹理填充",将"纹理"中的图案换成"绿色大理石"图案,如图2-4-2-12所示。

图2-4-2-11

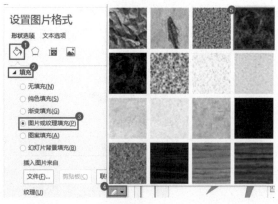

图2-4-2-12

步骤 ⑥ 选中圆形细胞核,单击鼠标右键,在弹出的菜单中单击"设置形状格式",如何2-4-2-13所示。会弹出关于设置形状格式的窗口,在"填充线条"下的"填充"中点选"纯色填充",将"颜色"换成"金黄",如图2-4-2-14所示。效果如图2-4-2-15所示。

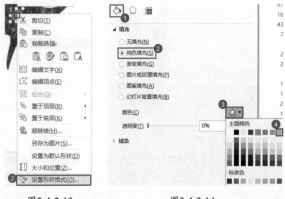

图2-4-2-13   图2-4-2-14

图2-4-2-15

步骤 ⑦ 转换为三维细胞。将细胞和细胞核全部框选住,单击"效果"中的"三维格式",将"顶部棱台"的"宽度"和"高度"都设置为10,如图2-4-2-16所示,将"三维旋转"中的"预设"设置为"等长顶部朝上",如图2-4-2-17所示。

图2-4-2-16   图2-4-2-17

步骤 ⑧ 单击"效果"中的"阴影",将"预设"设置为"右下斜偏移",将"透明度"降为0,将"模糊"设置为30,如图2-4-2-18所示,效果如图2-4-2-19所示。

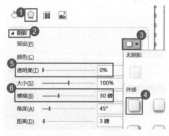

图2-4-2-18

图2-4-2-19

步骤 ⑨　绘制培养皿。先绘制培养皿壁，在菜单栏中单击"插入 / 形状 / 同心圆"图案，如图 2-4-2-20 所示。在画面中按住键盘上的"Shift"键并按下鼠标左键拖动，绘制出一个同心圆，将内圆上黄色的控制点向外拖动，得到一个较窄的同心圆，如图 2-4-2-21 所示。

图2-4-2-20

图2-4-2-21

步骤 ⑩　选中同心圆，单击鼠标右键，在弹出的菜单中单击"设置形状格式"，如图 2-4-2-22 所示。会弹出关于设置形状格式的窗口，在"填充线条"下的"填充"中点选"纯色填充"，将"颜色"换成"白色，背景 1，深色 50%"，如图 2-4-2-23 所示。

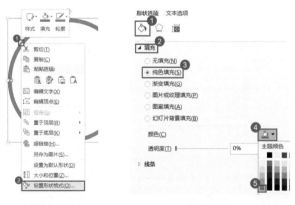

图2-4-2-22　　　　　图2-4-2-23

步骤 ⑪　选中同心圆，单击"效果"中的"三维格式"，将"顶部棱台"的"宽度"和"高度"都设置为 6，"深度"设置为 40，如图 2-4-2-24 所示，"材料"设置为"半透明粉"，如图 2-4-2-25 所示，"照明"设置为"柔和"，如图 2-4-2-26 所示。

图2-4-2-24

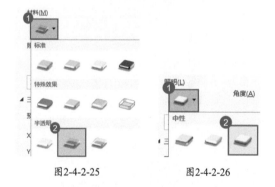

图2-4-2-25　　　　　图2-4-2-26

步骤 ⑫　将"三维旋转"中的"预设"设置为"等长顶部朝上"，如图 2-4-2-27 所示，效果如图 2-4-2-28 所示。

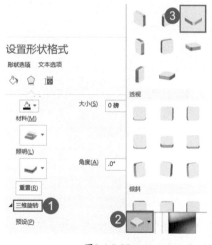

图2-4-2-27

图2-4-2-28

步骤 ⑬ 接下来绘制培养皿底。在菜单栏中单击"插入 / 形状 / 椭圆"图案，如图2-4-2-29所示。在画面中按住键盘上的"Shift"键并按下鼠标左键拖动，绘制出一个圆形，如图 2-4-2-30 示。

图2-4-2-29

图2-4-2-30

步骤 ⑭ 选中正圆，单击鼠标右键，在弹出的菜单中单击"设置形状格式"，如图2-4-2-31所示。会弹出关于设置形状格式的窗口，在"填充线条"下的"填充"中点选"纯色填充"，将"颜色"换成"白色，背景

1，深色 50%"，如图 2-4-2-32 所示。

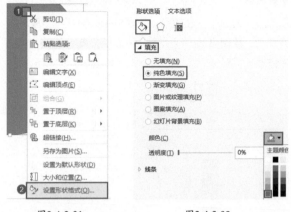

图2-4-2-31   图2-4-2-32

步骤 ⑮ 选中同心圆，单击"效果"中的"三维格式"，将"顶部棱台"的"宽度"和"高度"都设置为6，"大小"设置为4，如图2-4-2-33所示；"材料"设置为"半透明粉"，如图2-4-2-34所示；"照明"设置为"柔和"，如图2-4-2-35所示。

图2-4-2-33

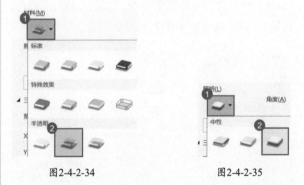

图2-4-2-34   图2-4-2-35

步骤 ⑯ 将"三维旋转"中的"预设"设置为"等长顶部朝上"，如图 2-4-2-36 所示，效果如图 2-4-2-37 所示。

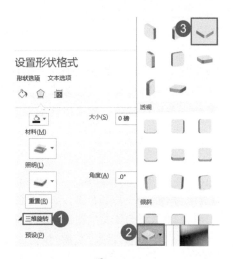

图2-4-2-36

击鼠标右键，在弹出的菜单中选择"组合 / 组合"，如图 2-4-2-40 所示，这样可以方便日后在 PPT 中作为一个整体应用。

图2-4-2-39

图2-4-2-37

步骤 ⑰ 将绘制好的培养皿壁拖动到培养皿底的上方，组合成完整的培养皿，如图 2-4-2-38 所示。

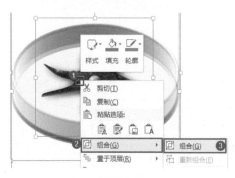

图2-4-2-40

步骤 ⑲ 输出。在组合体上单击鼠标右键，在弹出的菜单中选择"另存为图片"，如图 2-4-2-41 所示。在弹出的对话框中更改合适的文件名，"保存类型"选择为 png 格式，之后单击"保存"按钮即可，如图 2-4-2-42 所示。

图2-4-2-38

步骤 ⑱ 合并成组。将绘制好的细胞拖动到培养皿上，如图 2-4-2-39 所示；将所有元素框选住，单

图2-4-2-41

文件名(N): 图片1.png

保存类型(T): PNG 可移植网络图形格式 (*.png)

图2-4-2-42

疑难问答 ▶ Q：在PPT中绘制三维图形的思路是什么？

A：PPT中的三维体通常需要一个端面加上深度形成，还可添加一些顶部棱台和底部棱台效果。这三大块是形成三维体最基本的设置，所以在绘制之前要从这三块开始思考分配坐标轴。

2.5 研究生论文排版及目录生成技巧

当完成毕业论文的内容后，接下来的论文排版是一项很重要的工作。良好的论文排版会增加毕业论文的"颜值"，给审阅人留下较好的第一印象；而且，论文格式的美观与否也是很多审阅人判断论文作者态度是否认真、专业素养高低等的标准之一。因此，掌握一些排版技巧，就可以轻松搞定论文的排版，让你的论文更加美观。

2.5.1 页面布局及页眉页脚的设置

首先，需要对论文的页面布局进行设置，先确定论文整体的布局，然后设置页眉页脚等。

步骤 1 设置页面布局。打开 Word 文档，单击"页面布局"后，可以根据要求分别设置"文字方向"、"页边距"、"纸张方向"、"纸张大小"、"分栏"等，如图 2-5-1-1 所示。

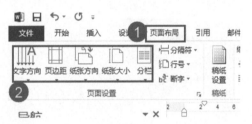

图2-5-1-1

Tips

单击"页面布局"后，单击"页面设置"的功能扩展按钮，在弹出的"页面设置"对话框中，逐步设置"页边距"、"纸张"、"版式"等，如图2-5-1-2所示。

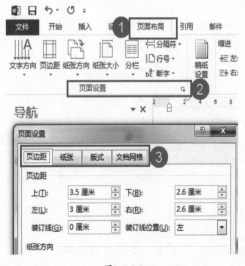

图2-5-1-2

步骤 2 页眉页脚的设置。一般要求毕业论文的奇偶页使用不同的页眉和页脚，如页眉的奇数页为章节的题目，偶数页为论文的题目。以设置页眉为例，在菜单栏中依次单击"插入 / 页眉 / 编辑页眉"，如图 2-5-1-3 所示。

图2-5-1-3

步骤 3 设置奇数页页眉。先单击"链接到前一条页眉"按钮，使页眉右下方的"与上一节相同"消失，然后选择"奇偶页不同"。接下来编辑"奇数页页眉"，在步骤 5 中输入所需页眉内容，如图 2-5-1-4 所示。

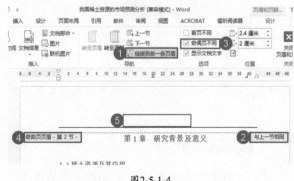

图2-5-1-4

步骤 4 设置偶数页页眉。先单击"链接到前一条页眉"按钮，使页眉右下方的"与上一节相同"消失,然后选择"奇偶页不同"。接下来编辑"偶数页页眉",在步骤 5 中输入所需页眉内容,如图 2-5-1-5 所示。

这样，就实现了奇偶数页用不同的页眉。用同样的方法可以对不同章节进行页眉页脚的设置。

图2-5-1-5

疑难问答　Q：如何去掉页眉中的下划线?

A：双击页眉处，使页眉进入编辑状态；然后在"设计"菜单中单击"页面边框"，如图2-5-1-6所示。在弹出的"边框和底纹"对话框中，在"边框"选项卡下选择"无"，然后应用于"段落"，单击"确定"，即可去掉页眉中的下划线，步骤如图2-5-1-7所示。

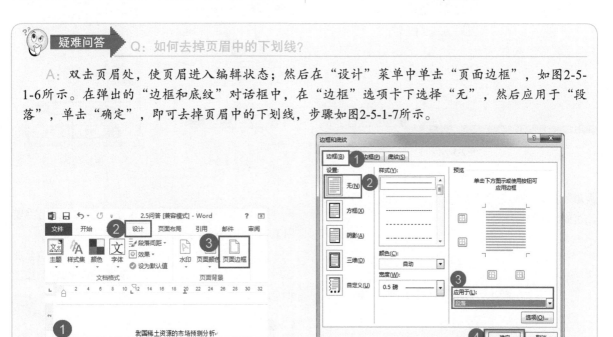

图2-5-1-6　　　　　　　　　　　　　　　图2-5-1-7

2.5.2　正文及摘要的页码设置方法

1. 从第x页开始设置正文页码

一般来说，毕业论文要求"封面"与"摘要"等不能编辑页码，正文的页码要从第 X 页正文开始编辑页码。如本论文是从第 5 页开始，具体操作如下。

步骤 1 论文分节。单击论文第 5 页的最前端，然后单击"页面布局"，在"分隔符"下找到"分节符 / 下一页"选项，单击"下一页"后，会在光标前面出现一个空白页码，即实现了分节，如图 2-5-2-1 所示。

步骤 2 在页脚编辑页码。在菜单栏中依次单击"插入 / 页脚 / 编辑页脚"，如图 2-5-2-2 所示。

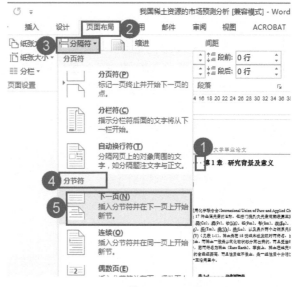

图2-5-2-1

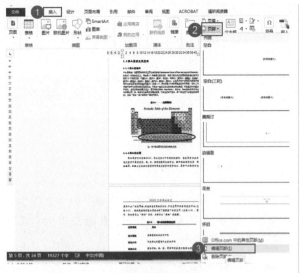

图2-5-2-2

步骤 ③ 实现分节编辑。单击"链接到前一条页眉"按钮，使右下方的"与上一节相同"消失，如图2-5-2-3所示。

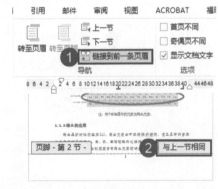

图2-5-2-3

步骤 ④ 选择页码格式。依次单击"页码 / 页面底端"，然后选择所需数字格式，这里我们选取居中格式的"普通数字2"，如图2-5-2-4所示。

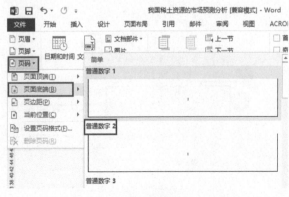

图2-5-2-4

步骤 ⑤ 单击"页码"中的"设置页码格式"，如图2-5-2-5所示。

步骤 ⑥ 在弹出的对话框中依次设置"编号格式"、"起始页码"，然后单击"确定"按钮，正文页码设置完毕。

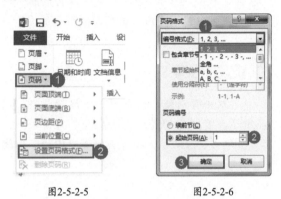

图2-5-2-5　　　　　图2-5-2-6

2. 设置"摘要"的页码

第1页至第4页是摘要部分，它们的页码需要用Ⅰ、Ⅱ、Ⅲ……的格式，具体操作步骤如下。

步骤 ① 单击"摘要"最前面区域，定位到此页后，依次单击"插入 / 页码 / 设置页码格式"，如图2-5-2-7所示。

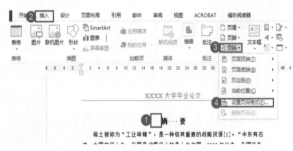

图2-5-2-7

步骤 ② 在弹出的对话框中选择所需的"编号格式"、"起始页码"，然后单击"确定"，如图2-5-2-8所示。

图2-5-2-8

疑难问答 　Q：页码的字体、大小、颜色可以更改吗？

　　A：可以更改，双击页码所在位置，进入可编辑模式，然后在"开始"菜单下即可进行字号、字体颜色等设置。

2.5.3 章节标题的设置

　　一般毕业论文的正文内容会分若干章，各章下面又会有小节，不同层次章节标题的格式需要按要求分别设置。

　　步骤 ① 设置标题格式。以设置"标题1"为例，介绍标题格式的设置，用鼠标右键单击"标题1"后，在弹出的菜单中选择"修改"选项，如图2-5-3-1所示。

图2-5-3-1

　　步骤 ② 设置标题字体格式。在弹出的对话框中先设置格式，如文字类型、文字大小等；然后单击"格式"，进行下一步的设置，如图2-5-3-2所示。

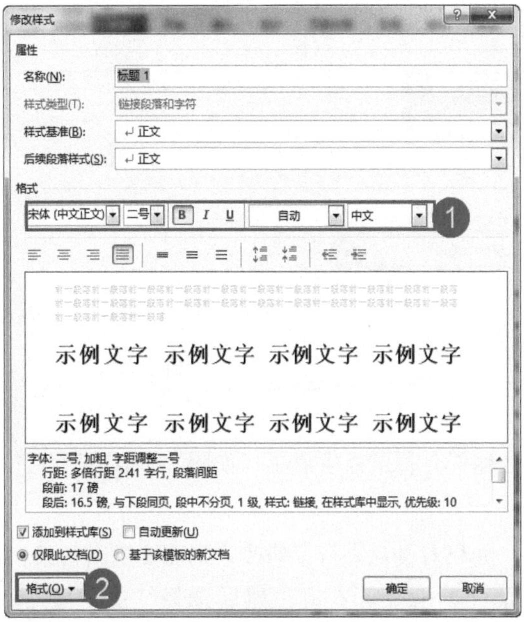

图2-5-3-2

　　步骤 ③ 设置标题标号格式。单击"格式"后，选择"编号"，设置编号的格式，如图2-5-3-3所示。

图2-5-3-3

　　步骤 ④ 在弹出的对话框中，读者可以根据自己需求选择合适的格式，在这里选择图2-5-3-4所示的格式。

　　以同样的方法，根据需求设置不同级别的标题格式。

图2-5-3-4

　　步骤 ⑤ 标题格式的应用。设置好标题格式后，接下来分别将其应用到各级标题。选中标题"第1章研究背景及意义"后，单击"标题1"，其格式即可得以设置；用同样的方法，对二级标题、三级标题进行设置，如图2-5-3-5所示。

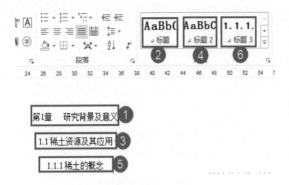

图2-5-3-5

设置后的效果如图 2-5-3-6 所示。

图2-5-3-6

疑难问答 ➤ Q：如果论文标题格式需要修改，有什么快捷方式吗？

A：按照修改要求自定义一个标题样式后，比如命名为"标题R"，分别选中需要修改的标题文字后，单击标题样式"标题R"，其格式即可得以快速修改。

2.5.4 目录的自动生成及更新

完成上述排版后，就可以进行目录的自动生成了。

1. 目录的自动生成

步骤 ① 在所要插入目录的位置单击鼠标，然后依次单击"引用/目录/自定义目录"，如图2-5-4-1所示。

图2-5-4-1

步骤 ② 在弹出的对话框中依次选择自己所需的格式，在显示级别一栏，根据需要选择"3"或"4"，在这里选择"3"，共显示3级标题，单击"确定"按钮，如图 2-5-4-2 所示。

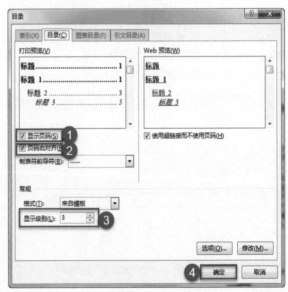

图2-5-4-2

这样，目录就生成了，如图 2-5-4-3 所示。

2. 目录的更新

如果对文章进行了修改，则需要更新目录，在目录处单击鼠标右键，然后选择"更新域"，如图 2-5-4-4 所示。

图2-5-4-3

图2-5-4-4

在弹出的对话框中选择"更新整个目录"，单击"确定"按钮，这样就实现了整个目录的更新，如图 2-5-4-5 所示。

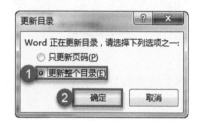

图2-5-4-5

疑难问答   Q：如何修改自动生成目录中的点？

A：按照图2-5-4-1的步骤，依次单击"引用/目录/自定义目录"，在弹出的对话框中选择自己所需的点的格式，如图2-5-4-6所示。

图2-5-4-6

2.6 答辩PPT的美化与配色

许多科研工作者在平时科研生活中经常用到PPT，对其功能与操作较为熟悉，更多的是需要设计理念的补充，良好的设计更有助于科研思想的表达，接下来将对PPT中比较常见的几个方面问题加以讲解。

很多从事科研的学者并没有接受过系统的色彩训练，在配色方面不能像专业的设计师随心所欲地发挥。通过调整配色，可以控制我们想要可以传达的情感，了解色彩搭配可以使你对幻灯片的处理更加得心应手。将颜色按照序列排列，首尾相接之后形成色环，如图 2-6-1 所示。

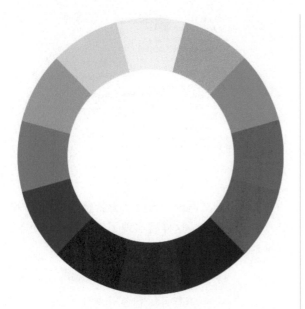

图2-6-1

在色环上挑选颜色形成配色，常见的配色方案中有互补色、相邻色、三角色、四方色等，如图 2-6-2 所示。

图2-6-2

互补色是指色环上呈 180° 角的颜色。互补色具有强烈的对比，在颜色饱和度高的情况下，能提供很强的视觉冲击效果，好处是震撼强烈，能够脱颖而出；缺点是极具不安定感、不稳重，如红色和绿色、橘色和蓝色等，如图 2-6-3 所示。

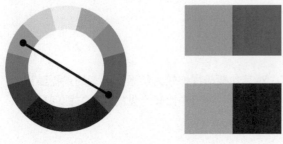

图2-6-3

相邻色是指在色环上相临近的颜色。选用相邻色可以提供稳定、舒适、安逸的感觉，可以使色相临近的颜色产生丰富的层次感，缺点是冲击感不

够，易被其他作品或竞争者夺走观众。常见的配色有蓝色和绿色、蓝色和蓝紫色、黄色和橘黄色等，如图 2-6-4 所示。

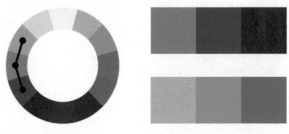

图2-6-4

三角色和四方色在一定程度上是对互补色和相邻色的一种融合，三角色是将互补色中的其中一种分成两个相邻色，在保留一定程度冲击感的同时增加了稳定性。四方色则是将两个互补色都拆分成两对相邻色。通常三角色或四方色中间有一条对称轴，如图 2-6-5 所示。通过控制点到对称轴的距离来调节互补色与相邻色的强烈程度。

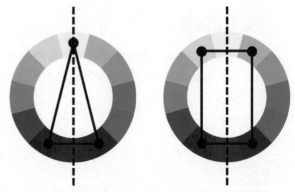

图2-6-5

对配色有了一定了解后，可以在本书附赠的素材包中应用许多现成配色方案，可以不需花费大量时间、培训就能简单理解，即取即用。将带有配色方案的图片用鼠标左键拖入到 PPT 中，在 PPT 菜单栏中单击"插入 / 形状 / 矩形"，如图 2-6-6 所示，拖动鼠标左键即可创建矩形。选中该新建矩形，单击"格式 / 形状填充 / 吸管工具"，如图 2-6-7 所示。用吸管工具单击配色图片中想要被提取的颜色，矩形即可变为相应颜色，如图 2-6-8 所示。用这样的方法为 PPT 中所有的元素换色。

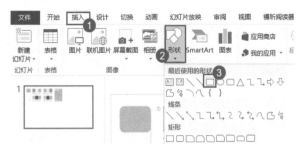

图2-6-6

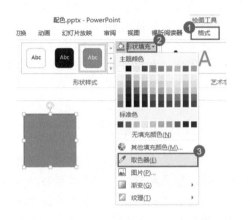

图2-6-7

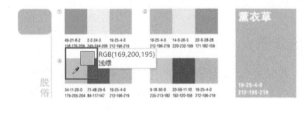

图2-6-8

配色时，还要注意每种颜色都具有自己独特的情感，例如，红色代表热情、爱、血液、愤怒等，蓝色通常代表海洋、放松、忧伤、平静等，如图2-6-9所示。理解这些内在情感的情况下加以调整颜色，会使PPT更有吸引力。

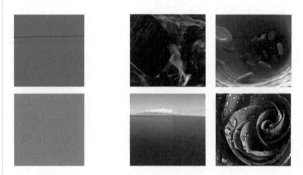

图2-6-9

一套幻灯片里应使用一套配色方案，不可前一页和后一页的配色完全不同，会让观众觉得十分混乱；而且一套配色里还应区分好哪种颜色为主色，哪几种为辅色，主色占面积较大，辅色占面积较少，前后都应保持一致，如图2-6-10所示。

图2-6-10

疑难问答　Q：PPT中的图片如何导出高清图

A：在图片上单击鼠标右键，单击"另存为图片"，之后在弹出的对话框中输入合适的路径及文件名，单击"保存"按钮旁边的一个小黑色箭头，如图2-6-11所示，选择"保存原始图片"。

图2-6-11

第3章　科研论文插图设计

科研论文中插图是论文品质的核心指标之一，论文中一张美观的插图往往更能取得审稿人对投稿论文的认可，也能使论文发表在更好的期刊上。同时，一张好的插图能够简洁明了地说明文章的科学原理或者实验流程，相对于整篇文章中大量文字的介绍，图片中大量形象化的图像及少量说明性文字更能让读者或者审稿人印象深刻。本章我们将使用 PS、AI 及 3ds Max 等软件来制作生物、化学、物理等各个科研领域在制作插图中涉及到的元素，从而提升整个插图的视觉效果。

3.1　生命科学与医学类文章插图

生命科学包括细胞学、遗传学、生理学、生态学等学科，研究生物的结构、功能、发生和发展的规律。生命科学研究的种类繁多，内容复杂，也使得科研论文中插图的绘制有一定的难度。本节主要以生物和医学中常见的DNA、细胞、气管、植物及实验流程图为例来讲解该类插图中重要元素的制作过程。

3.1.1　生物常用DNA分子

DNA 是生物中十分常见也是人们最为熟悉的生物分子，对于生物类科研论文插图的设计来讲，DNA 是最基本也是很重要的一个元素，下面将用 3ds Max 教大家制作 DNA 分子的 3D 模型，如图 3-1-1-1 所示，具体操作步骤如下。

步骤 1 开始制作模型。打开 3ds Max，在"创建"面板中单击"几何体"按钮，然后设置几何体类为 "标准基本体"，接着单击 "圆柱体" 按钮，如图 3-1-1-2 所示。几何体根据形状的不同分为很多不同的类型，在制作模型的时候需要选择合适的基础模型，以方便后续进行修改。

图3-1-1-1

图3-1-1-2

步骤 2 在顶视图中按住鼠标左键不放拖曳出适合大小半径的圆柱体，释放鼠标左键，再向上移动鼠标指针到合适的位置单击鼠标左键，确定圆柱的高度，如图 3-1-1-3 所示，随后绘制出圆柱，如图 3-1-1-4 所示。创建一个圆柱体需要两步，第一步确定圆柱体的半径，第二步确定圆柱体的高度，其他几何体创建的方式类似。

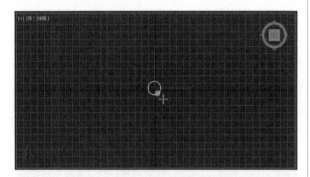

图3-1-1-3

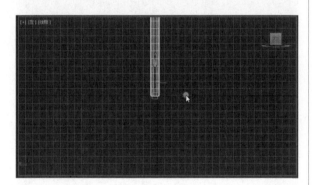

图3-1-1-4

步骤 ③ 选中创建的圆柱体后，切换到"修改"面板，在"参数"中将"半径"设置为6，"高度"设置为1000，"高度分段"设置为100（高度越高，高度分段应设置得更高），如图3-1-1-5、图3-1-1-6所示。创建之后的几何体都可以在"参数"面板中对其相关参数进行修改，以实现我们想要的形状。对于一个几何体而言，"分段数"越高图形就会越精细，但是电脑承载的计算量也会越大，所以需要根据情况选择合适的"分段数"。

图3-1-1-5

图3-1-1-6

步骤 ④ 在"主工具栏"中选择"选择并移动"<快捷键 W>工具，如图3-1-1-7所示，然后选中创建的圆柱体，在左视图中，按住左键的同时按住"Shift"键拖曳圆柱体到合适的位置释放，出现图3-1-1-8所示的选项，单击"确定"按钮，创建出图3-1-1-9所示的两个相同的圆柱体。在进行复制的时候，会提供"复制"、"实例"、"参考"三个选项，这三种复制方式的功能是不一样的，在进行复制操作的时候需要注意。

图3-1-1-7

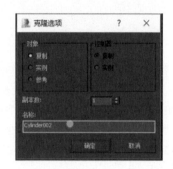

图3-1-1-8

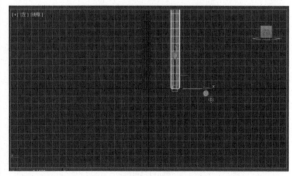

图3-1-1-9

步骤 ⑤ 在前视图中按照步骤1的方法创建一个大小、高度合适的圆柱体，切换到"修改"面板，在"参数"中将"半径"设置为4，"高度"设置为65（根据两个圆柱体之间的距离进行设置）。通过"选择并移动工具"在三个视图中调整新建圆柱体的位置，使其处于两者的中心，如图3-1-1-10所示。在调整模型位置时，需要参考三个视图，才能使模型处于我们想要的位置。

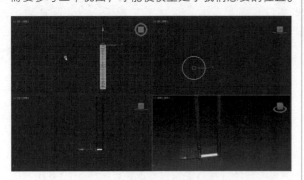

图3-1-1-10

步骤 6 使用"选择并移动工具"选中最短的圆柱体，选择"菜单栏"中的"工具/阵列"工具，如图3-1-1-11、图3-1-1-12所示。

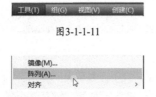

图3-1-1-11

图3-1-1-12

步骤 7 将"Z"改为20，单击"移动"右边的箭头，右侧X、Y、Z的数据高亮显示，代表工具生效，在下方的"1D"中将"数量"改为50，单击"预览"按钮，在视图中查看是否是需要的效果，最后单击"确定"按钮，使阵列工具生效，如图3-1-1-13、图3-1-1-14所示，最后的效果如图3-1-1-15所示。"阵列"工具除了可以实现"移动"复制，还可以实现"旋转"复制和"缩放"复制，也可以实现三者共同作用的复制效果，除此之外还可以设置不同的维度。因此，"阵列"工具可以实现的复制效果是非常多样的。

图3-1-1-13

图3-1-1-14

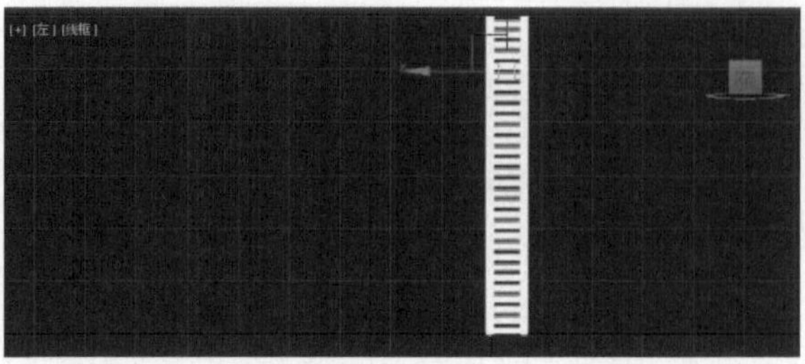

图3-1-1-15

步骤 8 在任意视图框选中创建的所有几何体，如图3-1-1-16所示，然后在"菜单栏"中选择"组/组"，如图3-1-1-17所示，出现图3-1-1-18所示的命令框，命名之后单击"确定"按钮，所有的几何体就变成一个组了。成组的目的是为了把所有几何体变成一个整体，以方便后续对其进行操作。

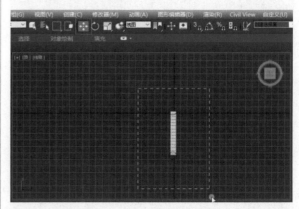

图3-1-1-16

图3-1-1-17

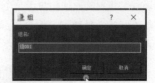

图3-1-1-18

步骤 9 选中组，切换到"修改"面板，在"修改器列表"中找到"扭曲"修改器，如图3-1-1-19所示，将扭曲"角度"设置为720，"扭曲轴"设置为Z，如图3-1-1-20所示，最后的效果如图3-1-1-21所示。在使用"扭曲"修改器的同时,"扭曲轴"的选择至关重要,选择合适的"扭曲轴"才能实现理想中的效果,同时扭曲的轴向应具有较高的分段数,这就是为什么最初的时候需要将圆柱的分段数设置为 100。

图3-1-1-19

图3-1-1-20

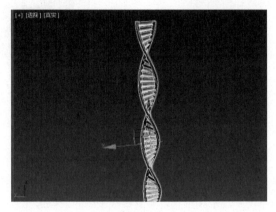

图3-1-1-21

步骤 ⑩ 按"Ctrl+C"组合键创建摄影机,如图 3-1-1-22 所示,在三个视图中调整摄影机的位置及聚焦点,如图 3-1-1-23 所示,渲染得到最终效果图。在 3ds Max 中"Ctrl+C"组合键是创建摄影机的快捷键,并不是其他软件中实现复制的功能。

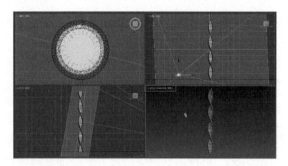

图3-1-1-22

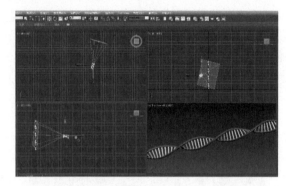

图3-1-1-23

步骤 ⑪ 建模部分全部完成,设定合适的材质和灯光,渲染即可得到如图 3-1-1-24 所示的效果。材质系统调整、图像渲染与保存方法请参考 1.4.8 小节中相关的介绍,此处可采用素材包中的透明类材质和塑料类材质。

图3-1-1-24

疑难问答 Q:在3ds Max中如何实现摄影机和透视图的切换?

A:在3ds Max中是通过快捷键"Ctrl+C"来建立摄影机的,通过快捷键P切换至透视视图,如图3-1-1-25所示,按快捷键C切换至摄影机的视角,如图3-1-1-26所示。

图3-1-1-25

图3-1-1-26

3.1.2 细胞与组织

◎ DVD\3.1.2 3dx Max 调整几何体形状工具 FFD 的使用方法

扫码看视频教学

密码：e1uf

细胞是生物体基本的结构和功能单位，也是生物学中最常涉及到的模型，在插图甚至封面中经常需要用来解释某些科学问题。但是细胞的种类繁多，结构复杂，而且它的形状和材质的不规则是很难模拟的，难以用统一的方法来表示。下面就以表现一个通过试管受精的人类的卵细胞为例，制作图 3-1-2-1 所示的 3D 模型，提供一些制作此类模型的方法和思路。具体操作步骤如下。

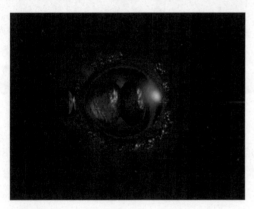

图3-1-2-1

步骤 ① 创建细胞的基础几何体。在"创建"面板中单击"几何体"按钮，然后设置几何体类型为"标准基本体"，选择"球体"。在场景中创建一个球体作为细胞的内核，命名为 cell interior，半径设为 105，分段数设为 64；再创建一个球体作为细胞的外表，命名为 Cell Exterior，半径为 120，分段数同样设为 64，如图 3-1-2-2 ～图 3-1-2-4 所示。

步骤 ② 需要通过三个视图将它们调整为同心的，并把它们成组，命名为 Cell Group，如图 3-1-2-5 ～图 3-1-2-7 所示。

图3-1-2-2

图3-1-2-3

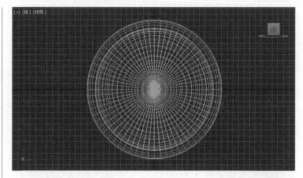

图3-1-2-4

图3-1-2-5

图3-1-2-6

图3-1-2-7

步骤 ③ 保持 Cell Group 被选中，切换到"修改"面板，增加一个 FFD 4×4×4 的修改器，如图 3-1-2-8 所示。从图 3-1-2-8、图 3-1-2-9 中可以看到 FFD 修改器有不同的规格和形状，需要根据最终的模型选择合适的 FFD 修改器，在进行修改的时候，可以用"Ctrl+ 移动键"进行多个控制点的选择或者框选，以保证模型的对称性。

图3-1-2-8

图3-1-2-9

步骤 ④ 进入"控制点"层级，通过对控制点进行变形操作来改变物体的外形，最终效果如图 3-1-2-10 所示。

步骤 ⑤ 保持 Cell Group 被选中，使用"解组"命令取消组，然后选中细胞内核 cell interior，增加一个"法线"修改器，保持"翻转法线"的勾选，如图 3-1-2-11 和图 3-1-2-12 所示。在 3ds Max 软件或其他三维软件中，所建立模型的面都有正反面之分，在模型的每一个最小的组成面中作一条垂直该面的直线就叫该面的法线。法线是有方向的，与法线相反的面是不会被赋予材质的。

在此步骤翻转法线之后，相当于赋予了内表面材质，而外表面则没有材质。

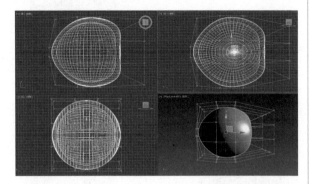

图3-1-2-10

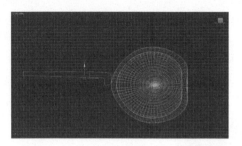

图3-1-2-15

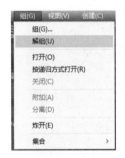

图3-1-2-11

图3-1-2-12

步骤 7 保持 Sucker 被选中，增加一个"车削"修改器，"度数"设置为 360，"分段"设置为 32，"方向"选择 X；然后进入"轴"层级，在前视图中沿 y 轴移动，使得上下部分刚好交叠，注意试管应该与细胞的外表相接触，如图 3-1-2-16 和图 3-1-2-17 所示。"车削"修改器的作用是将二维的图形沿指定的轴旋转，从而得到三维的造型，能用于制作一些对称性的模型，例如，酒杯、碗、杯子等。

步骤 6 建一个大的玻璃真空管来控制细胞。在"创建"面板中单击"图形"按钮，然后设置图形类型为"样条线"，选择"线"，在"创建方法"中选择初始类型为"角点"，选择拖动类型为"Bezier"，在前视图中创建一条封闭的线，命名为 Sucker，如图 3-1-2-13 ～图 3-1-2-15 所示。初始类型和拖动类型决定了在创建线条时是通过单击鼠标左键，还是按住左键拖动两种方式创建出来不同类型的点，以方便绘制出理想的图形。

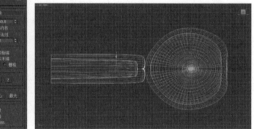

图3-1-2-16 图3-1-2-17

步骤 8 在与 Sucker 相对的细胞的另一边建立一个 Tube 物体，命名为 Needle，半径 1 为 4，半径 2 为 5，高度设为 -600，边数设为 18，分段数都设为 1，保证此 Tube 物体能够穿透细胞物体，如图 3-1-2-18 和图 3-1-2-19 所示。

图3-1-2-13

图3-1-2-14

图3-1-2-18

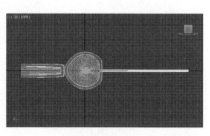

图3-1-2-19

步骤 ⑨ 创建一个几何球体，"半径"设置为 50，"分段"设置为 2，"基点面类型"设置为二十面体，命名为 Divided Cell，再复制一个几何球体，移动它，确保两个几何球体保持相交，如图 3-1-2-20 和图 3-1-2-21 所示。

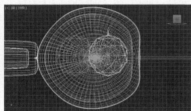

图3-1-2-20　　　　　　　图3-1-2-21

步骤 ⑩ 选中 Divided Cell，在"创建"面板中单击"几何体"按钮，然后设置几何体类型为"复合对象"，选择"布尔"，然后"拾取操作对象 B"，选择复制出的另一个几何球体，操作选择"并集"。给生成的布尔物体分别添加一个"松弛"和"网格平滑"修改器，"网格平滑"迭代次数设置为 2。此时再增加一个"噪波"修改器，设置 x、y 和 z 轴的强度参数值都为 10，勾选"分形"，设置粗糙度为 0.3，如图 3-1-2-22 ~ 图 3-1-2-25 所示，最终效果如图 3-1-2-26 所示。

图3-1-2-22　　　　　　　图3-1-2-23

图3-1-2-24　　　　　　　图3-1-2-25

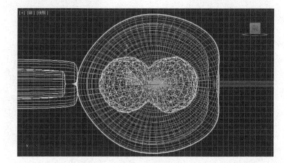

图3-1-2-26

步骤 ⑪ 在前视图中使用不等比例缩放沿 x 轴缩放 70，以压扁 Divided Cell 物体，然后运用等比例放大 140%。此时的效果如图 3-1-2-27 所示。

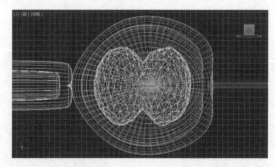

图3-1-2-27

步骤 ⑫ 选择 Cell Exterior 球体，在修改器中增加一个"体积选择"修改器，改变"堆栈选择层级"为面，选中"Gizmo"子层级，切换到顶视图，使用不等比例缩放沿 y 轴向下拖拉，使得 Gizmo 在 y 轴方向的高度总共大约只有 4 个网格大小，如图 3-1-2-28 和图 3-1-2-29 所示。

图3-1-2-28　　　　　图3-1-2-29

步骤 ⑬ 细胞外表细节的创建和环境的设置。创建一个几何球体，命名为 Large Bits，"半径"设置为 10，"分段"设置为 2，"基点面类型"设置为二十面体，确认勾选"轴心在地步"。添加一个"噪波"修改器，设置 x、y 和 z 轴的强度参数值都为 10，勾选"分形"，设置"粗糙度"为 0.1，如图 3-1-2-30 ～图 3-1-2-32 所示。

图3-1-2-30　　　　　图3-1-2-31

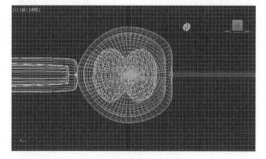

图3-1-2-32

步骤 ⑭ 保持 Large Bits 物体被选中，复制出一个，命名为 Medium Bits，修改半径为 5，段数为 2；保持 Medium Bits 被选中，再复制出一个，命名为 Small Bits，修改半径为 3。继续保持 Medium Bits 被选中，复制出一个，命名为 Particles。此时的场景如图 3-1-2-33 所示。

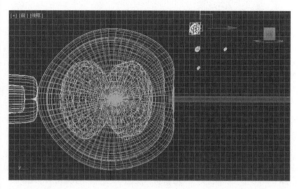

图3-1-2-33

步骤 ⑮ 选中 Large Bits 物体，在"创建"面板中单击"几何体"按钮，然后设置几何体类型为"复合对象"，选择"散布"，然后单击"拾取分布对象"；选择 Cell Exterior 球体，"重复数"设置为 30，勾选"仅使用选定面"，"分布方式"设为"随机面"。展开变换卷展栏，在"比例"选项组下面勾选"使用最大范围"和"锁定纵横比"，并将 X 的值设为 20；展开显示卷展栏，勾选"隐藏分布对象"，如图 3-1-2-34 ～图 3-1-2-36 所示。

图3-1-2-34　　　　图3-1-2-35　　　　图3-1-2-36

步骤 ⑯ 选中 Medium Bits 物体，同样创建离散物体，单击"拾取分布对象"按钮，选中 Large Bits 物体，将"重复数"设置为 100；展开变换卷展栏，在"比例"选项组下面勾选"使用最大范围"和"锁定纵横比"，并将 X 的值设为 50；展开显示卷展栏，勾选"隐藏分布对象"，如图 3-1-2-37 和图 3-1-2-38 所示。

图3-1-2-37

图3-1-2-38

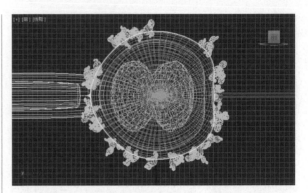

图3-1-2-41

步骤 ⑰ 选中 Small Bits 物体，同样创建离散物体，单击"拾取分布对象"按钮，选中 Medium Bits 物体，将"重复数"设置为 100。展开变换卷展栏，在"比例"选项组下面勾选"使用最大范围"和"锁定纵横比"，并将 X 的值设为 20；展开显示卷展栏，勾选"隐藏分布对象"，如图 3-1-2-39 ~图 3-1-2-41 所示。

步骤 ⑱ 建模部分全部完成，设定合适的材质和灯光，渲染即可得到图 3-1-2-42 所示的效果，再在 Photoshop 中进行适当的处理，就能达到本节开始时的效果图。材质系统调整、图像渲染和保存方法请参考 1.4.8 小节中相关介绍，此处可采用素材包中的玻璃类材质。

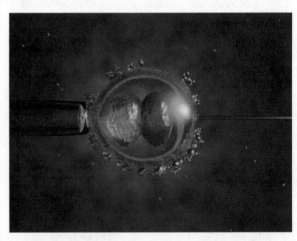

图3-1-2-42

图3-1-2-39

图3-1-2-40

 疑难问答　Q：3ds Max中使用FFD修改器修改模型有什么好处？

A：在3ds Max中修改基础模型的形状可以通过将模型转换为"可编辑多边形"后，对其点、线、面等层级修改以达到修改形状的目的，但是这种修改是具有破坏性的且操作比较复杂；而FFD修改器修改模型是通过更改修改器上的控制点来实现模型形状的变化，修改之后可以通过删除FFD修改器从而恢复到以前的形状。

3.1.3　人体器官

在医学文章中，会经常用到有关人体或动物器官的插图，但是在网络上经常找不到合适的插图。下面我们将用 Photoshop 来制作一张有关人体肾脏的插图。首先找到一张肾脏的图片，如图 3-1-3-1 所示，这样方便用"钢笔工具"描绘肾脏轮廓。具体操作步骤如下。

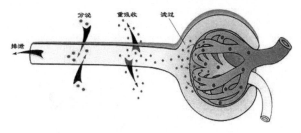

图3-1-3-1

步骤 **1** 肾小管的制作。新建文档，在预设中选择国际标准纸张，大小选择A4，其他选项如图3-1-3-2所示。在 Photoshop 中打开素材图片，用移动工具移动到新建的文档中。在菜单栏中选择"编辑 / 变形 / 缩放"或者按下快捷键"Ctrl+T"，把素材移动缩放到合适位置。用鼠标左键双击素材图层，把该图层命名为素材，然后在路径窗口中单击"新建路径"按钮，或者在窗口下拉选项中选择"新建路径"。用鼠标左键双击新建的路径图层，把图层名改为肾小管1，如图3-1-3-3所示。

图3-1-3-2　　　　图3-1-3-3

步骤 **2** 在工具栏中选择"钢笔"工具或者按下快捷键 P，用"钢笔"工具根据素材选出肾小管一部分色块，如图3-1-3-4所示。一般用"钢笔"工具绘制图形时，首先会选出两个锚点，然后按住鼠标左键来使两点之间的线段弯曲，从而得到想要的形状。

图3-1-3-4

步骤 **3** 在用"钢笔"工具绘制完肾小管一部分形状后，在"钢笔"工具处于选择状态下单击鼠标右键，在弹出的菜单中选择"建立选区"选项，如图3-1-3-5所示，"羽化半径"设为0，"操作"选择"新建选区"，如图3-1-3-4-6所示，这样就得到了需要的选区。

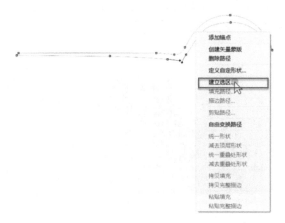

图3-1-3-5

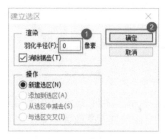

图3-1-3-6

Tips

　　钢笔使用过程中的快捷键如下：单击鼠标左键=新建锚点，"Ctrl+鼠标左键"=移动锚点/移动调节点，"Alt+鼠标左键"=锚点/角点转换；方向键=微调锚点位置，"Shift+鼠标左键"=新建水平/垂直锚点，"Ctrl+Alt+鼠标左键"=选中所有锚点，特别要注意在锚点断点之后，按住"Alt+鼠标左键"在顶点处拉出一条调节点，就可以断点续接了。

步骤 **4** 选区创建完成后，在图层窗口下单击"新建图层"按钮，按上一步的方式建立路径图层；然后单击前景色，选择需要的颜色，如图3-1-3-7所示。在新建图层中用"油漆桶"工具填充选区，或者用"画笔"工具填充，这样就得到了肾小管的一个色块，但是还需要把色块的暗部和亮部绘制出来，所以不要取消选区（这时用渐变工具达不到我们想要的效果，所以要用"画笔"工具来把暗部描绘出来）。首先新建图层，把前景色改为黑色，然后单击"画笔"工具，选择合适的画笔形状和大小，这里选择画笔形状为柔边缘，画笔大小选择300。在新建图层中画出色块的暗部，然后更改暗部图层的不透明度或者在绘画之前调整画笔的流量和不透明度，使暗部达到我们想要的效果，如图3-1-3-8所示。

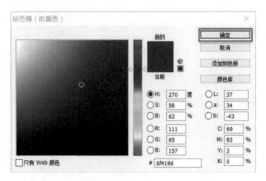

图3-1-3-7

图3-1-3-8

步骤 ⑤ 用同样的方法继续制作下一个色块。新建图层和路径图层并且更改为合适的名称；在新建路径图层中用"钢笔"工具选出合适路径并转化为选区；修改前景色，在新建图层中用"油漆桶"工具或者"画笔"工具填充颜色；新建图层，修改前景色为白色，用画笔工具画出色块的亮部，调整亮部图层不透明度，以达到最佳效果，如图3-1-3-9所示。

图3-1-3-9

步骤 ⑥ 这时还需要有色块的轮廓，所以新建图层，把名称改为色块二轮廓。把前景色还原为黑色，然后在钢笔工具选择状态下单击鼠标右键，在弹出的菜单中选择"描边路径"，然后在弹出的窗口中选择"画笔"，如图3-1-3-10所示。有时我们会发现轮廓会太宽或者太窄，如图3-1-3-11所示，这是因为画笔半径大小会影响描边路径大小，同理，画笔的形状会影响描边路径的形状，所以要在路径描边之前选择好画笔的大小、形状和颜色。最终效果如图3-1-3-12所示。

图3-1-3-10

图3-1-3-11

图3-1-3-12

步骤 ⑦ 在完成以上步骤以后，来描绘最后一个色块，这时发现最后一个比较复杂。因为这个色块不仅有亮部和暗部，还有颜色的变化，如图3-1-3-13所示。这里把整个部分分为三个小色块来绘制。先把有颜色过渡的一部分小色块省略，按照以上步骤绘制出另外两个小色块，如图3-1-3-14所示。

图3-1-3-13

图3-1-3-14

步骤 ⑧ 用"钢笔"工具把有颜色变化的部分选出来，用"渐变"工具在选中的选区中进行填充，如图3-1-3-15和图3-1-3-16所示。接下来调整画笔的形状、大小和前景色来描边路径，因为有三个色块，所以要分布在不同的图层中描边路径。但是会发现描边出来的轮廓会在色块中出现，如图3-1-3-17所示，所以还需要用"蒙版"工具把不需要的线隐藏。

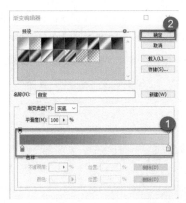

图3-1-3-15

图3-1-3-16

图3-1-3-17

步骤 ⑨ 最后把细节表现出来。如图 3-1-3-18 所示，需要用"钢笔"工具把轮廓绘制出来之后选好画笔描边；如图 3-1-3-19 所示，同样先绘制好路径，然后建立选区，把合适的颜色填充上，再用画笔把暗部画出

来，调整图层不透明度，以达到最佳效果。

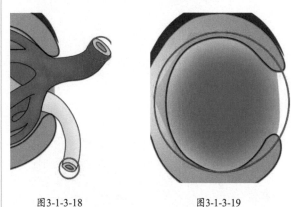

图3-1-3-18   图3-1-3-19

步骤 ⑩ 完成以上步骤后我们得到的效果图如图 3-1-3-20 所示。

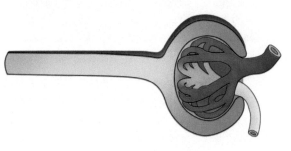

图3-1-3-20

疑难问答 Q：PS中蒙版工具的作用是什么？

A：在PS中经常会使用到蒙版工具来对已有的素材进行编辑，在蒙版中使用纯黑色来表示透明度为100%，使用纯白色来表示透明度为0%，而介于黑色和白色之间的灰色则表示透明度处于0%和100%之间，从而使用蒙版工具就能实现素材不同部分的显示与不显示，同时也不会破坏素材本身，可以在后期进行素材的更改，如图3-1-3-21和图3-1-3-22所示。

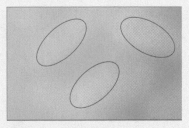

图3-1-3-21

图3-1-3-22

3.1.4　植物体

在生物类文章中，经常会遇到绘制植物体的插图，这里我们可以不通过建模的方式来绘制，可以

根据理想中的植物体形态，使用 AI 来绘制平面风格的插图。下面以绘制一棵幼苗为例，提供一些绘制此类图的方法和思路，效果图如图 3-1-4-1 所示。具体操作步骤如下。

图3-1-4-1

选中要填充颜色的叶茎，双击色板，在弹出的色板里选择深绿色即可，如图3-1-4-4和图3-1-4-5所示。

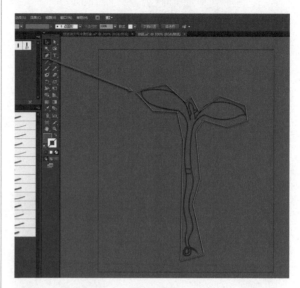

图3-1-4-2

步骤① 按 "Ctrl+N" 组合键创建一个画布，就可以开始绘制幼苗了。首先使用 "工具栏" 中的 "钢笔" 工具勾勒幼苗的外形，按下鼠标左键拖动时会出现一条弧线，然后调整其弧度，调整好后释放鼠标按键；然后单击锚点完成一小段的弧线，以同样的方式接着继续画下一条弧线，直至画出幼苗外形，如图3-1-4-2所示（幼苗的整个形状都是由一小段一小段的弧线组成的）。幼苗的形态很重要，这是为之后的详细绘制打基础，绘制好外形后填充一个渐变色，幼苗是黄绿色的，所以渐变色这里设为 "绿色 - 黄色 - 白色" 的渐变在右侧的 "渐变" 面板中双击左边的滑块，选择绿色；选择完毕后，双击右边的滑块，选择白色；单击中间位置，会自动添加一个滑块，单击滑块，选择黄色，选中要填充的幼苗，按住鼠标左键，拖动鼠标即可得到渐变色，如图3-1-4-3所示。

图3-1-4-3

步骤② 现在得到的只是一个单一的平面，我们要让它更加立体逼真，所以接下来就要画出幼苗的明暗关系，明暗关系包括明暗交界线、高光、暗部反光等。使用 "工具栏" 中的 "钢笔" 工具勾勒叶子的明暗关系（和叶子外型一样就行），拖动鼠标会出现一条弧线，调整弧度，调整好后松开，然后鼠标左键单击锚点，完成一小段的弧线，以同样的方式继续画下一条弧线，直至画出叶子外形。之后，填充一个黄绿色，选中要填充颜色的叶子，双击色板，在弹出的色板里选择黄绿色。填充完成之后再用 "钢笔" 工具勾勒出叶茎，填充一个深绿色，

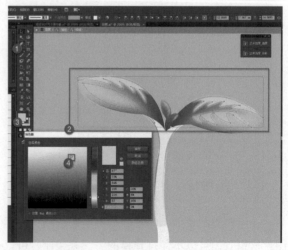

图3-1-4-4

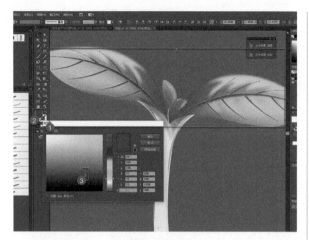

图3-1-4-5

步骤③ 之后我们开始绘制幼苗茎的明暗了，绘制方法跟叶子一样。使用"工具栏"中的"钢笔"工具勾勒茎的明暗关系，贴合茎的外形勾勒即可，拖动鼠标会出现一条弧线，按住左键不放，拖动弧线，调整好弧度，调整好后松开，然后单击锚点，完成一小段的弧线，以同样的方式继续画下一条弧线，直至画出暗部的外形。选中要填充颜色的叶茎暗部，双击色板，在弹出的色板里选择土黄色，如图 3-1-4-6 所示。完成之后再用"钢笔"工具勾勒出幼苗茎的高光，贴合茎的外形勾勒即可，画好后，双击色板，在弹出的色板里选择白色，如图 3-1-4-7 所示。

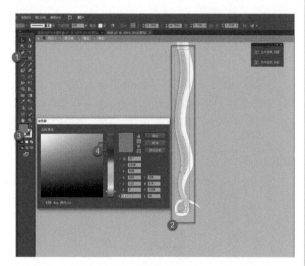

图3-1-4-6

步骤④ 最后我们来绘制幼苗茎上的须根，绘制方法跟叶子和幼苗茎一样，不再细说。首先使用"钢笔"工具勾勒须根，填充一个"黄色－白色"的渐变；再用"钢笔"工具勾勒出明暗关系，并填充深黄色作为暗部，如果觉得需要高光的话，再用"钢笔"工具勾勒

出须根的高光，填充一个白色即可，如图 3-1-4-8 所示。根据画面的需要来决定是否使用高光。

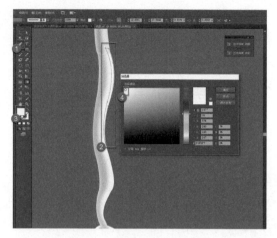

图3-1-4-7

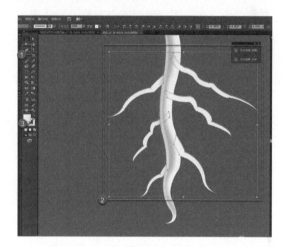

图3-1-4-8

步骤⑤ 全选幼苗，单击鼠标右键，在弹出的快捷菜单中选择编组即可，如图 3-1-4-9 所示。

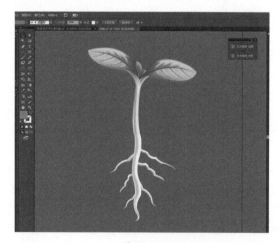

图3-1-4-9

疑难问答 Q：AI中如何快速编组？

A：在AI中经常需要用到编组功能，来实现各个图形的分组，以方便后面的管理和操作，在AI中选中多个图层之后，使用快捷键Ctrl+G就能快速实现编组。

3.1.5 医学实验流程图

DVD\3.1.5 AI 制作具有立体感的图形网络工具的使用方法

扫码看视频教学

密码：hw65

对于医学专业的研究生来说，文章的插图中经常会涉及到通过实验流程图来展示实验的各个步骤，一般而言，会用各种箭头、简单的图形及文字来表示。但是这样做出来的效果不够形象化，会有较多的文字，难以吸引读者和编辑的注意，无法得到更好的理解。下面将用 Adobe Illustrator（简称AI）来制作一张形象化的医学实验流程图的一些元素，其最终效果如图 3-1-5-1 所示，具体操作步骤如下。

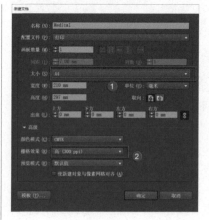

图3-1-5-2

图3-1-5-3

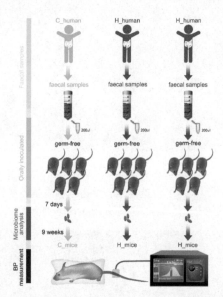

图3-1-5-1

步骤① 小人的制作。在 AI 中新建文档，大小设置为A4，栅格效果设置为300dpi，如图 3-1-5-2 所示。关闭描边，将填色设置为绿色（R：100，G：191，B：136），在工具栏中选择椭圆工具，同时按住 Shift 键和鼠标左键拖动出圆形，制作出小人的头部，如图 3-1-5-3 和图 3-1-5-4 所示。在 AI 中，一个图形包含描边和填色两部分，需要对两部分的颜色进行合适的更改或者关闭，以绘制合适的图形。

图3-1-5-4

步骤② 用钢笔工具绘制出小人身体一半的形状，用选择工具选择绘制好的形状，单击，在弹出的菜单中选择"变换/对称"，如图3-1-5-5 所示，之后会弹出"镜像"窗口，将"轴"设为"垂直"，然后单击"复制"按钮，如图 3-1-5-6 所示。

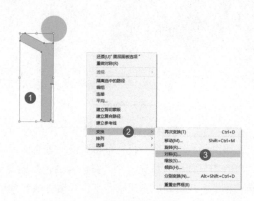

图3-1-5-5

图3-1-5-6

图3-1-5-11

步骤 3 拖动复制出来的图形，使其与原图形刚好交叠，在"窗口"菜单中选择"路径查找器"，选中身体部分的两个图形，选择"联集"，将两个图形合成为一个图形，在"图层"面板中也可以看到身体左右部分的两个图层变为了一个图层，如图 3-1-5-7 ～图 3-1-5-10 所示。

图3-1-5-12

图3-1-5-13

步骤 5 小人内部肠胃的制作。用钢笔工具绘制出胃的大致轮廓，填色可以任意选择一个颜色，与白色区分即可，如图 3-1-5-14 所示。锁定"肠胃"的图层，再绘制一些不规则的形状，表示肠胃内部的空间，绘制的图形是一个个的图层，然后框选所有的不规则形状，用"路径查找器"中的"联集"命令使它们变为一个整体，如图 3-1-5-15 ～图 3-1-5-17 所示。取消对"肠胃"图层的锁定，同时选中不规则图形和"肠胃"图形，用"差集"命令使"肠胃"图形减去不规则的图形，合并为一个图形，将其移动至小人合适的位置，对各个图层进行命名，小人图形制作完成，如图 3-1-5-18 ～图 3-1-5-20 所示。

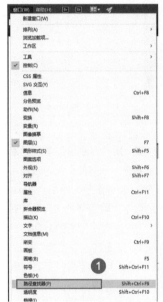

图3-1-5-7　　　　　　图3-1-5-8

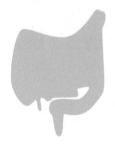

图3-1-5-14

图3-1-5-15

图3-1-5-9　　　　　　图3-1-5-10

步骤 4 用"删除锚点工具"选择两者交叉部分的多余的锚点，将其删除，小人的大体形状就绘制好了，如图 3-1-5-11 ～图 3-1-5-13 所示。"路径查找器"中还有其他的一些选项，如常见的"差集"、"并集"等，可使用这些功能绘制一些特别的图形。

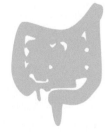

图3-1-5-16

图3-1-5-17

图3-1-5-18　　　　　　　图3-1-5-19

图3-1-5-20

步骤⑥ 离心管的制作。首先绘制离心管的管身，锁定并隐藏 "Human" 图层，先用矩形工具绘制出一个矩形，然后用 "添加锚点工具" 在底部的中间添加一个锚点。用直接选择工具选择该锚点，用键盘上的上下键将其移动到合适的位置，用渐变工具对其进行颜色的填充，如图 3-1-5-21 ～图 3-1-5-24 所示。最终效果如图 3-1-5-25 所示。

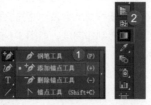

图3-1-5-21　　　　　　图3-1-5-22　　　　　　图3-1-5-23

图3-1-5-24　　　　　　图3-1-5-25

步骤⑦ 绘制离心管的管盖。用矩形工具绘制出一个矩形，然后用 "添加锚点工具" 在底部的中间添加一个锚点；用直接选择工具选择该锚点，将其转换为平滑点，然后拖动该点左右两个锚点至合适的长度，使管盖有一定的曲率。用键盘上的上下键将其移动

到合适的位置，用渐变工具对其进行颜色的填充，如图 3-1-5-26 ～图 3-1-5-29 所示。

图3-1-5-26

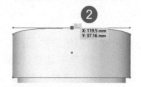

图3-1-5-27

图3-1-5-28　　　　　　　图3-1-5-29

步骤⑧ 绘制刻度、数字及液体。新建图层，命名为 Scale，将其他图层锁定；用 "直线段工具" 绘制长短不一的两条直线，然后复制出一系列的刻度，选中所有的刻度，选择 "垂直顶分布"；新建图层，命名为 Text，用 "文字工具" 输入一系列的数字，将顶部的 "30" 和底部的 "5" 调整到适合的位置，然后选中所有的数字，选择 "垂直顶分布"；复制 Tube Body 图层，命名为 Liquid，用选择工具对图形整体进行调整，用直接选择工具对图形某些点的位置进行调整，使其与管身贴合，图层位置在 Tube Body 的上方，Tube Top 的下方，如图 3-1-5-30 ～图 3-1-5-33 所示。

图3-1-5-30

图3-1-5-31

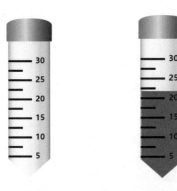

图3-1-5-32　　　　　图3-1-5-33

步骤 ⑨ 老鼠的绘制。锁定并隐藏其他图层，将老鼠的素材图片载入 AI 中，并将其锁定；新建图层，命名为 Mice Body，打开描边，关闭填充，用钢笔工具绘制老鼠身体的轮廓，如图 3-1-5-34 和图 3-1-5-35 所示。

图3-1-5-34　　　　　图3-1-5-35

步骤 ⑩ 锁定并隐藏 Mice Body 图层，新建图层，命名为 Mice Tail，打开描边，关闭填充，用钢笔工具绘制老鼠尾巴的轮廓，如图 3-1-5-36 和图 3-1-5-37 所示。

图3-1-5-36　　　　　图3-1-5-37

步骤 ⑪ 锁定 Mice Tail 图层，新建图层，命名为 Mice Ears，打开描边，关闭填充，用钢笔工具绘制老鼠左右耳朵的轮廓，分别命名为 Left Ear 和 Right Ear，如图 3-1-5-38 和图 3-1-5-39 所示。

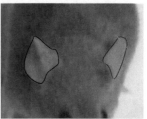

图3-1-5-38　　　　　图3-1-5-39

步骤 ⑫ 锁定 Mice Ears 图层，新建图层，命名为 Mice Eyes，打开描边，关闭填充，用钢笔工具绘制老鼠左右眼睛的轮廓，分别命名为 Left Eye 和 Right Eye；再用椭圆工具绘制两个圆形作为眼白并命名为 Left white 和 Right White，如图 3-1-5-40 和图 3-1-5-41 所示。

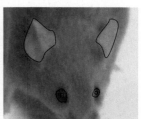

图3-1-5-40　　　　　图3-1-5-41

步骤 ⑬ 锁定 Mice Eyes 图层，新建图层，命名为 Mice Beards，打开填充，关闭描边，用椭圆工具绘制出一个小的矩形；用删除锚点工具删除其中一个锚点，使其变为三角形；然后调整点的类型和手柄长度，形成胡须的形状，再复制出几根并调整其大小和角度，得到老鼠的胡须，如图 3-1-5-42 ～图 3-1-5-44 所示。

图3-1-5-42　　　　　图3-1-5-43

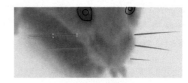

图3-1-5-44

步骤⑭ 锁定并隐藏 Mice 图层下除了 Mice Body 的子图层，将 Mice Body 的填色打开，描边关闭，填色为 R：117，G：117，B：117；用网格工具将老鼠图形分为 9 个部分，用直接选择工具选择中间区域的 4 个锚点并将其颜色改为更深的灰色，如图 3-1-5-45 ~ 图 3-1-5-47 所示。

图3-1-5-45

图3-1-5-46

图3-1-5-47

步骤⑮ 锁定 Mice Body 和 Mice Tail 图层，将 Mice Tail 的填色打开，描边关闭，填色为 R：76，G：76，B：76，并将 Mice Tail 图层移至 Mice Body 图层下方，如图 3-1-5-48 和图 3-1-5-49 所示。

图3-1-5-48

图3-1-5-49

步骤⑯ 锁定 Mice Tail 图层，解锁 Mice Ears

图层，将 Mice Body 的填色打开，描边关闭，填色为 R：117，G：117，B：117；用网格工具分别将两个耳朵分为 4 个部分，用直接选择工具选择中间的锚点并将其颜色改为更深的灰色，R：43，G：43，B：43，如图 3-1-5-50 和图 3-1-5-51 所示。

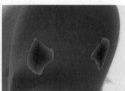

图3-1-5-50

图3-1-5-51

步骤⑰ 锁定 Mice ears 图层，解锁 Mice Eyes 图层，将子图层的填色打开，描边关闭，给眼白填色白色，眼球填充黑色，如图 3-1-5-52 和图 3-1-5-53 所示。

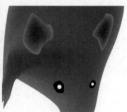

图3-1-5-52

图3-1-5-53

步骤⑱ 至此，本小节给出的插图中的重要元素已绘制完成，三个元素的最终效果如图 3-1-5-54 所示。

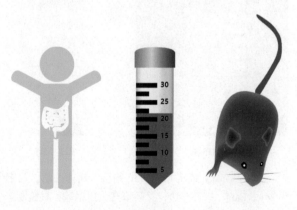

图3-1-5-54

3.2　化学化工类文章插图

化学学科作为自然科学的基础科学之一，包括无机化学、有机化学、物理化学、高分子化学与分析化学，它们与物理学、生物学、地理学、天文学等学科相互渗透，每个分支都涵盖了大量的研究内容且相互交叉。本节将以各个学科分支中代表性的元素为例讲解该类插图的制作方法。

3.2.1　无机化学

一个完整的化学反应包括了反应物、催化剂和产物，为了更形象丰富地体现反应物和产物的存在状态，可以为化学反应添加前驱图和后驱图。下面就以电催化二氧化碳生成烷烃气体为例，制作化学反应图和配套的前驱图与后驱图，效果如图3-2-1-1 所示，为大家提供此类反应图绘制的方法和思路，具体操作步骤如下。

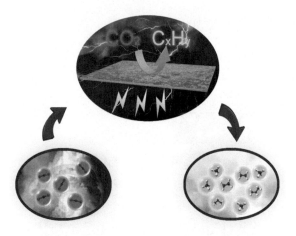

图3-2-1-1

图3-2-1-2

图3-2-1-3

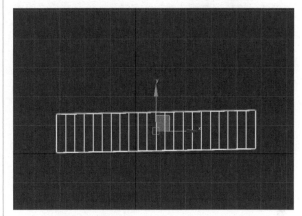

图3-2-1-4

绘制此图片需要用到的素材包括甲烷分子、乙烯分子、丙烷分子、丙烯分子、二氧化碳分子、箭头、金属板、气泡、清洁烟雾、脏烟雾、闪电天气等素材，可以通过扫码来下载。其中各种气体分子模型等图片素材都可以在网络上搜索到，需要绘制的素材仅包括主反应图中的弯曲箭头和金属板。

（步骤 **1**）制作弯曲箭头素材。在 3ds Max 中找到"创建"选项卡下的"标准基本体"，选择"长方体"，在顶视图中按住并拖曳鼠标左键，创建一个较大的长方体模型，作为箭头的尾巴，如图 3-2-1-2 ～图 3-2-1-4 所示。

（步骤 **2**）为长方体添加"弯曲"修改器，制作出弯曲的尾巴效果，注意，弯曲轴需要选取长方体宽度的所在轴向，如图 3-2-1-5 ～图 3-2-1-7 所示。

图3-2-1-5

图3-2-1-6

图3-2-1-7

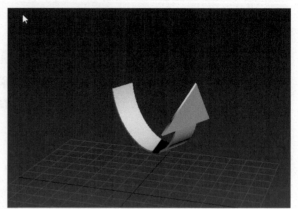

图3-2-1-11

步骤 3 在"标准基本体"中选择"圆柱体"，将边数设为 3，创建一个三棱柱；然后，在"修改"选项卡中修改三棱柱的参数，使其高度和之前的长方体一致，再通过"移动和旋转"工具，将三棱柱移动到箭头的位置，这样弯曲箭头就制作完成了，添加材质进行渲染，可得到素材，如图 3-2-1-8 ~ 图 3-2-1-12 所示。

图3-2-1-12

图3-2-1-13　　　　　图3-2-1-14

图3-2-1-8　　　　　图3-2-1-9

图3-2-1-10

步骤 4 金属板直接使用"标准基本体"中的"长方体"命令创建即可，在添加材质时，需要选择表面粗糙的金属类材质，如图 3-2-1-13 ~ 图 3-2-1-15 所示。更多关于材质的调整方案可以查看附录中的相关内容。

图3-2-1-15

步骤 5 所有素材准备好后，进入 Photoshop 制作最终图片效果。首先制作主反应素材图片部分，先将素材中的箭头 2、金属板和闪电天气加入 Photoshop 中，调整好相对位置，并对金属板和箭头使用"调整图层"进行调色，如图 3-2-1-16 ~ 图 3-2-1-19 所示。

图3-2-1-16

图3-2-1-17

图3-2-1-18

图3-2-1-21

步骤 ⑦ 使用"钢笔"工具画出闪电路径，并在新建图层中使用黄色渐变填充，然后使用快捷键"Ctrl+C"、"Ctrl+V"复制两个相同的闪电，使用"移动"工具调整好位置，如图 3-2-1-22 ~ 图 3-2-1-24 图所示。

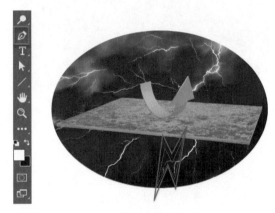

图3-2-1-22　　　　　　图3-2-1-23

图3-2-1-19

步骤 ⑥ 使用"蒙版"工具配合"椭圆形选框"工具把闪电图层中的反应区域抠出来，如图 3-2-1-20 和图 3-2-1-21 所示。

图3-2-1-24

步骤 ⑧ 使用"文字"工具，在箭头指向的前后分别输入二氧化碳和烷烃的化学式，设置二氧化碳的文字颜色为红色，烷烃的文字颜色为青色，并为它们添加微弱的"外发光"图层样式，如图 3-2-1-25 ~ 图 3-2-1-27 所示。

图3-2-1-20

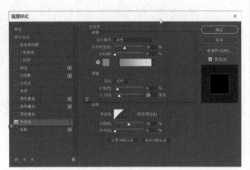

图3-2-1-25　　　　　　　　　图3-2-1-26

图3-2-1-29

步骤⑩ 使用制作产物的方法制作反应物部分，不同的地方是需要使用"调整图层"将气泡和背景的颜色调得更深，纯度更低，如图 3-2-1-30 ~ 图 3-2-1-33 所示。

 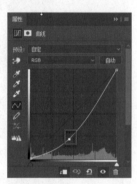

图3-2-1-30　　　　　　　　　图3-2-1-31

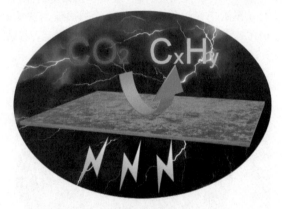

图3-2-1-27

步骤⑨ 接着制作产物部分，将甲烷、乙烯、丙烷、丙烯的分子结构，以及气泡和清洁烟雾素材导入 Photoshop 中，和制作主反应图的步骤相同，使用"蒙版"工具将反应范围抠出。用相同的方法将单个气泡从气泡素材中抠出，使用快捷键"Ctrl+C"、"Ctrl+V"将抠出的气泡复制出多个，并使用"移动"工具将烷烃的分子结构与气泡对齐，最后将所有烷烃图层的"混合模式"改为"正片叠底"，如图 3-2-1-28、图 3-2-1-29 所示。

图3-2-1-32

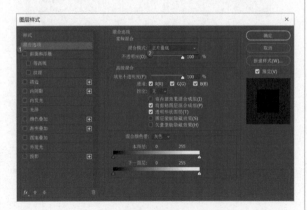

图3-2-1-28

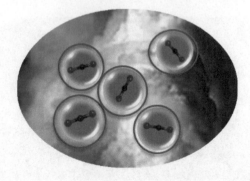

图3-2-1-33

步骤 ⑪ 在"图层"面板中双击背景图层，为反应物和产物背景图层部分添加紫色"描边"图层样式，并将箭头 1 加入三个反应部分之间，插图就完成了，如图 3-2-1-34 和图 3-2-1-35 所示。

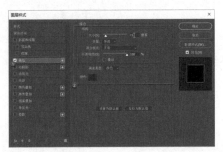

图3-2-1-34

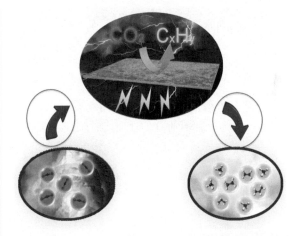

图3-2-1-35

 疑难问答　　Q：PS中如何用曲线调整图像的色彩？

A：在PS中曲线是经常使用的调色方式，能够调节图像的明暗程度，增减图像亮部与暗部的对比，曲线中越往右代表图像中越亮的地方，曲线往下凹陷则代表将该处的亮度调整得相对原图更低，曲线向上凸出则表示将该处的亮度调整得相对原图更高，如图3-2-1-36所示。

图3-2-1-36

3.2.2　有机化学

DVD\3.2.2　3dx Max 快捷创建准确的分子模型晶格工具的使用方法

　　MOFs 是由无机金属中心（金属离子或金属簇）与桥连的有机配体通过自组装相互连接，形成的一类具有周期性网络结构的晶态多孔材料，实验过程中常用到冻干处理，而该实验操作对于设备有较高的要求，并直接影响了实验的成败，默希科技（北京）有限公司可以提供科研级的进口冷冻干燥设备，能够大大提高实验操作过程中的效率。由于MOFs 潜在的应用前景，科研人员对其有大量的研究。

扫码看视频教学

密码：bvtu

　　此类材料具有类似的结构，下面我们将主要用3ds Max 中的晶格工具来制作 MOFs 的模型，效果如图 3-2-2-1 所示。具体操作步骤如下。

　　步骤 ① 创建模型。使用"长方体"工具在场景中创建一个长方体，然后在"参数"卷展栏下将"长度"和"高度"设置为50，"宽度"设置为80，为了方便后面内部分子的制作，需要将其坐标归为原点，如

图 3-2-2-2 ~ 图 3-2-2-4 所示。

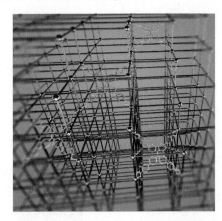

图3-2-2-1

图3-2-2-2

图3-2-2-3

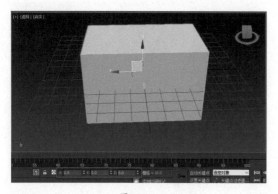

图3-2-2-4

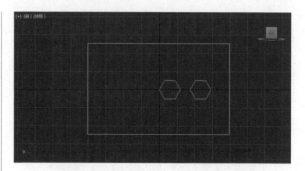

图3-2-2-8

步骤② 为了方便制作内部的分子，在透视图中将模式更改为线框，如图3-2-2-5所示。在制作模型的时候，为了便于观察整体的位置关系，需要更改各个视图的模式，以提高制作的效率。

图3-2-2-5

步骤③ 用"多边形"工具在前视图中创建一个六边形，然后在"参数"卷展栏下将"半径"设置为5.9，在"参数"卷展栏下除了有半径大小的设置，还可以设置边数，以制作不同的多边形，复制刚创建的六边形，得到另一个六边形的结构，如图3-2-2-6~图3-2-2-8所示。

图3-2-2-6　　　　　图3-2-2-7

步骤④ 使用"线"工具在前视图中创建一个不规则的五边形，进入线的点层级，调整点的位置，使其对称；使用"圆柱体"工具，"半径"设置为0.5，再设置合适的长度，将它们连接起来，如图3-2-2-9~图3-2-2-13所示。

图3-2-2-9　　　　　　　　图3-2-2-10

图3-2-2-11　　　　　　　　图3-2-2-12

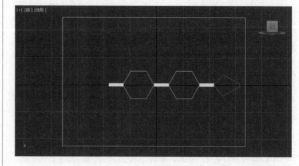

图3-2-2-13

步骤⑤ 为两个六边形及不规则的五边形添加"晶格"修改器，在"参数"卷展栏下将支柱的"半径"设置为0.5，"边数"设置为8，勾选"末端封口"和"平滑"；基点面类型点选"二十面体"，将节点的"半径"设置为0.8，"分段"设置为3，勾选"平滑"，如图3-2-2-14~图3-2-2-16所示。

图3-2-2-14   图3-2-2-15

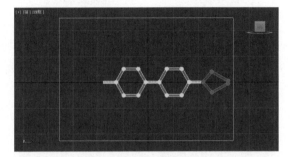

图3-2-2-16

步骤 ⑥ 选中不规则多边形，将其转换为可编辑多边形，进入点层级，删除末端节点的两个球体，如图3-2-2-17 ~ 图3-2-2-19 所示。

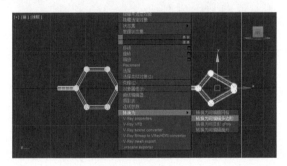

图3-2-2-17

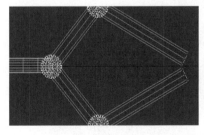

图3-2-2-18   图3-2-2-19

步骤 ⑦ 将已经创建好的内部分子末尾部分旋转一定角度，使其分子内有一定角度，然后将其成组，在三个视图中进行旋转，使其处于矩形内部合适的位置，如图3-2-2-20 所示。

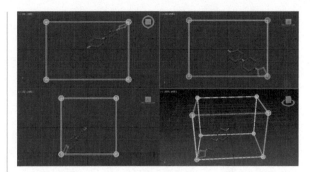

图3-2-2-20

步骤 ⑧ 选中内部分子，对其使用"镜像"命令，在弹出的窗口中，将镜像轴设为"X"，设置合适的偏移值，将克隆当前选择设为"复制"，单击"确定"按钮，如图 3-2-2-21 和图 3-2-2-22 所示。

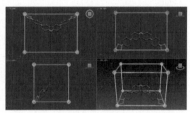

图3-2-2-21   图3-2-2-22

步骤 ⑨ 对两个内部分子使用"镜像"命令，在弹出的窗口中，将镜像轴设为"YZ"，将克隆当前选择设为"复制"，然后对复制出来的内部分子的位置进行调整，如图 3-2-2-23 和图 3-2-2-24 所示。

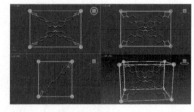

图3-2-2-23   图3-2-2-24

步骤 ⑩ 使用阵列工具复制开始创建的长方体，将"移动"的"增量"设置为 69.4，1D 的数量设置为 5，2D 的数量设置为 5，3D 的数量设置为 8，"增量行偏移"下的 Y 设置为 47.5，Z 设置为 47.5，并点选"3D"，具体参数设置如图 3-2-2-25 和图 3-2-2-26 所示。

图3-2-2-25　　　　　　　　图3-2-2-26

步骤 ⑪ 对复制出的长方体进行一些删减，使其呈现阶梯式的分布，如图3-2-2-27所示。

图3-2-2-27

步骤 ⑫ 选中其中一个长方体，将其转换为可编辑多边形，在"编辑几何体"卷展栏下单击"附加"按钮后面的"附加列表"按钮，在弹出的窗口中选中所有的长方体，单击"附加"按钮，将所有的长方体合并为一个模型，如图3-2-2-28～图3-2-2-30所示。

图3-2-2-28　　　　　　　　图3-2-2-29

图3-2-2-30

步骤 ⑬ 为合并后的大长方体添加"晶格"修改器，在"参数"卷展栏下将支柱的"半径"设置为1，"边数"设置为8，勾选"平滑"；基点面类型点选"二十面体"，将节点的"半径"设置为5，"分段"设置为3，勾选"平滑"，如图3-2-2-31～图3-2-2-33所示。

步骤 ⑭ 将制作好的内部分子成组，并将其复制几份，置于合适的位置，如图3-2-2-34所示。

图3-2-2-31　　　　　　　　图3-2-2-32

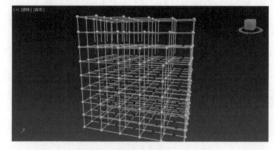

图3-2-2-33

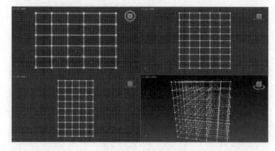

图3-2-2-34

步骤 ⑮ 设置合适的材质和灯光，渲染出如图，最终的效果如图3-2-2-35所示。材质系统调整、图像渲染和保存方法请参考1.4.8小节中相关介绍，此处可采用素材包中的金属类材质。

图3-2-2-35

疑难问答 　Q：3ds Max附加工具的作用是什么？

A：3ds Max中附件工具的作用是将多个几何体合并为一个整体，这样操作的目的是为了方便对其使用同一修改器，从而使整个工程更加简洁，在某些条件下某些效果器无法作用于多个几何体成组之后的对象，此时也需要使用附加工具来解决这个问题。

3.2.3 物理化学

在物理化学中，经常遇到的一类结构就是囊泡，它是一类具有封闭双层结构的分子有序组合体。看似有序简单的结构，通过 3ds Max 似乎很容易实现，但是实际制作过程中囊泡的模型并不能通过简单的工具一步实现，需要反复使用"阵列"工具来实现整个模型的制作，最终的效果如图 3-2-3-1 所示。具体操作步骤如下。

图3-2-3-1

步骤 ① 囊泡基本模型的制作。使用"球体"工具在场景中创建一个球体，然后在"参数"卷展栏下将"半径"设置为 5，"分段"设置为 20，如图 3-2-3-2 ～图 3-2-3-4 所示。

图3-2-3-2　　　　图3-2-3-3

图3-2-3-4

步骤 ② 使用"线"工具绘制一条曲线，如图 3-2-3-5 和图 3-2-3-6 所示。

　　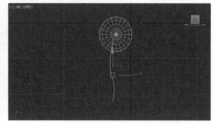

图3-2-3-5　　　　　　图3-2-3-6

步骤 ③ 使用"圆柱体"工具创建一个圆柱体，"半径"设置为 0.5，"高度"设置为 17（需根据"路径变形"工具和样条线长度进行适当的调整），"高度分段"设置为 20，"边数"设置为 10。为圆柱体添加"路径变形"修改器，在"参数"卷展栏下单击"拾取路径"按钮，然后在场景中选择样条线，通过移动旋转等工具使圆柱体处于小球下方合适的位置，参数设置如图 3-2-3-7 ～图 3-2-3-9 所示，最终效果如图 3-2-3-10 所示。

图3-2-3-7　　　　图3-2-3-8　　　　图3-2-3-9

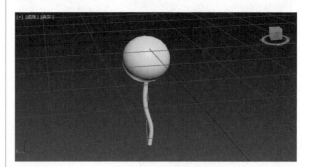

图3-2-3-10

步骤④ 选中圆柱体，使用"镜像"工具，在弹出的窗口中选择合适的"镜像轴"，设置适当的"偏移"值，得到两亲分子的两条长链，如图 3-2-3-11 和图 3-2-3-12 所示。此处给出的参数仅供参考，需根据制作时的实际情况进行调整。

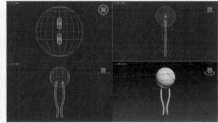

图3-2-3-11   图3-2-3-12

步骤⑤ 设置两个材质，分别赋予头部和尾部长链，最后再对材质进行调整。选中其中一个圆柱体，将其转换为可编辑多边形，如图 3-2-3-13 和图 3-2-3-14 所示。此处简单设置材质是为了方便材质的赋予，后期对象太多且数个几何体都变为一个整体，赋予材质的难度增大。

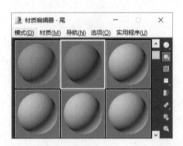

图3-2-3-13

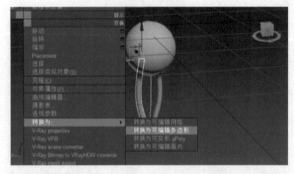

图3-2-3-14

步骤⑥ 在"编辑几何体"卷展栏下单击"附加"按钮后面的"附加列表"按钮，在弹出的窗口中选择另一个圆柱体和球体，将其合为一个整体；单击"附加"按钮，在弹出的"附加选项"窗口中单击"确定"按钮，如图 3-2-3-15 ～图 3-2-3-17 所示。

图3-2-3-15   图3-2-3-16

图3-2-3-17

步骤⑦ 选中合并后的模型，通过"旋转"工具和"角度捕捉开关"工具将其旋转至与 XY 平面平行，将其移动至 X:100，Y:0，Z:0，并命名为"外层"；使用 Shift 键＋"选择并移动"工具复制一份，命名为"里层"，并将里层进行移动和旋转，使两者交叠，如图 3-2-3-18 ～图 3-2-3-20 所示。

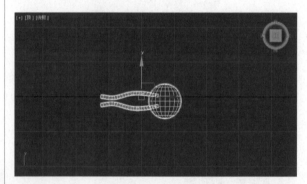

图3-2-3-18

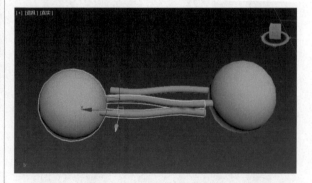

图3-2-3-19

图3-2-3-20

步骤⑧ 进入层次面板中,单击"轴"按钮,在"调整轴"卷展栏下单击"仅影响轴",然后单击"对齐到世界"按钮,将轴心移动到原点,即 X:0,Y:0,Z:0(对里层和外层模型都进行同样的操作),如图 3-2-3-21 ~ 图 3-2-3-23 所示,此步骤是为了方便后续进行阵列操作。

图3-2-3-21　　　　　　图3-2-3-22

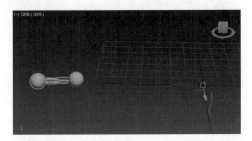

图3-2-3-23

步骤⑨ 选择"外层",对其使用"阵列"工具,在"旋转"中将"总计"下的 Y 设置为 -95;在"阵列维度"中点选"1D",单击"预览",增加数量到合适的数值,使"外层"之间几乎没有交叠,设置为 18,如图 3-2-3-24 和图 3-2-3-25 所示。

图3-2-3-24

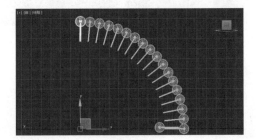

图3-2-3-25

步骤⑩ 再使用阵列工具依次对步骤 9 复制出来的"外层"进行设置,在"旋转"中将"总计"下的 Z 设置为 360;在"阵列维度"中点选"1D",单击"预览",增加数量到合适的数值,使得"外层"之间几乎没有交叠,设置为 67,如图 3-2-3-26 和图 3-2-3-27 所示。

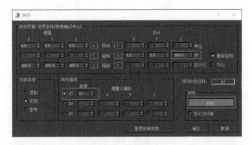

图3-2-3-26

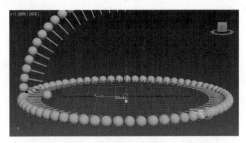

图3-2-3-27

步骤⑪ 对剩余的"外层"也使用阵列工具进行设置,重复步骤 10 的操作,只是在设置数量时,数值应该越来越小,如图 3-2-3-28 和图 3-2-3-29 所示。每制作一层,使用"移动"工具向下移动适当距离,形成紧密排列。

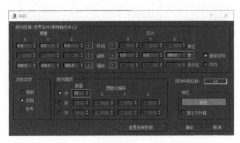

图3-2-3-28

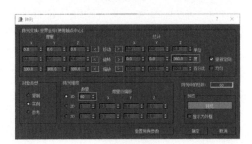

图3-2-3-29

步骤⑫ 对"里层"也进行类似的操作,重复步骤10和步骤11的设置,最终的效果如图3-2-3-30所示,囊泡的建模已全部完成,主要是使用阵列工具来完成大量相同模型的复制。

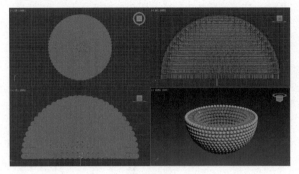

图3-2-3-30

步骤⑬ 下面开始对囊泡的材质进行更改,并对灯光进行设置。先对"头"材质进行设置,按快捷键M打开材质编辑器,选择"头"材质,单击"Standard",将其更改为"VRayMtl",如图3-2-3-31和图3-2-3-32所示。

图3-2-3-31

图3-2-3-32

步骤⑭ 打开"基本参数"卷展栏,将"漫反射"设置为 R:85,G:93,B:96;将"反射"设置为 R:18,G:18,B:18,"细分"设置为30,"退出颜色"设置为R:191,G:191,B:191;将"折射"下的"细分"设置为30;将"双向反射分布函数"的模式改为"多面",如图3-2-3-33 ~ 图3-2-3-39 所示。

图3-2-3-33

图3-2-3-34

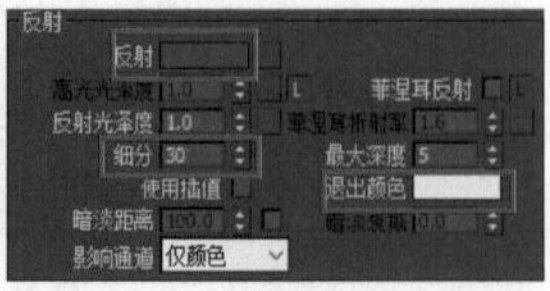

图3-2-3-36

图3-2-3-35

图3-2-3-38

图3-2-3-37

图3-2-3-39

步骤⑮ 将"尾"材质的类型更改为"VRayMtl"。打开"基本参数"卷展栏,将"漫反射"设置为 R:85,G:93,B:96;将"反射"设置为 R:18,G:18,B:18,"细分"设置为30,"退出颜色"设置为R:191,G:191,B:191;将"折射"下的"细分"设置为30;将"双向反射分布函数"的模式改为"多面",如图3-2-3-40 ~ 图3-2-3-46 所示。

图3-2-3-40

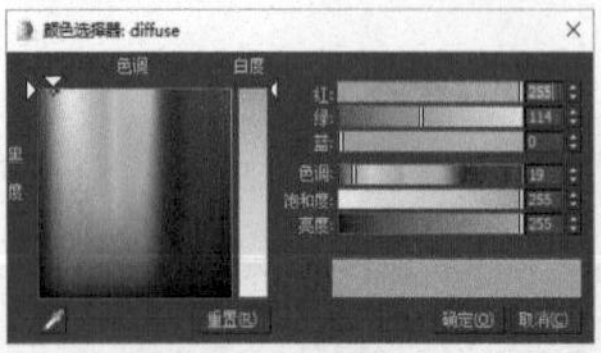

图3-2-3-41

图3-2-3-42

图3-2-3-43

图3-2-3-44

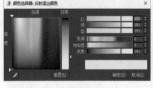

图3-2-3-45

图3-2-3-46

步骤 ⑯ 灯光的设置。用"VRay 灯光"工具创建 VRay 灯光,一盏灯光的类型设置为"平面",将"强度"下的"倍增"设置为 3.5,"大小"下的"1/2 长"设置为 175,"1/2 宽"设置为 150,在"选项"下勾选"不可见";另外两盏灯光的类型都设置为"球体",将"强度"下的"倍增"设置为 2.5,"半径"设置为 150,在"选项"下勾选"不可见",然后调整各个灯光的位置,具体的参数设置如图 3-2-3-47 ~ 图 3-2-3-51 所示,灯光位置设置如图 3-2-3-52 所示。

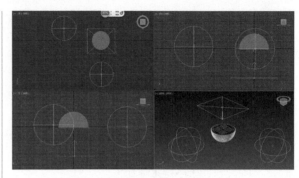

图3-2-3-52

步骤 ⑰ 设置好合适的角度,渲染出图,最终的效果图 3-2-3-53 所示。材质系统调整、图像渲染他保存方法请参考 1.4.8 小节中相关介绍,此处可采用素材包中的塑料类材质。

图3-2-3-47　　　　　图3-2-3-48　　　　　图3-2-3-49

图3-2-3-50　　　　　　图3-2-3-51

图3-2-3-53

 疑难问答　　Q:3ds Max中为何要调整轴?

A:3ds Max图形对象的轴一般居于对象的中心,进行旋转、移动、复制等操作都是具有该轴向的,在某些情况下我们希望对象围绕着其他中心进行旋转、复制等操作,此时我们就需要将对象的轴调整至该中心的位置,以方便操作,如图3-2-3-54和图3-2-3-55所示。

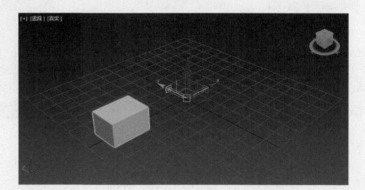

图3-2-3-54　　　　　　　　　　　　　　图3-2-3-55

3.2.4　高分子化学

高分子化学是化学学科的重要分支之一，而在高分子化学中经常会涉及到无规则的高分子链及交联的网状多孔结构，它们的形状很难用基本的模型组合或者修改而成，这增加了研究人员对其实现科研可视化的难度。下面我们将用 3ds Max 中的"水滴网格"来制作无规则的网状多孔模型，效果如图 3-2-4-1 所示。具体操作步骤如下。

图3-2-4-1

步骤 ① 三维网络基础的构建。使用"长方体"工具在场景中创建一个长方体，然后在"参数"卷展栏下将"长度"、"宽度"和"高度"都设置为50；将"长度分段"、"宽度分段"和"高度分段"都设置为5，具体参数设置如图 3-2-4-2 和图 3-2-4-3 所示，模型效果如图 3-2-4-4 所示。

图3-2-4-2

图3-2-4-3

图3-2-4-4

步骤 ② 选中创建的长方体，选择"阵列"工具，在弹出的窗口中将"移动"的"增量"设置为50，1D 的数量设置为 3；2D 的数量设置为 3，"增量行偏移"下的 Y 设置为50，3D 的数量设置为3，"增量行偏移"下的 Z 设置为50，并点选"3D"，具体参数设置如图 3-2-4-5 和图 3-2-4-6 所示。

图3-2-4-5

图3-2-4-6

步骤 ③ 选中其中一个长方体，将其转换为可编辑多边形，在"编辑几何体"卷展栏下单击"附加"按钮后面的"附加列表"按钮，在弹出的窗口中选中所有的长方体，单击"附加"按钮，将所有的长方体合并为一个模型，如图 3-2-4-7 ～ 图 3-2-4-9 所示。

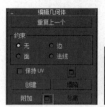

图3-2-4-7　　　　　　　图3-2-4-8

图3-2-4-9

步骤 ④ 选中合并后的模型，在功能区中选择"建模"，单击"多边形建模"下的生成"拓扑"按钮，在弹出的窗口中单击"平滑星状"按钮，具体设置如图 3-2-4-10 和图 3-2-4-11 所示，最终效果如图 3-2-4-12 所示。

图3-2-4-10　　　　　　　　　图3-2-4-11

图3-2-4-12

不一样的,这将导致视口与渲染的结果会有差异,渲染的结果如图 3-2-4-18 所示。

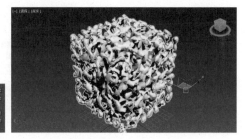

图3-2-4-16　　　　　　　　　图3-2-4-17

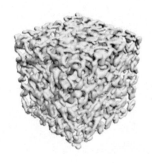

步骤 ⑤ 用"水滴网格"工具创建一个水滴网格,然后在"参数"卷展栏的"水滴对象"下单击"拾取"按钮,在场景中选择模型,具体设置如图 3-2-4-13 和图 3-2-4-14 所示,最终效果如图 3-2-4-15 所示。

图3-2-4-13　　　　　　　　　图3-2-4-14

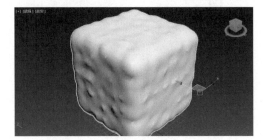

图3-2-4-15

步骤 ⑥ 选择水滴网格,在"参数"卷展栏中将"大小"设置为 7,"张力"设置为 1,具体设置如图 3-2-4-16 所示,最终效果如图 3-2-4-17 所示。在"参数"卷展栏中,"计算粗糙度"、"渲染"和"视口"的值是

图3-2-4-18

步骤 ⑦ 模型已经制作完成,下面开始材质的设置。按快捷键 M 打开材质编辑器,选择一个小球,单击"Standard",在弹出的窗口中将材质改为"VRayMtl",如图 3-2-4-19 和图 3-2-4-20 所示。

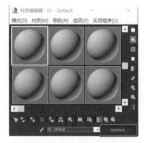

图3-2-4-19

图3-2-4-20

步骤⑧ 打开"基本参数"卷展栏,将"漫反射"设置为 R:153,G:255,B:235,如图 3-2-4-21 和图 3-2-4-22 所示。

图3-2-4-21　　　　　　　图3-2-4-22

步骤⑨ 将"反射"设置为 R:235,G:235,B:230,"反射光泽度"设置为 0.8,"细分"设置为 20,"最大深度"设置为 25,如图 3-2-4-23 和图 3-2-4-24 所示。

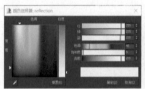

图3-2-4-23　　　　　　　图3-2-4-24

步骤⑩ 将"折射"设置为 R:248,G:248,B:248,"光泽度"设置为 1.0,"细分"设置为 25,"折射率"设置为 5,"最大深度"设置为 25,"烟雾颜色"设置为 R:153,G:243,B:235,"烟雾倍增"设置为 0.1,如图 3-2-4-25 ~ 图 3-2-4-27 所示。

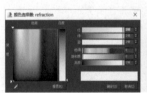

图3-2-4-25　　　　　　　图3-2-4-26

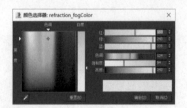

图3-2-4-27

步骤⑪ 打开"贴图"卷展栏,将"反射"设置为 45,将贴图改为"坡度渐变"贴图,将其命名为"渐变",如图 3-2-4-28 和图 3-2-4-29 所示。

步骤⑫ 进入"渐变"贴图,打开"坐标"卷展栏,将模糊偏移设置为 0.4,如图 3-2-4-30 所示。

图3-2-4-28　　　　　　　图3-2-4-29

图3-2-4-30

步骤⑬ 打开"渐变坡度"参数卷展栏,设置 3 个滑块的颜色,分别为 R:127,G:254,B:217；R:255,G:0,B:126；R:0,G:252,B:255,如图 3-2-4-31 ~ 图 3-2-4-33 所示。

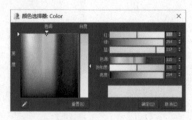

图3-2-4-31

图3-2-4-32

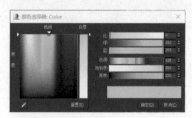

图3-2-4-33

步骤 ⑭ 将噪波"大小"设置为 0.3，点选"分形"，打开"输出"卷展栏，勾选"反转"，如图 3-2-4-34 和图 3-2-4-35 所示。

图3-2-4-34　　　　　图3-2-4-35

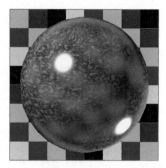

图3-2-4-37

步骤 ⑮ 将渐变贴图复制给"菲涅耳折射率"、"折射"及"折射率"，并设置它们的大小分别为 25.0、35.0 和 45.0，材质的设置完毕，具体设置如图 3-2-4-36 所示，渲染后的最终效果如图 3-2-4-37 所示。

图3-2-4-36

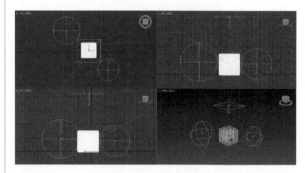

图3-2-4-38

步骤 ⑯ 在场景中设置合适的灯光及摄影机并调整机位，渲染出图，灯光方位的设置如图 3-2-4-38 所示，渲染效果如图 3-2-4-39 所示。材质系统调整、图像渲染和保存方法请参考 1.4.8 小节中相关介绍，此处可采用素材包中的透明类材质。

图3-2-4-39

疑难问答 Q：3ds Max中阵列工具1D、2D、3D的作用分别是什么？

A：3ds Max中阵列工具的参数很多，能实现很多复制的效果，阵列中1D是代表以阵列变换下"移动"、"旋转"、"缩放"的增量进行复制，每一步都是以上一步为基础进行复制的；而2D下就只有X、Y、Z的增量，是将1D复制出来的所有几何体作为一个整体进行复制的；3D也是同样的道理，如图3-2-4-40所示。

图3-2-4-40

3.2.5　分析化学

分析化学需要鉴定物质的化学组成、测定物质的有关成分的含量及确定物质的结构，在完成这些之前，需要对物质进行分离，涉及到尺寸分离的模型。下面我们使用 3ds Max 中的布尔和散布等工具来制作尺寸分离的模型，效果如图 3-2-5-1 所示。

图3-2-5-1

具体操作步骤如下。

步骤 ① 创建模型。使用"圆柱体"工具在场景中创建两个圆柱体 Cylinder01 和 Cylinder02，然后在"参数"卷展栏下将 Cylinder01 的"半径"设置为 50，"高度"设置为 3，"边数"设置为 40；Cylinder02 的"半径"设置为 4，"高度"设置为 10，如图 3-2-5-2 ～ 图 3-2-5-5 所示。

图3-2-5-2

图3-2-5-3

图3-2-5-4

图3-2-5-5

步骤 ② 复制出一些 Cylinder02，使其在 Cylinder01 的表面随机分布，如图 3-2-5-6 所示。

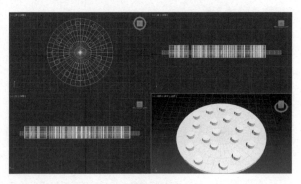

图3-2-5-6

步骤 ③ 将其中一个圆柱体转换为"可编辑多边形"，在"编辑几何体"卷展栏下单击"附加"按钮后的"附加列表"按钮，在弹出的窗口中选择所有小的圆柱体，将其变为一个整体，如图 3-2-5-7 ～ 图 3-2-5-9 所示。

图3-2-5-7

图3-2-5-8

图3-2-5-9

步骤 ④ 选择 Cylinder01，使用布尔工具，在"拾取布尔"卷展栏下单击"拾取操作对象 B"按钮，在场景中选择合为整体的小圆柱体，在"参数"卷展栏下的"操作"中点选"差集（A-B）"，得到一个新的几何体，如图 3-2-5-10 ～ 图 3-2-5-12 所示。

图3-2-5-10　　　　　　　图3-2-5-11

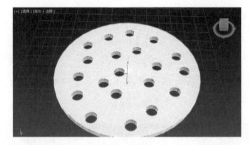

图3-2-5-12

步骤 ⑤ 使用"圆柱体"工具和"球体"工具创建一些球体和圆柱体，创建一个大的圆柱体作为分布对象，对两者进行"散布"操作。在"拾取分布对象"卷展栏下单击"拾取分布对象"按钮，在场景中选择圆柱体，在"分布对象参数"下点选"偶检验"，在"显示"卷展栏下勾选"隐藏分布对象"，具体参数设置如图3-2-5-13 ~ 图 3-2-5-18 所示，效果图如图 3-2-5-19 所示。

图3-2-5-13　　　　　图3-2-5-14　　　　　图3-2-5-15

图3-2-5-16　　　　　图3-2-5-17　　　　　图3-2-5-18

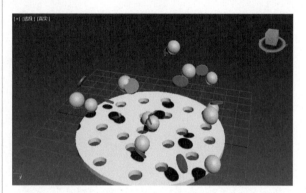

图3-2-5-19

步骤 ⑥ 将上方的复制出一份，进行适当的移动和缩放，置于多空格圆柱体的下方，如图 3-2-5-20 所示。

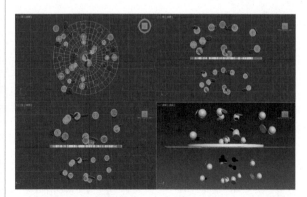

图3-2-5-20

步骤 ⑦ 调整合适的材质，此处使用 VRay 材质，具体的材质参数设置如图 3-2-5-21 ~ 图 3-2-5-29 所示。

图3-2-5-21

图3-2-5-22

图3-2-5-27　　　　　图3-2-5-28　　　　　图3-2-5-29

步骤 **8** 设置合适的灯光，如图 3-2-5-30 所示，渲染出图，最终效果如图 3-2-5-31 所示。材质系统调整、图像渲染和保存方法请参考 1.4.8 小节中相关介绍，此处可采用素材包中的金属类材质。

图3-2-5-23　　　　　图3-2-5-24

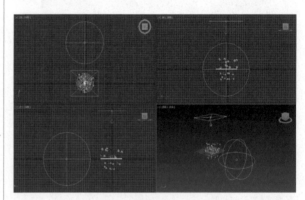

图3-2-5-30

图3-2-5-25

图3-2-5-26

图3-2-5-31

疑难问答 Q：3ds Max中使用散布工具能达到什么样的效果？

A：3ds Max中散布工具是以一个几何体为基础将其他几何体分布，可以以顶点、面、体积及其他的随机效果进行分布，同时可以使分布的几何体出现不同的大小，从而实现更加随机的效果，所以散布工具能实现的效果非常丰富。

3.2.6 化工装置流程图

在应用化学领域，科研人员常需要绘制化工流程来表现工程方面的制备流程。这里以纳米片结构的制备流程为例，讲解流程图的绘制，希望为读者提供此类插图的绘制方法和思路，效果如图3-2-6-1所示。

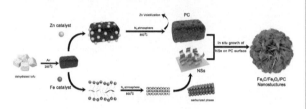

图3-2-6-1

这里每一个步骤的模型都需要独立在建模软件中渲染得到，具体操作步骤如下。

步骤 1 绘制第一步的 "dehydrated tofu"，这是一种类似海绵的多空结构。进入 3ds Max，在 "创建" 选项卡下找到 "几何体"，选择 "扩展基本体"，选择 "切角长方体" 工具，在视图中按住并拖曳鼠标创建切角长方体，为了之后得到表面的多空结构，这里需要将模型的分段参数值调高，如图3-2-6-2 ～图3-2-6-4 所示。

图3-2-6-2

图3-2-6-3

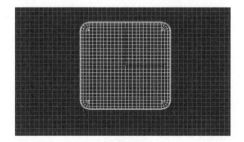

图3-2-6-4

步骤 2 用鼠标右键单击模型，在弹出的菜单中将模型转换为 "可编辑多边形"，如图 3-2-6-5 所示。

图3-2-6-5

步骤 3 在 "多边形建模" 下单击 "生成拓扑" 按钮，在 "拓扑" 面板中单击 "蒙皮"，此时视图中的切角长方体的网格形态变成了 "蒙皮网络"，如图3-2-6-6 ～图 3-2-6-8 所示。

图3-2-6-6

图3-2-6-7

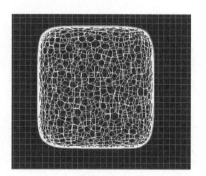

图3-2-6-8

步骤 ④ 单击"修改"选项卡，选择"可编辑多边形"下的"边级别"。框选所有边之后，在"编辑边"中单击"挤出"按钮，并修改视图中"挤出"工具的挤出量，调整好后，单击"对号"即可提交修改，这样就得到了较为粗糙的多孔结构，如图 3-2-6-9 ~ 图 3-2-6-11 所示。

图3-2-6-13

图3-2-6-9　　　　　　图3-2-6-10

图3-2-6-14

步骤 ⑤ 为模型添加"网格平滑"修改器，最终得到单个多孔结构，在空间中多复制几个，使用"移动"工具把它们摆放在一起，修改模型的材质颜色，就可得到第一步的多孔结构组合图，如图 3-2-6-12 ~ 图 3-2-6-14 所示。

步骤 ⑥ 第二步的黑色碳化多孔结构，可直接复制、使用之前的模型，修改材质为黑色，渲染即可，如图 3-2-6-15 所示。材质系统调整、图像渲染和保存方法请参考 1.4.8 小节中相关介绍，此处可采用素材包中的塑料类材质。

图3-2-6-15

步骤 ⑦ 在上分支中，对于第一个模型图，使用"标准基本体"中的"几何球体"命令，在多孔结构表面创建一些绿色球体，渲染出图即可得到该模型图，如图 3-2-6-16 ~ 图 3-2-6-18 所示。

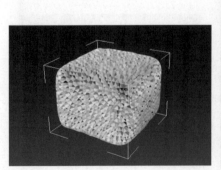

图3-2-6-11　　　　　　图3-2-6-12　　　　　　图3-2-6-16

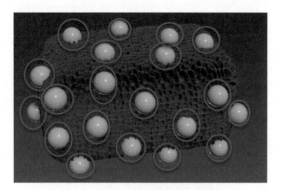

图3-2-6-17

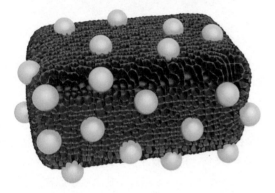

图3-2-6-18

（步骤 8）选择刚才的模型，在"创建"选项卡下的"几何体"中，使用"复合对象"下的"布尔"命令，对多孔结构进行布尔运算，拾取表面的球体作为"操作对象B"，在"操作"中选择"差集"，渲染即可得到该步骤的模型图片，如图3-2-6-19 ～ 图3-2-6-21 所示。

图3-2-6-21

（步骤 9）接下来绘制下分支的图片，首先绘制下分支中的第一幅图。在顶视图中使用"标准基本体"下的"平面"命令创建一个长条平面，之后，在前视图中，使用"NURBS 曲线"中的"点曲线"绘制出需要的弯曲图形。选中刚才绘制好的平面，为其添加"路径变形"修改器，拾取绘制好的曲线作为路径，如图3-2-6-22 ～ 图 3-2-6-26 所示。

图3-2-6-22　　　　图3-2-6-23　　　　图3-2-6-24

图3-2-6-19　　　　图3-2-6-20

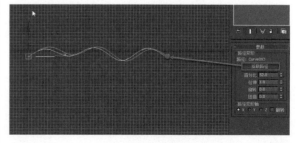

图3-2-6-25

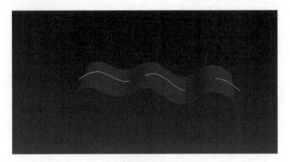

图3-2-6-26

步骤 ⑩ 在前视图中，使用"标准基本体"中的"几何球体"命令创建球体，并为其绘制一条"NURBS曲线"，再添加"晶格"修改器。做完一组后，使用Shift 键 + 移动工具快速复制，将其布满曲面的上下两面；选择好材质，渲染即可得到该布图片，如图 3-2-6-27 和图 3-2-6-28 所示。

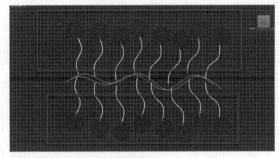

图3-2-6-27

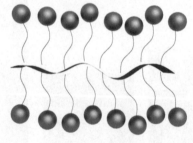

图3-2-6-28

步骤 ⑪ 选择刚才制作好的小球，在前视图中，使用 Shift 键 + 移动工具复制出 39 的小球平面，将中间的小球材质改为灰色材质，渲染即可得到该图片，如图 3-2-6-29 所示（材质系统调整、图像渲染和保存方法请参考 1.4.8 小节中相关介绍，此处可采用素材包中的塑料类材质）。

步骤 ⑫ 全选制作好的 3×9 小球平面，在顶视图中使用"Shift 键 + 移动工具"复制出五排小球平面，调整渲染角度，渲染后即可得到该步图片，如图 3-2-6-30 所示。

图3-2-6-29

图3-2-6-30

步骤 ⑬ 下面制作纳米片组合，使用之前绘制曲面的方法来绘制弯曲的纳米片，通过使用 Shift 键 + 移动工具多复制几个，再使用"旋转"工具改变它们的角度，显得更自然一些。最后，在纳米片底部创建一个"标准基本体"中的"长方体"模型，作为纳米片的生长基底，再对模型添加适当材质渲染，即可得到该图片，如图 3-2-6-31 和图 3-2-6-32 所示。材质系统调整、图像渲染和保存方法请参考 1.4.8 小节中相关介绍，此处可采用素材包中的塑料类材质。

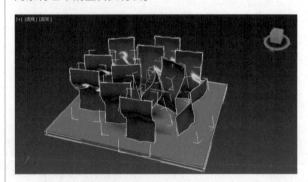

图3-2-6-31

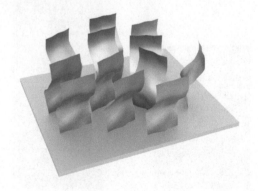

图3-2-6-32

步骤 ⑭ 下面制作最后一步纳米花的图片，在顶视图中创建一个"扩展基本体"中的"环形结"，并在"修改"面板中修改其参数，让"环形结"的外形更像一片一片的花瓣，如图 3-2-6-33 ~ 图 3-2-6-35 所示。

步骤 ⑮ 制作好一个轴向的花瓣后，通过使用 Shift 键＋旋转工具多复制一些花瓣，丰富花瓣的轴向，得到最后的纳米花模型，为模型添加紫色材质，渲染后即可得到该图片，如图 3-2-6-36 和图 3-2-6-37 所示。材质系统调整、图像渲染和保存方法请参考 1.4.8 小节中相关介绍，此处可采用素材包中的塑料类材质。

图3-2-6-36

图3-2-6-33　　　　图3-2-6-34

图3-2-6-37

图3-2-6-35

步骤 ⑯ 将所有图片插入 PPT 或是 Photoshop 中再进行编辑，摆放好合适位置，并添加文字和箭头标记，即可得到最终效果。

 疑难问答　Q：3ds Max中转换为可编辑多边形的目的是什么？

A：3ds Max经常会将基础模型转换为可编辑多边形，转换之后它就不再具备分段数等参数，但是此时就可以对它进行点、线、面等层级的修改，从而将其变为你想要的形状，转换为可编辑多边形的目的是为了使基础模型具有可操作性，如图3-2-6-38所示。

图3-2-6-38

3.3 材料类文章插图

材料被誉为当代文明的三大支柱之一，涵盖的领域十分广泛，很难将其归为生物、化学或者物理的任意一个领域，它是一门深度交叉的学科，类型繁多。本节将从材料的维度出发，讲解一维、二维、三维及多孔材料的插图中代表元素的制作方法。

3.3.1 纤维纳米线等一维材料

DVD\3.3.1 3dx Max 创建任意弯曲的形状路径变形绑定工具的使用方法

扫码看视频教学

密码：4kht

一维材料（纳米棒、纳米管、纳米线等）由于其形貌和尺寸上的特殊性而被广泛用于光学、电学、磁学和催化材料，涵盖范围广泛，涉及领域众多。下面就以纳米线为例来讲解如何制作该类材料的模型并赋予合适的材质，效果图如图 3-3-1-1 和图 3-3-1-2 所示。

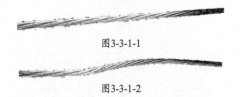

图3-3-1-1

图3-3-1-2

具体操作步骤如下。

步骤 ① 开始制作模型。在"创建"面板中单击"几何体"按钮，然后设置几何体类型为"标准几何体"，接着单击"圆柱体"按钮，创建圆柱体，半径设置为 5，高度设置为 1000，高度分段设置为 100，如图 3-3-1-3 和图 3-3-1-4 所示。

图3-3-1-3

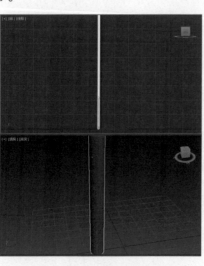

图3-3-1-4

步骤 ② 使用"Shift 键＋选择并移动工具"复制出一个圆柱体，使两者相切，切换至"层次"面板选择"轴"，然后单击"仅影响轴"按钮，通过在顶视图中在 x 轴方向移动圆柱的轴，使其刚好处于复制出来的圆柱圆心处，如图 3-3-1-5 ~图 3-3-1-7 所示。

图3-3-1-5

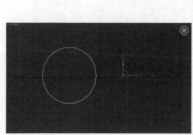

图3-3-1-6

图3-3-1-7

步骤 ③ 在顶视图中，使用"Shift 键＋选择并旋转工具"，以 z 轴为中心、60°为间隔旋转复制出五个圆柱体，如图 3-3-1-8 和图 3-3-1-9 所示。使用"Shift 键＋选择并旋转"、"Shift 键＋选择并移动"及"Shift 键＋选择并均匀缩放工具"能实现在移动、旋转及缩放的同时进行复制，在步骤 2 中移动圆柱轴心是为了方便此步旋转复制时圆柱之间不交叠，刚好相切。

图3-3-1-8

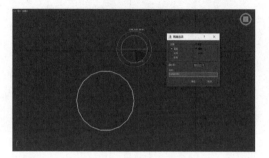

图3-3-1-9

步骤 ④ 将其中一个圆柱体转换为可编辑多边形,然后在"修改"面板下,单击"编辑几何体"中的"附加"按钮,依次选择其余的圆柱体,使所有的圆柱体变为一个整体,如图3-3-1-10 ~ 图3-3-1-12所示。

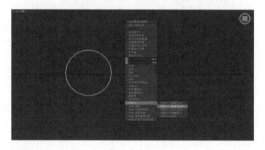

图3-3-1-10

图3-3-1-11

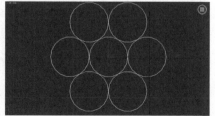

图3-3-1-12

步骤 ⑤ 选中合并的圆柱体,在"修改"面板中选择"扭曲"修改器,扭曲角度设置为960,得到扭曲后的图形,如图3-3-1-13 ~ 图3-3-1-15所示。在使用"扭曲"修改器的时候,一定要注意,使用的对象在扭曲轴需要具备合适的分段数,在步骤1的时候我们便将高度分段设置为100,也是这个原因。

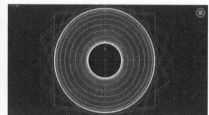

图3-3-1-13   图3-3-1-14

图3-3-1-15

步骤 ⑥ 在顶视图中再创建一个圆柱体,半径设置为14.5,高度设置为1000,高度分段设置为100。确保选中创建的圆柱体 Cylinder002,使用对齐工具再选中 Cylinder001,在弹出的窗口中选择轴点对齐,然后单击"确定"按钮,两者的中心就对齐了,如图3-3-1-16 ~ 图3-3-1-18所示。

图3-3-1-16   图3-3-1-17

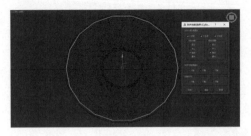

图3-3-1-18

步骤 ⑦ 创建一个球体，半径设置为 2，分段数设置为 20，保持球体被选中；在"复合对象"下选择"散布"，单击"拾取分布对象"按钮，重复数设置为 200，分布方式选择"随机面"；展开"变换"卷展栏，在"比例"下面勾选"使用最大范围"和"锁定纵横比"，并将 X 的值设为 20；展开"显示"卷展栏，勾选"隐藏分布对象"，如图 3-3-1-19 ~ 图 3-3-1-24 所示。最终效果如图 3-3-1-25 所示。

图3-3-1-19

图3-3-1-20

图3-3-1-21

图3-3-1-22

图3-3-1-23

图3-3-1-24

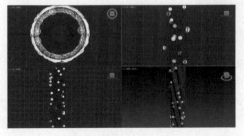

图3-3-1-25

步骤 ⑧ 基本的建模已经完成，接下来赋予合适的材质。选中 Cylinder001，将其转换为可编辑多边形，将扭曲效果和模型合为一体，然后在"修改"面板下，单击"编辑几何体"中的"附加"按钮，选择散布的球体，在弹出的窗口中选择匹配材质 ID 到材质，这样全部模型及材质便变为一个整体，如图 3-3-1-26 和图 3-3-1-27 所示。

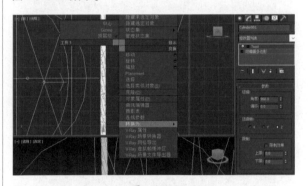

图3-3-1-26

图3-3-1-27

步骤 ⑨ 在"创建"面板中单击"图形"按钮，然后设置图形类型为"样条线"，选择"线"，在"创建方法"中选择初始类型为"角点"，拖动类型选择为"Bezier"，创建一条合适的曲线，如图 3-3-1-28 所示。

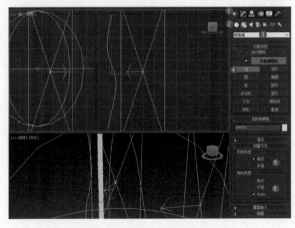

图3-3-1-28

步骤 ⑩ 选中模型，添加"路径变形绑定（WSM）"修改器，选择"拾取路径"，选中创建的曲线，然后选择"转到路径"，模型就变成弯曲的形状了，如图 3-3-1-29 所示，最终效果如图 3-3-1-30 所示，材质系统调整、图像渲染和保存方法请参考 1.4.8 小节中相关介绍，此处可采用素材包中的金属类材质。在此处应注意，在 3ds Max 中除了"路径变形绑定（WSM）"修改器，还有"路径变形"修改器，两者是有所不同的，"路径变形"修改器中没有"转到路径"这个选项，同时如果使用的是"路径变形绑定（WSM）"修改器，若要移动模型需要将模型和曲线一起移动，则不需要"路径变形"修改器。

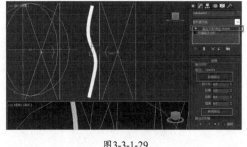

图3-3-1-29

图3-3-1-30

 疑难问答 ▶ Q：3ds Max中复制图形时复制、参考和实例的区别都有哪些？

A：复制出的对象与源对象完全独立，对复制后的对象和源对象做任何修改，它们之间不会互相影响。实例复制的对象与源对象相互关联，对复制后的对象或者源对象任意一个做修改，都会影响到其他对象。参考复制的对象是源对象的参考对象，对复制的对象做修改不会影响源对象；对源对象的修改会影响到复制的对象，复制的对象会随源对象的改变而变化。

3.3.2 石墨烯等二维材料

石墨烯、氮化硼等具有六角形蜂巢结构的二维材料是材料研究领域的热门，实验过程中常用到冻干处理，而该实验操作对于设备有较高的要求，并直接影响了实验的成败，默希科技（北京）有限公司可以提供科研级的进口冷冻干燥设备，能够大大提高实验操作过程中的效率。在这类文章的撰写或者 PPT 汇报过程中会经常使用到这类材料的示意图。因为这类材料具有六边形的结构，下面我们将以六边形为基础来制作石墨烯等二维材料的模型，效果如图 3-3-2-1 和图 3-3-2-2 所示，在此模型上可以衍生出其他类似的材料，如碳纳米管等。

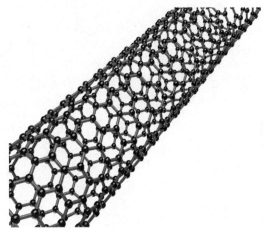

图3-3-2-2

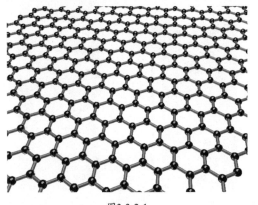

图3-3-2-1

具体操作步骤如下。

步骤 ① 开始制作模型。在"创建"面板中单击"图形"按钮，然后设置几何体类型为"样条线"，接着单击"多边形"按钮，如图 3-3-2-3 所示。样条线根据形状和作用的不同分为很多不同的类型，样条线本身是没有大小的，渲染之后也是看不到图形的，它是制作模型的基础。

图3-3-2-3

步骤 ② 在左视图中按住鼠标左键并拖动,绘制出一个多六边形,切换到"修改"面板,在"参数"中将"半径"设置为 100,如图 3-3-2-4 和图 3-3-2-5 所示。此处设置的半径大小与后续操作的参数是相关的,根据半径的不同后续操作的参数也会发生改变。

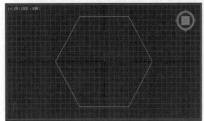

图 3-3-2-4   图 3-3-2-5

步骤 ③ 使用"选择并移动"工具 < 快捷键 W >选中创建的六边形并单击鼠标右键,选择"转换为"下拉菜单中的"转换为可编辑多边形",如图 3-3-2-6 所示。将图形转换为可编辑多边形之后,这个图形就具备了点、线、面的属性,之后就可以对它的点线面进行编辑。

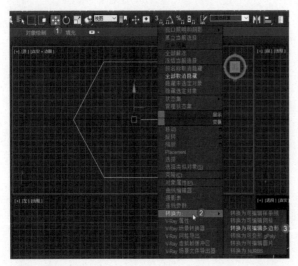

图 3-3-2-6

步骤 ④ 切换至"修改"面板,在"编辑几何体"中选择"细化",单击"细化"后的"设置"按钮,如图 3-3-2-7 所示,将"细化"方式改为"面",然后单击"确定"按钮,如图 3-3-2-8 ~图 3-3-2-10 所示,选择"真实",将"边面"勾选上就可以看到最终效果。

步骤 ⑤ 切换至"修改"面板,在"修改器列表"中选择"细化",如图 3-3-2-11 所示,然后将张力改为 0,迭代次数改为 3,如图 3-3-2-12 所示,最终效果如图 3-3-2-13 所示。"细化"的"迭代次数"越高,几何体会变得越精细。

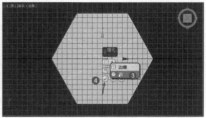

图 3-3-2-7   图 3-3-2-8

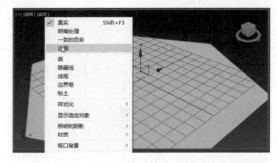

图 3-3-2-9

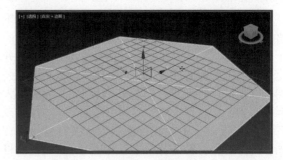

图 3-3-2-10

图 3-3-2-11   图 3-3-2-12

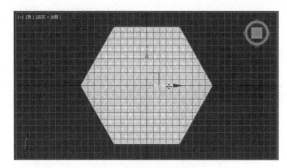

图3-3-2-13

步骤 ⑥ 再次将图形转换为可编辑多边形，此操作的目的是将细化的效果和几何体合成为一个整体，以方便后续的操作，如图 3-3-2-14 所示。切换至"修改"面板，选中"顶点"，按 Ctrl+A 键全选所有的顶点，选中之后的点由蓝色变为红色，如图 3-3-2-15 和图 3-3-2-16 所示。在下方的"编辑顶点"中单击"切角"后的"设置"按钮，如图 3-3-2-17 和图 3-3-2-18 所示，改变切角的数值，此处设置为 4.174，所有的多边形都变为正六边形，单击"确定"按钮，得到最终的效果。

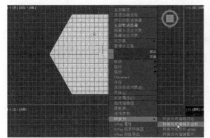

图3-3-2-14　　　　　　　图3-3-2-15

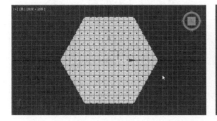

图3-3-2-16　　　　　　　图3-3-2-17

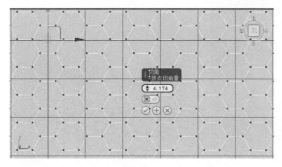

图3-3-2-18

步骤 ⑦ 切换至"修改"面板，选中"多边形"，用"选择并移动"工具框选上下左右多余的多边形，按 Delete 键进行删除，如图 3-3-2-19 ~ 图 3-3-2-22 所示。此处以长方形为例，如果制作其他不规则形状的模型也可以用该方法对其点、线、面中的任意一个层级进行操作。

图3-3-2-19　　　　　　　图3-3-2-20

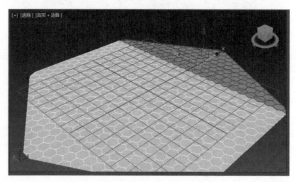

图3-3-2-21

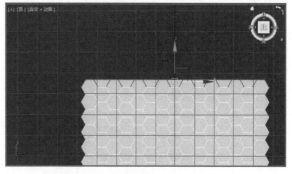

图3-3-2-22

步骤 ⑧ 退出"多边形"层级，切换至"修改"面板，在"修改器列表"中选择"晶格"，如图 3-3-2-23 所示；在参数面板中，勾选"应用于整个对象"，选择"二者"，将"支柱"半径改为 0.4，边数改为 4，勾选"忽略隐藏边"、"末端封口"和"平滑"；将"节点"改为"二十面体"，半径改为 1.0，分段改为 3，勾选"平滑"，如图 3-3-2-24 所示，最终效果如图 3-3-2-25 所示。

图3-3-2-23　　　　　　图3-3-2-24

图3-3-2-25

只需使用"噪波"修改器，如图 3-3-2-31 和图 3-3-32 所示，材质系统调整、图像渲染和保存方法请参考 1.4.8 小节中相关介绍，此处可采用素材包中的金属类材质。

图3-3-2-27

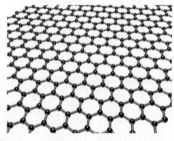

图3-3-2-28

步骤⑨ 设置合适的材质并渲染，即可得到石墨烯的模型图，从图 3-3-2-24 中可以看到有两个"材质 ID"，我们可以根据材质 ID 赋予节点和支柱不同的颜色。按下快捷键 M 将会弹出材质编辑器窗口，选择任意一个材质球，单击"Standard"会弹出"材质 / 贴图浏览器"窗口；选择"材质"下"标准"中的"多维 / 子对象"，如图 3-3-2-26 所示，材质会出现 ID，与图 3-3-2-24 中所示的材质 ID 相对应，设置好两个 ID 的材质，选择模型，将材质指定给选定对象（图 3-3-2-27 箭头所指），选择合适的角度渲染出图即可。

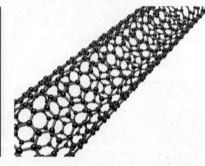

图3-3-2-29　　　　　　　图3-3-2-30

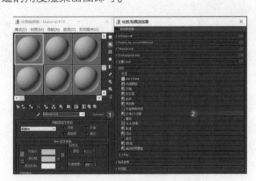

图3-3-2-26

步骤⑩ 在已创建好的模型基础上，可以衍生出其他的模型，如碳纳米管，只需使用"弯曲"修改器，如图 3-3-2-29 和图 3-3-2-30 所示。创建上下波动的石墨烯，

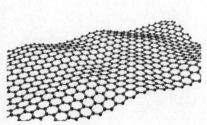

图3-3-2-31　　　　　　　图3-3-2-32

疑难问答　　Q：3ds Max中晶格工具的使用方法是什么？

A：3ds Max中晶格工具可以将模型转换为类似于化学中分子的球棍模型，它是基于几何体中的线和点来实现的，将其中的边转换为柱体，而将其中的节点转换为多面体，然后调整相关的参数达到不同的效果，如图3-3-2-33和图3-3-2-34所示。

图3-3-2-33

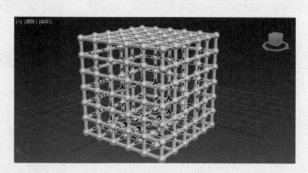

图3-3-2-34

3.3.3　晶体气凝胶等三维材料

DVD\3.3.3　3dx Max 快速创建规律排列的晶体模型
阵列工具的使用方法

　　晶体以其内部原子、离子、分子在空间作三维周期性的规则排列为最基本的结构特征，其模型是极为规则的形状，制作起来也相对比较容易，甚至可以通过 Materials Studio 等软件创建出常见晶体的模型，但是制作出来的模型缺少美观性及形状的可控性。下面我们将以钙钛矿晶体为例来制作模型并赋予其美观的材质，效果如图 3-3-3-1 所示。

扫码看视频教程

密码：vgsg

图3-3-3-1

　　具体操作步骤如下。

　　步骤 1　创建模型。在"创建"面板中单击"几何体"按钮，然后设置几何体类型为"扩展基本体"，选择"异面体"，创建默认的四面体，设置半径大小为25；打开角度捕捉开关，使用旋转工具将四面体旋转45°，如图 3-3-3-2 ～图 3-3-3-5 所示。

图3-3-3-2

图3-3-3-3

图3-3-3-4

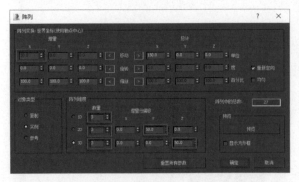

图3-3-3-5

钮，在弹出的窗口中选中所有的四面体，然后单击"附加"按钮，将所有的四面体变为一个整体，如图3-3-3-8和图3-3-3-9所示。

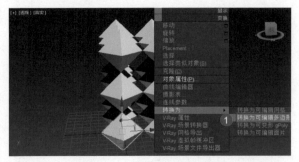

图3-3-3-8

步骤② 保持选中创建的四面体，在"工具"菜单中选择"阵列"命令，在弹出的窗口中，将移动的X增量设置为50；设置"阵列维度"中1D的数量为3，2D的数量为3，Y增量为50；3D的数量为3，Z增量为50，如图3-3-3-6和图3-3-3-7所示。在步骤1中将四面体旋转45°是为了再使用阵列工具，使两个四面体顶和顶之间重叠，而非线和线的重叠。

图3-3-3-9

步骤④ 创建两个球体，分别命名为内部球和大球，半径分别设置为5.0和8.0，分段数都设置为20，如图3-3-3-10 ～图3-3-3-12所示。

图3-3-3-6

图3-3-3-7

步骤③ 将Hedra001的四面体转换为可编辑多边形，保持选中该四面体，在"修改"面板下的"编辑几何体"卷展栏中单击"附加"右边的"附加列表"按

图3-3-3-10

图3-3-3-11

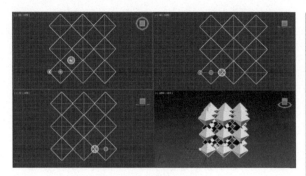

图3-3-3-12

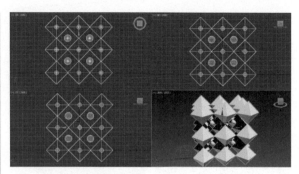

图3-3-3-15

步骤 5 对内部球和大球都分别进行阵列操作。对于内部球，将移动的 X 增量设置为 50；将"阵列维度"中 1D 的数量设置为 3，2D 的数量设置为 3，Y 增量设置为 50，3D 的数量设置为 3，Z 增量设置为 50。对于大球，将移动的 X 增量设置为 50；，将"阵列维度"中 1D 的数量设置为 2，2D 的数量设置为 2，Y 增量设置为 50，3D 的数量设置为 2，Z 增量设置为 50，如图 3-3-3-13 ~ 图 3-3-3-15 所示。

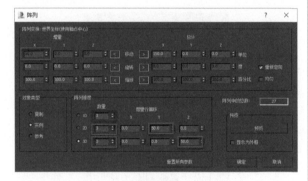

图3-3-3-13

图3-3-3-16 图3-3-3-17

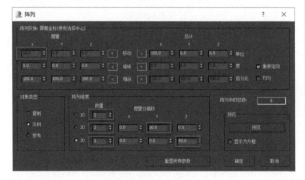

图3-3-3-14

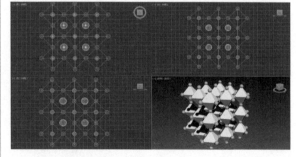

图3-3-3-18

步骤 6 将 Hedra001 复制出一份，命名为顶点球，保持顶点球的选中状态，对其添加"晶格"变形器，在"参数"卷展栏中选择"仅来自顶点的节点"，基点面类型选择"二十面体"，半径设置为 5，分段设置为 3，勾选"平滑"，如图 3-3-3-16 ~ 图 3-3-3-18 所示。

步骤 7 模型部分制作完成，下面开始材质和灯光的设置。按快捷键 M 打开材质编辑器，将空白材质命名为 Diamond，将其改为"VR- 覆盖材质"，将基本材质改为"虫漆材质"；进入 RGB，将其中的基本材质改为"虫漆材质"，命名为 RG，进入 RG，将基础材质改为 VRayMtl，命名为 R，如图 3-3-3-19 ~ 图 3-3-3-23 所示。

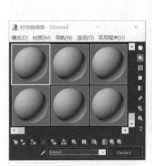

图 3-3-3-19

图 3-3-3-21

图 3-3-3-22

图 3-3-3-23

步骤 ⑧ 进入 R，将漫反射颜色设置为黑色，反射颜色设置为 R:210，G:210，B:210，细分调为 50，折射颜色设置为 R:210，G:0，B:0，细分设置为 50，折射率设置为 2.417，最大深度设置为 20；半透明设置为混合模型，正 / 背面系数设置为 0.5；双向反射分布函数设置为多面，在"选项"中将中止改为 0.01，取消勾选"雾系统单位比例"，能量保存模式设置为单色，如图 3-3-3-24 ～图 3-3-3-26 所示。

图 3-3-3-24

图 3-3-3-25

图 3-3-3-26

步骤 ⑨ 复制 R 材质，将其赋予 RG 下的虫漆材质，并命名为 G，将其中的折射颜色设置为 R:0，G:210，B:0，折射率设置为 2.517；回到 RGB 下，复制 R 材质，将其赋予 RGB 下的虫漆材质，并命名为 G，将其中的折射颜色设置为 R:0，G:0，B:210，折射率设置为 2.617，如图 3-3-3-27 ～图 3-3-3-30 所示。

图 3-3-3-27

图 3-3-3-28

图 3-3-3-29

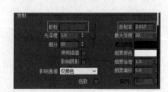

图 3-3-3-30

步骤 ⑩ 进入 Diamond，将全局照明（GI）材质改为 VRayMtl，命名为 GI，进入 GI，将漫反射颜色设置为黑色，反射颜色设置为白色，反射光泽度设为 0.96，细分调为 3；折射颜色设置为白色，细分设置为 50，勾选"影响阴影"，影响通道设置为"颜色 +Alpha"，折射率设置为 1.56，最大深度设置为 10，烟雾颜色设置为 R:228，G:244，B:243，烟雾倍增设置为 0.05；双向反射分布函数设置为多面，在"选项"中将中止改为 0.01，取消勾选"雾系统单位比例"，能量保存模式设置为 RGB，如图 3-3-3-31 ~ 图 3-3-3-33 所示。

图3-3-3-31

图3-3-3-32

图3-3-3-33

步骤 ⑪ 回到 Diamond，复制 GI，将其赋予反射材质和折射材质，材质的设置完成，如图 3-3-3-34 和图 3-3-3-35 所示。

图3-3-3-34

图3-3-3-35

步骤 ⑫ 将设置好的材质赋予 Hedra001，在模型的周围设置合适的灯光，设置好相机的位置，渲染出图即可，最终效果如图 3-3-3-36 所示，材质系统调整、图像渲染和保存方法请参考 1.4.8 小节中相关介绍，此处可采用素材包中的玻璃类材质。

图3-3-3-36

 疑难问答 Q：3ds Max中的异面体能制作哪些模型？

A：3ds Max中的异面体能制作许多形态各异的模型，例如将其改为"十二面体/二十面体"，然后将P改为0.37则能得到足球的结构，如图3-3-3-37和图3-3-3-38所示，如果再添加一个"晶格"修改器则能得到足球烯的分子结构，如图3-3-3-39所示。

图3-3-3-37

图3-3-3-38

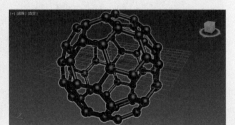

图3-3-3-39

3.3.4 多孔材料

多孔材料是一种由相互贯通或封闭的孔洞构成网络结构的材料,孔洞的边界或表面由支柱或平板构成,是材料学中常见的和被广泛研究的一类材料,其涵盖的研究领域众多。下面我们使用3ds Max中的"散布"、"布尔"工具等快速制作一些比较规则的多孔模型,效果图如图3-3-4-1所示。

图3-3-4-1

具体操作步骤如下。

步骤① 创建模型。使用"几何球体"工具在场景中创建一个几何球体,然后在"参数"卷展栏下将"半径"设置为50,"基点面类型"设置为"二十面体",具体参数设置如图3-3-4-2和图3-3-4-3所示,效果如图3-3-4-4所示。

图3-3-4-2　　　　　　　　图3-3-4-3

图3-3-4-4

步骤② 使用"球体"工具创建一个球体,然后在"参数"卷展栏下将"半径"设置为6,"分段"设置为20,具体参数设置如图3-3-4-5和图3-3-4-6所示,效果如图3-3-4-7所示。

图3-3-4-5　　　　　　　　图3-3-4-6

图3-3-4-7

步骤③ 选中球体,对其进行"散布"操作,在"拾取分布对象"卷展栏下单击"拾取分布对象"按钮,在场景中选择几何球体,在"分布对象参数"下点选"所有顶点";在"显示"卷展栏下勾选"隐藏分布对象",具体参数设置如图3-3-4-8~图3-3-4-10所示,效果如图3-3-4-11所示。

图3-3-4-8　　　　图3-3-4-9　　　　图3-3-4-10

图3-3-4-11

步骤④ 选中几何球体,复制出一个相同大小的几何球体,将初始的几何球体隐藏(选中

GeoSphere001，单击右键，在弹出的菜单中选择"隐藏选定对象"）；选中 GeoSphere002，对其进行布尔操作，在"拾取布尔"卷展栏下单击"拾取操作对象 B"按钮，在场景中选择散布的球体，在"参数"卷展栏的"操作"中点选"差集（A-B）"，具体参数设置如图 3-3-4-12 ～图 3-3-4-14 所示，效果如图 3-3-4-15 所示。

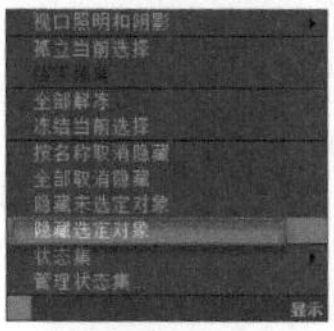

基本材质"Material #2"，将漫反射颜色更改为 R:252，G:18，B:0，取消勾选"反射"下的"菲涅耳反射"，如图 3-3-4-18 ～图 3-3-4-21 所示。

图3-3-4-18

图3-3-4-19

图3-3-4-12　　　图3-3-4-13　　　图3-3-4-14

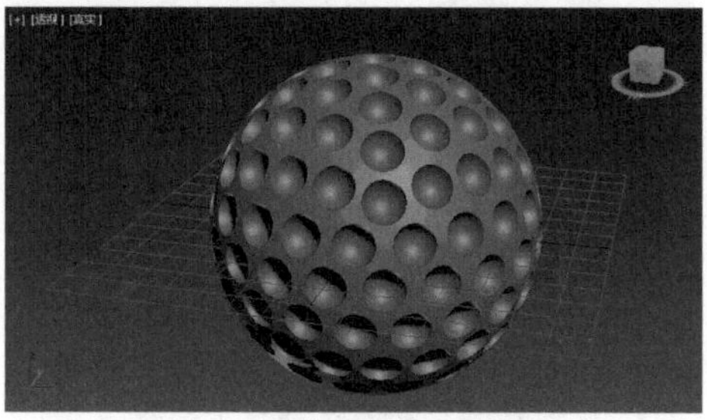

图3-3-4-20

图3-3-4-21

步骤 ⑦ 打开"Material #2"下的"贴图"卷展栏，单击"漫反射"后的"None"按钮，将其更改为"Falloff"，如图 3-3-4-22 和图 3-3-4-23 所示。

图3-3-4-22

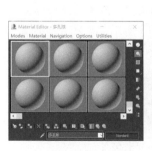

图3-3-4-15

图3-3-4-23

步骤 ⑤ 按快捷键 M 打开材质编辑器，选择一个小球，将其命名为"多孔球"，单击"Standard"，在弹出的窗口中将材质改为"VRayMtlWrapper"，如图 3-3-4-16 和图 3-3-4-17 所示。

步骤 ⑧ 进入漫反射的"Falloff"贴图，将默认的黑色和白色分别更改为 R:252，G:0，B:0、R:242，G:148，B:0，如图 3-3-4-24 ～图 3-3-4-26 所示。

图3-3-4-24

图3-3-4-16　　　　　图3-3-4-17

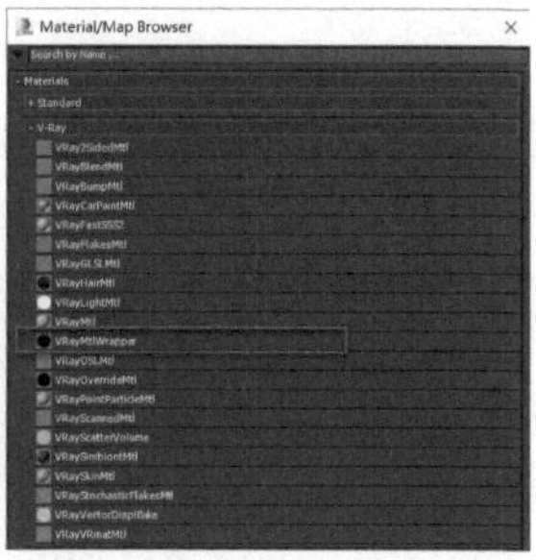

步骤 ⑥ 在"VR 材质包裹器参数"下将"基本材质"更改为"VRayMtl"，在"附加曲面属性"下将"生成全局照明"和"接收全局照明"都设置为 3；进入

图3-3-4-25　　　　　图3-3-4-26

步骤 ⑨ 回到 "Material #2" 下的 "贴图" 卷展栏，单击 "反射" 后的 "None" 按钮，将其更改为 "Falloff"，操作与步骤 07 类似，进入反射的 "Falloff" 贴图，将默认的黑色和白色进行调换，如图 3-3-4-27 ~ 图 3-3-4-29 所示。

图3-3-4-27　　　　　图3-3-4-28

图3-3-4-29

步骤 ⑩ 设置好灯光，将多孔模型转换为可编辑多边形，以减少渲染时的计算时间，将设置好的材质

赋予多孔模型，渲染出图，灯光的位置设置如图 3-3-4-30，最终渲染效果如图 3-3-4-31 所示，材质系统调整、图像渲染和保存方法请参考 1.4.8 小节中相关介绍，此处可采用素材包中的金属类材质。

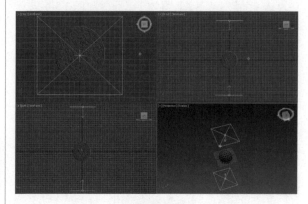

图3-3-4-30

图3-3-4-31

 疑难问答 ▶ Q：3ds Max中如何快速得到一些其他的简单的模型？

A：3ds Max中基础模型的种类并不是很多，但是有些很简单的看似基础模型中没有的几何体其实可以通过修改基础模型的分段数来得到，比如将球体的分段数修改为6，并将其平滑关闭，如图 3-3-4-32所示，就能得到图3-3-4-33所示的模型，其实很多简单的模型都可以通过类似的方法得到。

 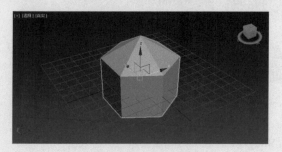

图3-3-4-32　　　　　　　　　图3-3-4-33

3.4 物理类文章插图

　　物理学研究大至宇宙、小至基本粒子等一切物质最基本的运动形式和规律，研究包括凝聚态物理、量子力学、电磁学、粒子物理等方面的内容。本节主要通过量子材料与器件、凝聚态与液体、光电磁材料、电子及通信相关器件四个方面来讲解物理类插图中重要元素的制作。

3.4.1 量子材料与器件

　　量子材料的优势来源于半导体纳米晶的量子限域效应，不同的尺寸就可以发出不同颜色的光。下面我们将主要通过 3ds Max 中的 FFD 修改器、布尔运算，以及对可编辑多边形各个层级的操作来制作大小及颜色有所渐变的金属质感网格，效果图如图 3-4-1-1 所示。

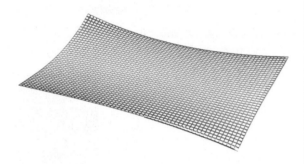

图3-4-1-1

　　具体操作步骤如下。

　　步骤 ① 创建模型。使用"平面"工具在场景中创建一个长方体（Plane1），然后在"参数"卷展栏下将"长度"设置为 400，"宽度"设置为 600，"长度分段"设置为 40，"宽度分段"设置为 60。为了方便后面内部分子的制作，需要将其坐标归为原点，同时复制出一份（Plane2）并将其隐藏，如图 3-4-1-2 ～图 3-4-1-4 所示。

图3-4-1-2

图3-4-1-3

　　步骤 ② 将平面转换为"可编辑多边形"，进入多边形的多边形层级，使用快捷键"Ctrl+A"选择所有的多边形；在"编辑多边形"卷展栏下单击"倒角"后面的设置按钮，在弹出的选项中将倒角类型设置为"按多边形"，将"高度"设置为 100，"轮廓"设置为 -3，单击"对号"，使倒角生效，如图 3-4-1-5 ～图 3-4-1-8 所示。

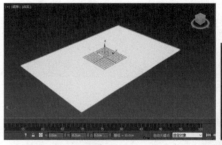

图3-4-1-4

图3-4-1-5

图3-4-1-6

图3-4-1-7

图3-4-1-8

　　步骤 ③ 隐藏 Plane1，显示 Plane2，将 Plane2 转换为"可编辑多边形"，进入多边形的多边形层级，使用快捷键"Ctrl+A"选择所有的多边形；在"编辑多边形"卷展栏下单击"插入"后面的设置按钮，在弹出的选项中将插入类型设置为"按多边形"，插入数量设置为 1，如图 3-4-1-9 ～图 3-4-1-12 所示。

图 3-4-1-9

图 3-4-1-10

图 3-4-1-11

图 3-4-1-12

步骤 ④ 按下"Ctrl+I"组合键反选所选择的面，按"Delete"键删除，如图 3-4-1-13 和图 3-4-1-14 所示。

图 3-4-1-13

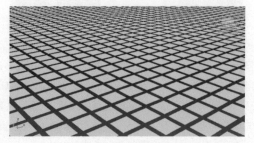

图 3-4-1-14

步骤 ⑤ 为 Plane2 添加"FFD 4×4×4 修改器"，选择"FFD4×4×4 修改器"的控制点，对其控制点进行调整，以得到我们想要的渐变效果，如图 3-4-1-15 和图 3-4-1-16 所示。在此步骤应注意此处的对 Plane 的调整将直接影响最后的渐变效果。

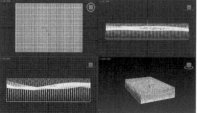

图 3-4-1-15　　　　　　　图 3-4-1-16

步骤 ⑥ 调整完成之后，再次将其转换为"可编辑多边形"，进入其边界层级，按"Ctrl+A"组合键全选所有的边界，按住"Shift"键沿 y 轴拖拉；在"编辑边界"卷展栏下单击"封口"按钮，在"编辑多边形"卷展栏下单击"平面化"后的 Z，如图 3-4-1-17 ～图 3-4-1-20 所示。

图 3-4-1-17　　　　图 3-4-1-18　　　　图 3-4-1-19

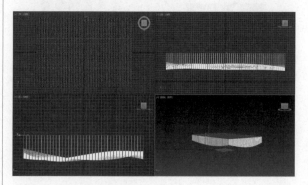

图 3-4-1-20

步骤 ⑦ 对 Plane1 进行布尔运算，在"拾取布尔"卷展栏下单击"拾取操作对象 B"按钮，在场景中选择 Plane2，在"操作"中点选"差集（A-B）"，如图 3-4-1-21 ～图 3-4-1-24 所示。

图3-4-1-21

图3-4-1-22

图3-4-1-23

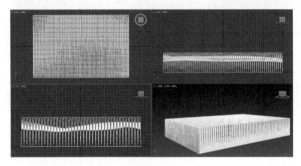
图3-4-1-24

步骤 ⑧ 将做布尔运算后的整体图形转换为"可编辑多边形"，进入点层级，框选表面多余的点，删除，如图 3-4-1-25 ～图 3-4-1-27 所示。此处之所以转换为"可编辑多边形"，是因为计算机并未完全完成布尔运算，需要手动修复。

图3-4-1-25

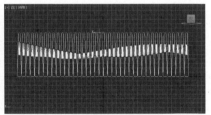
图3-4-1-26

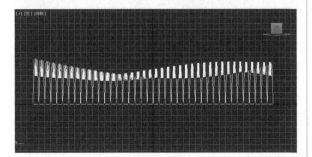
图3-4-1-27

步骤 ⑨ 保持模型被选中，在"编辑多边形"卷展栏下单击"平面化"后面的 Z，使模型整体平面化，得到最终网格的框架，如图 3-4-1-28 和图 3-4-1-29 所示。

图3-4-1-28　　　　　　　图3-4-1-29

步骤 ⑩ 进入多边形的多边形层级，按下快捷键"Ctrl+A"选择所有的多边形；在"编辑多边形"卷展栏下单击"倒角"后面的设置按钮，在弹出的选项中将倒角类型设置为"按多边形"，将"高度"设置为 0,"轮廓"设置为 -1，单击"对号"，使倒角生效，如图 3-4-1-30 和图 3-4-1-31 所示。

图3-4-1-30　　　　　　　图3-4-1-31

步骤 ⑪ 按下"Ctrl+I"组合键反选所选择的面，按下"Delete"键删除，如图 3-4-1-32 和图 3-4-1-33 所示。

图3-4-1-32

图3-4-1-33

步骤 ⑫ 对其添加 "FFD 4×4×4 修改器"，选择 "FFD 4×4×4 修改器" 的控制点，对其控制点进行调整，以得到我们想要的图形，如图 3-4-1-34 所示。

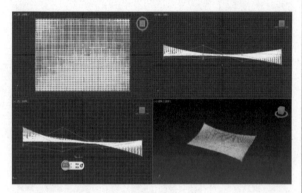

图3-4-1-34

步骤 ⑬ 对模型添加 "壳" 修改器，使其具有一定的厚度，在 "参数" 卷展栏中将 "外部量" 设置为1，如图 3-4-1-35 ～ 图 3-4-1-37 所示。

图3-4-1-35

图3-4-1-36

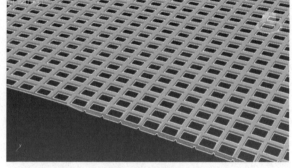

图3-4-1-37

步骤 ⑭ 设置合适的材质和灯光，渲染出图，如图 3-4-1-38 所示。材质系统调整、图像渲染和保存方法请参考 1.4.8 小节中相关介绍，此处可采用素材包中的金属类材质。

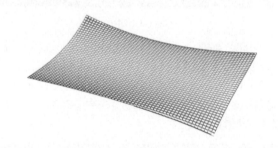

图3-4-1-38

 疑难问答 ➤ Q：3ds Max中壳修改器的作用是什么？

A：壳修改器可以给物体增加一个厚度，从而模型看起来是有体积的，如图3-4-1-39所示的模型，添加壳修改器之后，就变为图3-4-1-40所示的模型。

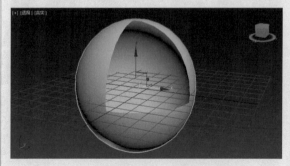

图3-4-1-39

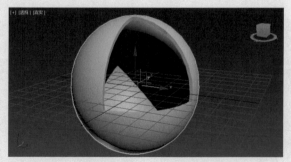

图3-4-1-40

3.4.2 凝聚态与液体

本小节将利用 Photoshop 的相关功能绘制出液体的相关图像,并以 TOC 中的液体效果为例,讲解主要技术思路,效果如图 3-4-2-1 所示。

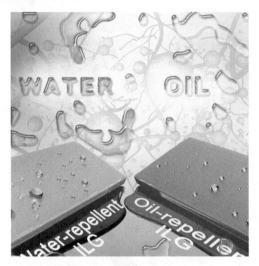

图3-4-2-1

具体操作步骤如下。

步骤① 新建画布,为打轮廓做准备。打开 Photoshop,单击菜单栏中的"文件 / 新建",如图 3-4-2-2 所示,在弹出的对话框中选择文档类型为"国际标准纸张",大小为"A4",如图 3-4-2-3 所示。画布创建好之后,单击图层面板右下角的"新建图层"按钮,即可创建新的图层,新的图层会叠在旧的图层上面,如图 3-4-2-4 所示。

图3-4-2-2

图3-4-2-3

图3-4-2-4

如果图层面板没有显示,单击菜单栏中的"窗口 / 图层",会显示图层面板。之后单击菜单栏中的"滤镜 / 渲染 / 云彩"效果,如图 3-4-2-5 所示。"图层 1"会变成黑白相间的图案,即云彩效果,按快捷键"Ctrl+F"可以重新选择云彩,挑选合适的效果即可,如图 3-4-2-6 所示。

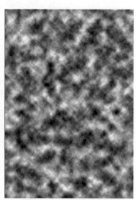

图3-4-2-5   图3-4-2-6

单击菜单栏中的"滤镜 / 模糊 / 高斯模糊"效果,如图 3-4-2-7 所示,在弹出的对话框中设置"半径"为 30.5,之后单击"确定"按钮,如图 3-4-2-8 所示。模糊后的效果如图 3-4-2-9 所示。

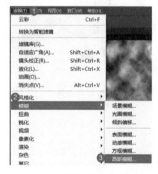

图3-4-2-7

图3-4-2-8   图3-4-2-9

步骤 **2** 创建液体轮廓。单击菜单栏中的"图像 / 调整 / 阈值",如图 3-4-2-10 所示,在弹出的对话框中调整图中的滑块,之后单击"确定"按钮,如图 3-4-2-11 所示。使黑色的色块呈现出互不粘连的分开的效果,如图 3-4-2-12 所示。

板中把这个"颜色填充 1"图层拖动到"图层 1"的下方,效果如图 3-4-2-19 所示。

图3-4-2-10 　　　　图3-4-2-11

图3-4-2-13 　　　　图3-4-2-14

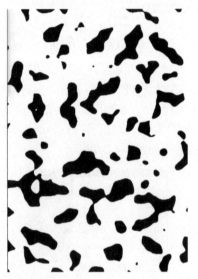

图3-4-2-12

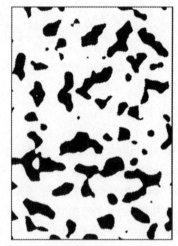

图3-4-2-15

步骤 **3** 单击菜单栏中的"选择 / 色彩范围",如图 3-4-2-13 所示,将鼠标指针放在弹出的对话框的缩略图上,鼠标指针呈现吸管形状,单击面积较大的背景部分,这些部分会在缩略图中变成白色,表示选中了,之后单击"确定"按钮,如图 3-4-2-14 所示。之后原图中大面积的背景部分周围会出现运动的虚线,这些虚线框住的区域叫做"选区",表示选中了这些部分,如图 3-4-2-15 所示。按键盘上的"Delete"键,删除选中的部分,之后按"Ctrl+D"组合键,将选区取消。

步骤 **4** 单击菜单栏中的"图层 / 新建填充图层 / 纯色",如图 3-4-2-16 所示,在弹出的对话框中单击"确定"按钮,如图 3-4-2-17 所示。之后会弹出选取颜色的对话框,按照图 3-4-2-18 中的步骤选择蓝色后,单击"确定"按钮,即可创建出一个纯色填充的图层。在"图层"面

图3-4-2-16 　　　　图3-4-2-17

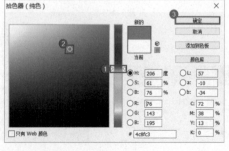

图3-4-2-18

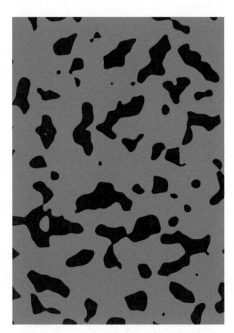

图3-4-2-19

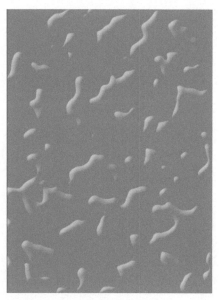

图3-4-2-23

步骤 ⑤ 设置液体效果。选择"图层1"，设置"图层1"的"填充"为0%，如图3-4-2-20所示。单击图层面板下方的"图层样式"按钮，选择"斜面和浮雕"，如图3-4-2-21所示；在弹出的对话框中，设置"大小"为65，阴影模式为"线性减淡（添加）"，如图3-4-2-22所示，效果如图3-4-2-23所示。

步骤 ⑥ 选择"内阴影"，设置"大小"为81，"不透明度"为39%，如图3-4-2-24所示。

图3-4-2-20　　　　图3-4-2-21

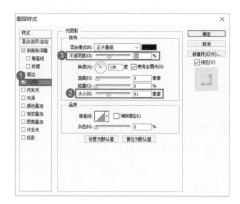

图3-4-2-24

步骤 ⑦ 选择"投影"，设置"不透明度"为37%，"距离"为12，"大小"为59，如图3-4-2-25所示，单击"确定"按钮，效果如图3-4-2-26所示。

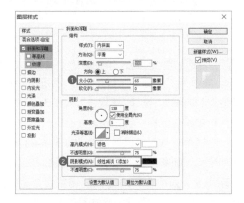

图3-4-2-22

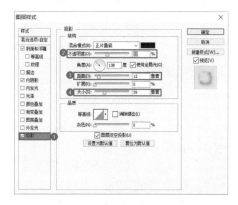

图3-4-2-25

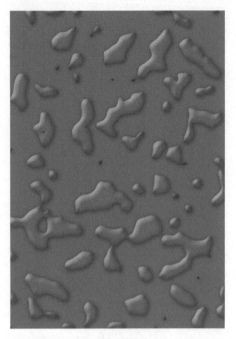

图3-4-2-26

图3-4-2-27

步骤 ⑧ 为其他轮廓设置液体效果。通过上面的方法可以制作出液体效果，我们也可以不使用Photoshop 中的云彩效果来创建轮廓，可以直接用黑色画笔在白色画布中绘制出想要的轮廓，如图 3-4-2-27 所示。之后再进行"高斯模糊"，用于替代在步骤 01 中添加的云彩，继续按照后面的步骤进行制作，同样可以得到想要的液体效果，如图 3-4-2-28 所示。

通过这些操作，已经绘制出了想要的形状的液体效果，可以通过更换蓝色背景，实现液体在不同基底上的效果。

图3-4-2-28

疑难问答 ▶ Q：PS中色彩范围与魔棒工具的区别在哪里？

A："色彩范围"命令的工作原理与魔棒工具的工作原理基本相同，都是依据颜色构建选区，并通过容差来调整选区，但功能上有所区别；使用"色彩范围"命令可以一次性从图像中选择多种颜色，而魔棒工具一次性只能选择一种颜色。

3.4.3 光电磁材料

 DVD\3.4.3 Photoshop 利用画笔工具绘制光电磁材料

扫码看视频教学

本小节将利用 3ds Max 和 Photoshop 的相关功能，绘制出图 3-4-3-1 所示的效果。其中 3ds Max 中涉及到螺线管的建模，Photoshop 中涉及到磁感线光效的绘制、调色等。

密码：4rq3

步骤 ① 在 3ds Max 中创建螺线管模型。打开 3ds Max，切换到"创建"面板，单击"图形"，设置几何体类型为"样条线"，选择"螺旋线"，如图 3-4-3-2 所示；之后在视口中按住鼠标左键拖动，会出现一个圆圈，当圆圈大小合适的时候松开鼠标左键，如图 3-4-3-3 所示。向上移动鼠标，随着鼠标的移动，螺旋线会开始向上攀升，出现高度，如图 3-4-3-4 所示。调整到合适的高度单击鼠标左键，将高度确定。再次移动鼠标以确定顶面的半径大小，这里只需要和底面半径一致即可，无需移动直接单击鼠标左键。

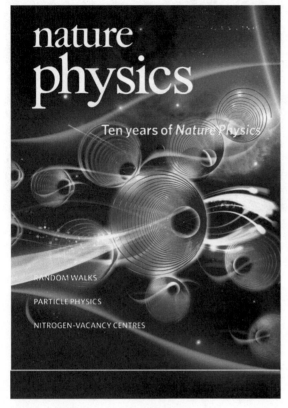

图3-4-3-1

图3-4-3-2　　　　　图3-4-3-3

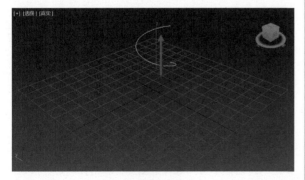

图3-4-3-4

步骤 ② 单击"修改"，将其中的"半径1"设置为3，"半径2"设置为3，"高度"设置为70，"圈数"设置为50，如图3-4-3-5所示。制作出一个半径较小，长度较大的一个细长的螺线管，如图3-4-3-6所示。

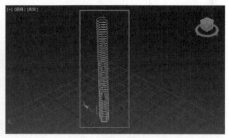

图3-4-3-5　　　　　图3-4-3-6

步骤 ③ 单击"渲染"卷展栏旁边的小符号，将卷展栏打开，勾选"在渲染中启用"与"在视口中启用"，之后将"厚度"和"边"分别设置为0.05和12，如图3-4-3-7所示。通过这样的设置，为螺旋线添加了厚度。移动视角的操作有三种：按下鼠标中键拖动可以平移摄影机，按下"Alt"键的同时按住鼠标中键拖动，可以旋转摄影机角度，滑动滚轮可以放大或缩小画面。结合这三种操作将摄影机变换为从上方向下观察的效果，如图3-4-3-8所示。

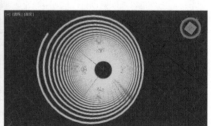

图3-4-3-7　　　　　图3-4-3-8

步骤 ④ 在3ds Max中调节螺线管材质。打开"材质编辑器"，将模式更改为"精简材质编辑器"，之后选中第一个材质球，在下方的"漫反射"中更改颜色为"深灰色"，将"高光级别"和"光泽度"分别设置为120和50，如图3-4-3-9所示。在保持选中该材质球的情况下，选中视口中的螺线管，之后单击"将材质指定给选定对象"图标，如图3-4-3-10所示，即可将调节好的材质赋予模型。

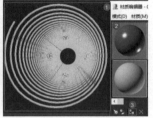

图3-4-3-9　　　　　　　　图3-4-3-10

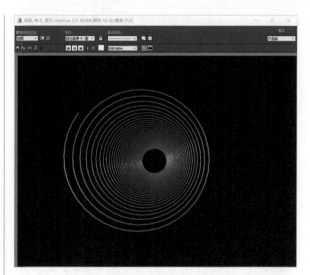

图3-4-3-12

步骤 5 在 3ds Max 中渲染出螺线管图片。保持选中当前视口不变，单击"渲染设置"图标，在弹出的窗口中找到"输出大小"，将"宽度"和"高度"分别设置为 2000 和 1500。此处设置的尺寸越大，则最终图片清晰度越高，相应地电脑的计算出图时间也就越长。之后单击"渲染"按钮，如图 3-4-3-11 所示。会弹出一个渲染窗口，并显示出渲染的进度条，待进度条读取完成，图像渲染完成后，单击"保存"按钮，如图 3-4-3-12 所示。

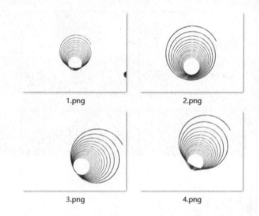

1.png　　　　　　　　2.png

3.png　　　　　　　　4.png

图3-4-3-13

步骤 7 在 Photoshop 中添加背景。打开 Photoshop，单击菜单栏中的"文件/新建"，如图 3-4-3-14 所示，在弹出的对话框中选择文档类型为"国际标准纸张"，大小为"A4"，如图 3-4-3-15 所示。

图3-4-3-11

图3-4-3-14　　　　　　　图3-4-3-15

步骤 6 在弹出的窗口中将"保存类型"选择为 png 格式，一直单击"确定"按钮即可保存背景的图片文件。保存好图片后，调整摄影机角度，继续渲染出几张不同角度的图片，存好备用，如图 3-4-3-13 所示。

步骤 8 画布创建好之后，单击菜单栏中的"文件/置入嵌入的智能对象"，如图 3-4-3-16 所示，之后在弹出的对话框中选择好背景图片，单击"确定"按钮，按下回车键，效果如图 3-4-3-17 所示。

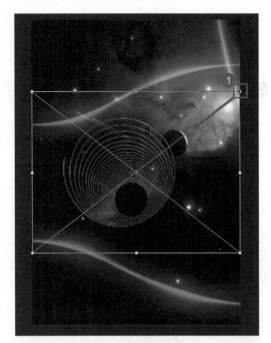

图3-4-3-16

图3-4-3-18

图3-4-3-17

图3-4-3-19

步骤 ⑨ 单击菜单栏中的"文件 / 置入嵌入的智能对象",之后在弹出的对话框中选择刚刚在 3ds Max 中渲染好的图片,单击"确定"按钮。在新插入的图片的四个角会有四个控制点,通过拖动这些控制点可以改变图片大小,在拖动的时候按住 Shift 键,可以保持原图的长宽比不变;若是将鼠标指针放在图片上拖动,则可以调整图片的位置,若是将鼠标指针放在四个控制点外侧,则鼠标指针会变为弯角箭头的形状,此时按下鼠标左键并拖动可旋转图片,如图 3-4-3-18 所示。将螺线管调整好的效果如图 3-4-3-19 所示。

步骤 ⑩ 为螺线管添加光线效果。单击菜单栏中的"文件 / 置入嵌入的智能对象",之后在弹出的对话框中选择光效图片,如图 3-4-3-20 所示,单击"确定"按钮。调整大小和位置后会得到图 3-4-3-21 所示的效果。

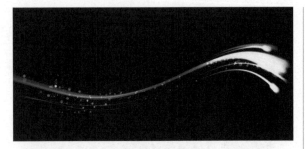

图3-4-3-20

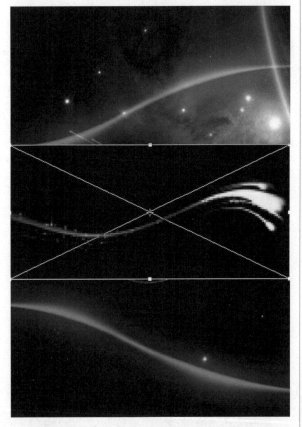

图3-4-3-21

步骤 ⑪ 选中光效图层，将图层的混合模式改为"滤色"，操作步骤如图 3-4-3-22 所示，效果如图 3-4-3-23 所示。用鼠标右键单击"光效图层"，在弹出的菜单中选择"栅格化图层"，如图 3-4-3-24 所示，就可以修改这个图层了。

图3-4-3-22

图3-4-3-23

步骤 ⑫ 在工具箱中选择"橡皮擦"，将大小设置为79，硬度设置为6，将螺线管应当遮挡住的部分擦除，如图 3-4-3-25 所示。

图3-4-3-24

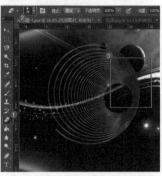

图3-4-3-25

步骤 ⑬ 为螺线管添加外发光。现在螺线管主体不够突出，需要添加一些外发光效果来与背景加以区分。选中螺线管图层，在图层面板中单击"添加图层样式/外发光"，如图 3-4-3-26 所示。在弹出的窗口中设置颜色为浅蓝色，"大小"为 51，之后单击"确定"按钮，如图 3-4-3-27 所示，效果如图 3-4-3-28 所示。

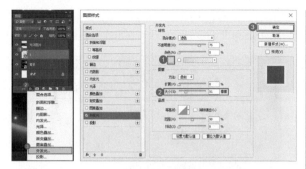

图3-4-3-26　　　　　　图3-4-3-27

图3-4-3-29

图3-4-3-28

图3-4-3-30

步骤 14 完善图像中的螺线管。将制作好的螺线管都放入到图像中，并结合不同的光效图像，利用刚才相同的操作对螺线管加以修饰，完成图 3-4-3-29 所示的效果。

步骤 15 添加螺线管相互作用光效。为了体现螺线管相互作用的关系，为螺线管添加相互作用光效。单击"新建图层"按钮，新建一个图层，如图 3-4-3-30 所示。利用工具箱中的"画笔"和"橡皮"工具，在新图层中绘制出图 3-4-3-31 所示的效果，注意调节合适的笔刷大小和硬度进行绘制。

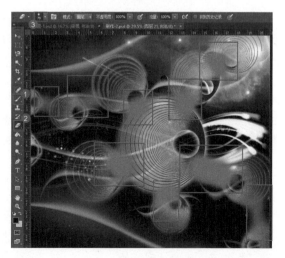

图3-4-3-31

步骤 ⑯ 在选中该图层的情况下，将图层的混合模式改为"颜色减淡"，如图3-4-3-32所示，效果如图3-4-3-33所示。

图3-4-3-32

图3-4-3-33

步骤 ⑰ 整体调节颜色。置入紫色光效素材，放在图像的左下角，修改混合模式为"滤色"，即可得到图3-4-3-34所示的效果。

步骤 ⑱ 输出与保存。绘制完成之后输出图片，单击菜单栏中的"文件/存储为"，如图3-4-3-35所示，在弹出的窗口中更改文件名，选择合适的文件格式（通常为jpg、tif、png），单击"保存"按钮即可保存一张完整的图片，如图3-4-3-36所示。若保存为psd格式，则为Photoshop工程文件，可供下次再次打开调整。

图3-4-3-34

图3-4-3-35

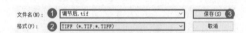

图3-4-3-36

 疑难问答 Q：PS中为何要栅格化图层？

A：置入PS中的图片文件都是智能对象，它是受到保护的文件，此时无法对其进行基于像素的个性化修改，比如要使用"仿制图章"、"修复污点"等工具时，就必须将智能对象栅格化，此时使用蒙版工具也无法达到目的。

3.4.4 电子及通信相关器件

DVD\3.4.4 3dx Max 一次性创建大量相同模型散布工具的使用方法

电子和通信领域最常见和复杂的模型就是电子器件，这类模型往往部件较多，而且每一部分的形状都需要在已有模型的基础上进行修改，对于设计者的建模能力有一定要求。下面我们将用 3ds Max 中的样条线及转换为可编辑多边形等操作制作电子器件的部件，再组装成为整体的模型，效果图如图 3-4-4-1 所示。

扫码看视频教学

密码：yt2p

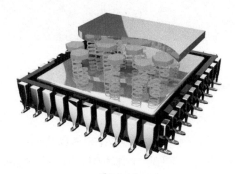

图3-4-4-1

具体操作步骤如下。

步骤 ① 创建模型。使用"长方体"工具在场景中创建一个长方体，然后在"参数"卷展栏下将"长度"、"宽度"都设置为 100，"高度"设置为 15，具体参数设置如图 3-4-4-2 和图 3-4-4-3 所示，效果如图 3-4-4-4 所示。

图3-4-4-2

图3-4-4-3

图3-4-4-4

步骤 ② 选中长方体，将其转换为可编辑多边形，在"修改"面板中选择"面"层级，选中长方体的上表面，在"编辑几何体"卷展栏下单击"插入"后的"设置"按钮，在弹出的窗口中将数量设置为 1；保持插入的面被选中，使用"缩放工具"对其进行一定的缩放，在"编辑几何体"卷展栏下单击"挤出"后的"设置"按钮，在弹出的窗口中将高度设置为 -5，如图 3-4-4-5 ～图 3-4-4-10 所示。

图3-4-4-5

图3-4-4-6

图3-4-4-7

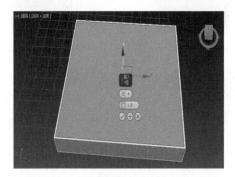

图3-4-4-8

图3-4-4-9

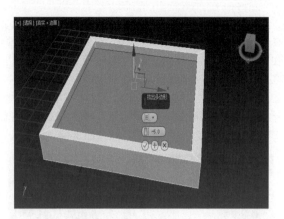

图3-4-4-10

图3-4-4-14

图3-4-4-15

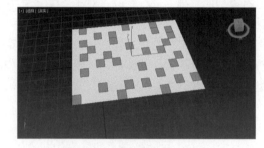

图3-4-4-16

步骤 ③ 使用"切角长方体"工具，在场景中创建一个切角长方体，然后在"参数"卷展栏下将"长度"、"宽度"都设置为86，"高度"设置为3.5，并移动至合适的位置，使其处于开始创建的长方体的内部，具体参数设置如图 3-4-4-11 和图 3-4-4-12 所示，效果如图 3-4-4-13 所示。

步骤 ⑤ 使用"螺旋线"工具在场景中创建一条螺旋线，然后在"参数"卷展栏下将"半径1"、"半径2"设置为3，"高度"设置为12，"圈数"设置为4；使用"矩形"工具在场景中创建一个矩形，然后在"参数"卷展栏下将"长度"设置为1.2，"宽度"设置为0.5，"高度"设置为0.2；选中螺旋线对其进行"扫描"操作，在"截面类型"卷展栏下单击"使用自定义截面"，单击"拾取"按钮，在场景中选择创建的矩形，如图 3-4-4-17 ~ 图 3-4-4-20 所示。

图3-4-4-11

图3-4-4-12

图3-4-4-17

图3-4-4-18

图3-4-4-19

图3-4-4-13

步骤 ④ 隐藏制作好的两个长方体，使用"平面"工具在场景中创建一个平面，然后在"参数"卷展栏下将"长度"、"宽度"都设置为75，"长度分段"设置为10，"高度分段"设置为15；使用"面片选择"工具选择创建的平面，进入"面片"层级，随机选择一些面片，如图 3-4-4-14 ~ 图 3-4-4-16 所示，此步是为了方便下一步更好地分布螺旋线。

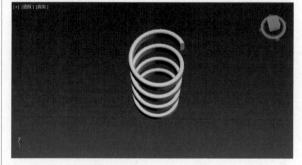

图3-4-4-20

步骤 6 选中创建的螺旋管,对其进行"散布"操作,在"拾取分布对象"卷展栏下单击"拾取分布对象"按钮,在场景中选择步骤4中创建的平面；在"分布对象参数"下勾选"仅使用选定面",分布方式点选"区域",在"显示"卷展栏下勾选"隐藏分布对象",具体参数设置如图 3-4-4-21 ～图 3-4-4-23 所示,效果如图 3-4-4-34 所示。这样分布的螺旋管能达到随机分布的效果,同时螺旋管之间不会有重叠。

图3-4-4-27

步骤 8 使用"线"工具创建闭合的曲线,使用默认的参数,即"初始类型"点选为"角点","拖动类型"点选为"Bezier"；在顶视图中快速创建所需的图形,然后将其转换为"可编辑多边形",在修改面板中选择"面"层级选择,图形的表面,在"编辑几何体"卷展栏下单击"挤出"后的"设置"按钮,在弹出的窗口中将高度设置为5,如图 3-4-4-28 ～图 3-4-4-30 所示。

图3-4-4-21　　　　图3-4-4-22　　　　图3-4-4-23

图3-4-4-24

步骤 7 使用"球棱柱"工具在场景中创建一个球棱柱,然后在"参数"卷展栏下将"边数"设置为6,"半径"设置为6.5,"圆角"设置为0,"高度"设置为3；将其放置在螺旋管的上方,同时复制出若干份,并将它们进行旋转和缩放,如图 3-4-4-25 ～图 3-4-4-27 所示。

图3-4-4-28　　　　　　图3-4-4-29

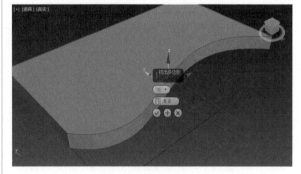

图3-4-4-30

步骤 9 使用"长方体"工具在场景中创建一个长方体,设置合适的分段数,将其转换为"可编辑多边形",通过进入不同的层级对其边和面进行调整,利用"挤出"等工具制作出下图的模型,如图 3-4-4-31 ～图 3-4-4-34 所示。

图3-4-4-25　　　　　　图3-4-4-26

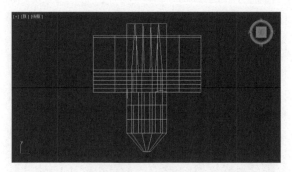

图3-4-4-31

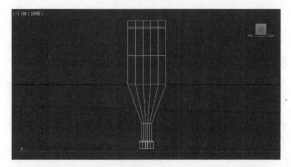

图3-4-4-32

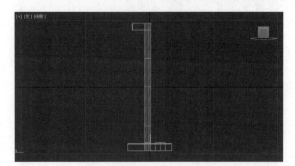

图3-4-4-33

图3-4-4-34

图3-4-4-35

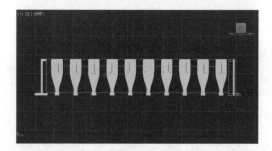

图3-4-4-36

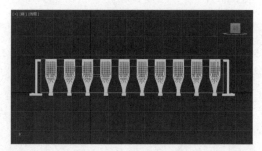

图3-4-4-37

图3-4-4-38

步骤 ⑩ 使用"阵列"工具复制出一定数量的
该模型，并使其与步骤1中制作的长方体刚好接触，如
图3-4-4-35 ~ 图3-4-4-38 所示。将以上步骤创建的各个
部分放置在合适的位置，最终的整体模型如图3-4-4-39
所示。

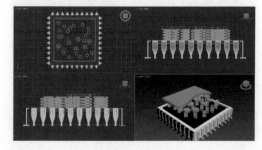

图3-4-4-39

步骤 ⑪ 设置合适的材质和灯光,如图3-4-4-40 ～ 图3-4-4-45所示,渲染出图,最终效果如图3-4-4-46所示。材质系统调整、图像渲染和保存方法请参考1.4.8小节中相关介绍,此处可采用素材包中的金属类材质和塑料类材质。

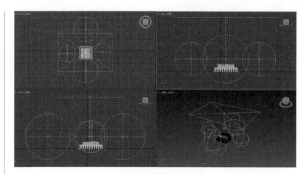

图3-4-4-45

图3-4-4-40

图3-4-4-41

图3-4-4-42　　　　图3-4-4-43　　　　图3-4-4-44

图3-4-4-46

疑难问答　　Q: 3ds Max中每次新建的物体颜色为何都不一样?

A: 在3ds Max中新建的物体都会随机分配一个颜色,从而来区分不同的对象,如图3-4-4-47所示。我们可以对其颜色进行更改,也可以将"分配随机颜色"取消勾选,这样新建物体的颜色都是一样的,但需要注意的是这里给的颜色只是一个标记,与我们为模型添加的材质是不一样的。

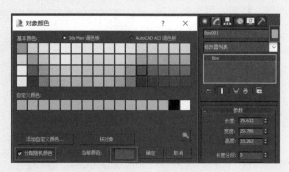

图3-4-4-47

3.5　航空航天类文章插图

航空指飞行器在地球大气层内的航行活动,航天指飞行器在大气层外宇宙空间的航行活动,对国民经济的众多部门和社会生活的许多方面都产生了重大影响。本节主要从飞行器等相关装置及天体和空间环境两方面来讲解航天航空类文章插图中元素的制作。

3.5.1 飞行器等相关设置

在航空航天领域的研究中常需要绘制一些航空装置图，其实并不困难，只要分析好装置设备中各个组成部分，一步一步绘制就可完成。这里以人造卫星为例，为大家讲解简单人造卫星的建模过程。具体操作步骤如下。

步骤 ① 首先创建一个长方体作为卫星的主体结构，如图 3-5-1-1 所示。

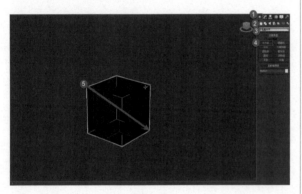

图3-5-1-1

步骤 ② 为卫星添加一些小的零件，如天线、螺钉和信号发射器。天线通过"扩展基本体"中的"切角圆柱体"创建得到；螺钉通过"标准基本体"中的"圆环"创建得到；半圆形的信号发射器是使用"标准基本体"中的"几何球体"创建的；在球体的"参数"中设置为"半球"，之后复制一个半球，将其半径参数稍微减小，再对两个半球体使用"复合对象"中的"布尔"进行差集运算，在模型选中状态下进入"布尔"，在"布尔"的参数中选择"差集（A-B）"，将拾取模式调为"移动"，之后单击"拾取操作对象 B"按钮，再在视图中单击布尔运算的第二个操作对象，完成后得到一个球壳，如图 3-5-1-2 ~ 图 3-5-1-4 所示。

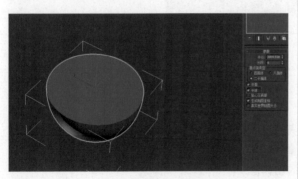

图3-5-1-2

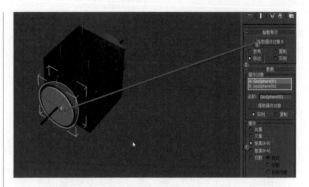

图3-5-1-3

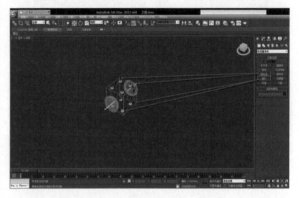

图3-5-1-4

步骤 ③ 为卫星添加太阳能电池板，通过"标准基本体"中的"管状体"制作太阳能电池板的连接支架，而太阳能电池板就可以用"标准基本体"中的"平面"工具绘制，如图 3-5-1-5 所示。

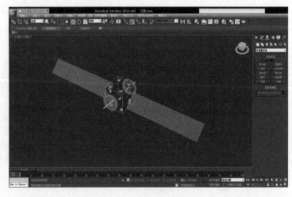

图3-5-1-5

步骤 ④ 为每一部分添加好材质后（材质系统调整、图像渲染和保存方法请参考 1.4.8 小节中相关介绍，此处可采用素材包中的金属类材质），渲染即可得到人造卫星模型。注意，这里的太阳能电池板需要用网格贴图来表现，如图 3-5-1-6 和图 3-5-1-7 所示。

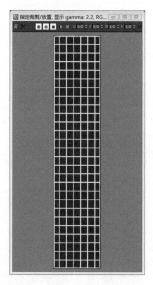

图3-5-1-6

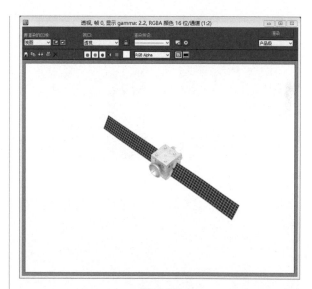

图3-5-1-7

疑难问答 Q：3ds Max中如何实现物体准确的缩放、旋转和移动？

A：在3ds Max中选择需要操作的模型之后单击鼠标右键，在弹出的选项中找到"缩放"、"旋转"、"移动"，单击其后的小方块，在弹出的窗口中就可以对上述参数进行精确的设置，如图3-5-1-8和图3-5-1-9所示。

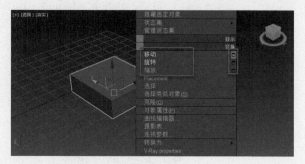

图3-5-1-8

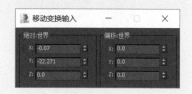

图3-5-1-9

3.5.2 天体及空间环境

对于天体学领域的研究者而言，天体是他们最经常接触到的对象，这类物体的模型比较简单，基本都是球体的，很容易制作，但是为了表现天体表面的特征，材质是体现天体特征的关键。下面我们将在3ds Max中调整材质的贴图，制作一个漂亮的地球模型，效果图如图3-5-2-1所示。

具体操作步骤如下。

步骤 ① 使用"几何球体"工具创建一个几何球体，在"参数"卷展栏下将半径设置为69.057，"分段"设置为20，"基点面类型"设置为二十面体，将其命名为earth，如图3-5-2-2～图3-5-2-4所示。

图3-5-2-1

图3-5-2-2　　　　　图3-5-2-3

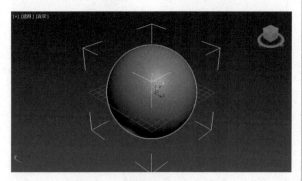

图3-5-2-4

步骤 ② 复制出四个几何球体，将其分别命名为 clouds、clouds01、atmosphere 和 atmosphere01，如图 3-5-2-5 和图 3-5-2-6 所示。

图3-5-2-5

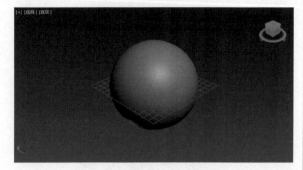

图3-5-2-6

步骤 ③ 因为地球是球体，所以模型的创建很简单，主要是材质和灯光的设置，下面进行材质的设置。按快捷键 M 打开材质窗口，将"Blinn 基本参数"卷展栏下的反射高光的"高光级别"设置为 20，"光泽度"

设置为 30；打开"贴图"卷展栏，勾选"漫反射颜色"、"高光级别"、"凹凸"及"置换"，并将"置换"设置为 100，如图 3-5-2-7 和图 3-5-2-8 所示。

图3-5-2-7　　　　　图3-5-2-8

步骤 ④ 将本节的素材图片"EarthMap_2500×1250.jpg"拖曳至"漫反射颜色"贴图类型后的"无"中，素材图片"EarthMask_2500×1250.jpg"拖曳至"高光级别"贴图类型后的"无"中，素材图片"elev_bump_8k.jpg"拖曳至"凹凸"和"置换"贴图类型后的"无"中，如图 3-5-2-9 所示，渲染效果如图 3-5-2-10 所示。

图3-5-2-9

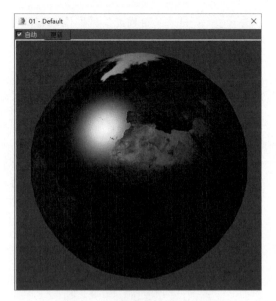

图3-5-2-10

步骤 ⑤ 设置云层的材质，将"Blinn 基本参数"卷展栏下的反射高光的"高光级别"设置为 30，"光泽度"设置 10；打开"贴图"卷展栏，勾选"漫反射颜色"、"自发光"、"不透明度"及"置换"，并将"置换"设置为 1，如图 3-5-2-11 和图 3-5-2-12 所示。

图3-5-2-11

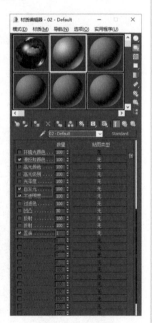

图3-5-2-12

步骤 ⑥ 将 本 节 的 素 材 图 片 "EarthClouds_2500×1250.jpg" 拖曳至"漫反射颜色"、"不透明度"和"置换"贴图类型后的"无"中，单击"自发光"贴图类型后的"无"，如图 3-5-2-13 所示，在弹出的面板中选择"衰减"贴图。

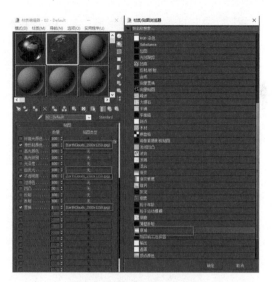

图3-5-2-13

步骤 ⑦ 进入"衰减"面板，调整衰减类型为"阴影/灯光"，并调整混合曲线，如图 3-5-2-14 所示，渲染效果如图 3-5-2-15 所示。

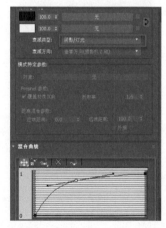

图3-5-2-14

图3-5-2-15

步骤⑧ 设置大气层的材质，将"Blinn 基本参数"卷展栏下的反射高光的"高光级别"设置为0，"光泽度"设置5，如图 3-5-2-16 所示；打开"贴图"卷展栏，将"漫反射颜色"和"不透明度"贴图设置为"渐变坡度"，"自发光"贴图设置为"衰减"，如图 3-5-2-17 所示。

图3-5-2-16

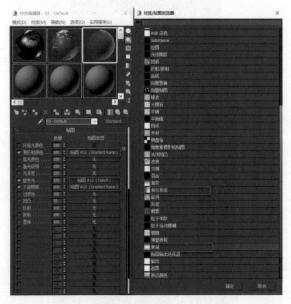

图3-5-2-17

步骤⑨ 进入"漫反射颜色"的贴图通道，设置"渐变坡度参数"如图 3-5-2-18 所示；进入"不透明度"的贴图通道，设置"渐变坡度参数"如图 3-5-2-19 所示。

步骤⑩ 进入"自发光"的贴图通道，将衰减类型设置为"阴影/灯光"，并调整混合曲线，如图 3-5-2-20 所示，渲染效果如图 3-5-2-21 示。

图3-5-2-18   图3-5-2-19

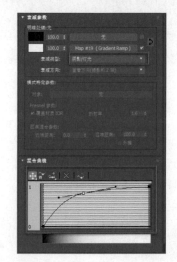

图3-5-2-20

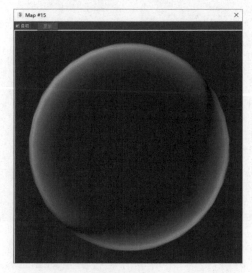

图3-5-2-21

步骤⑪ 将材质赋予对应的模型，并分别对两个大气的模型及云层的模型进行旋转，设置适当的灯光，如图 3-5-2-22 所示，渲染效果如图 3-5-2-23 所示。

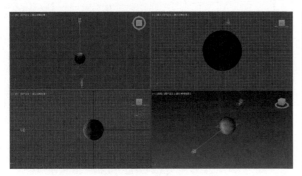

图3-5-2-22

图3-5-2-23

疑难问答　Q：3ds Max中如何对模型进行命名、显示、隐藏？

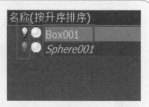

A：在3ds Max的场景资源管理器中会显示场景中的所有对象，选中需要进行命名的模型，单击它的名字就可以对其进行命名，同时，在模型前面会有灯泡一样的指示灯，当灯光熄灭时代表隐藏，亮起时代表显示，如图3-5-2-24所示。

图3-5-2-24

3.6 生态与地理类文章插图

地理类插图中经常会涉及到循环系统的制作，如果使用3ds Max来制作立体效果的循环系统的插图，制作的技术要求较高，难度较大，很难达到很好的效果。本节中将使用AI来制作平面化风格的地理类的循环系统的插图，制作过程相对容易，也能达到很好的视觉效果。

在生态地理类文章中，经常会要求绘制一个生态系统，其中可能会突出这个系统内某一方面的循环过程。下面就以表现农田灌溉的插图为例进行绘制，提供一些绘制此类图的方法和思路。效果如图 3-6-1 所示。

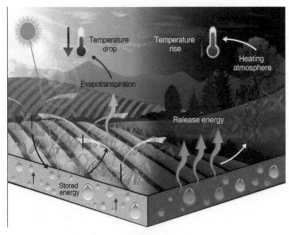

图3-6-1

具体操作步骤如下。

步骤 1 进入 AI 软件，新建一个画布用来绘制插图。首先用"矩形"工具画一个背景，填充一个"深蓝—浅蓝—白色"的渐变色，如图 3-6-2 所示；然后再用"钢笔"工具画两个横截面，表示土地，填充一个大地色系的颜色，如图 3-6-3 所示。天空中可以再加些云彩（云彩通过素材网下载即可），最终背景如图 3-6-4 所示。

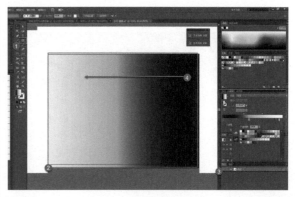

图3-6-2

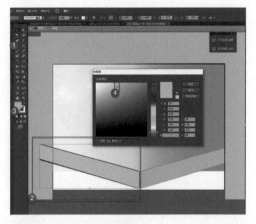

图3-6-3

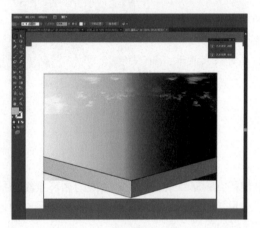

图3-6-4

步骤 ② 绘制田野。首先用"钢笔"工具勾勒出田野的外形，画好后填充一个"墨绿—浅绿—黄绿"的渐变；然后用"钢笔"工具勾勒农田的纹路，为其填充"黄绿—浅绿"的渐变色，填充好以后，单击鼠标左键的同时按住 Alt 键，复制一个相同的图层，然后逐一拓展开来即可得到最终的田野，如图 3-6-5 和图 3-6-6 所示。使用"钢笔"工具勾勒一些小草小树，填充个绿色系的颜色，使农田看起来色彩更饱满，如图 3-6-7 所示。

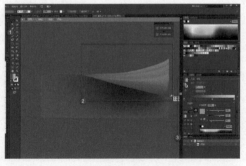

图3-6-5

图3-6-6

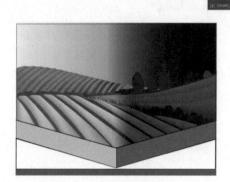

图3-6-7

步骤 ③ 农田和背景绘制完毕后，根据客户的要求，加入太阳、小麦和水滴等内容，需要注意的是应适当调整水滴大小，让画面看起来会自然很多，最终效果如图 3-6-8 所示。

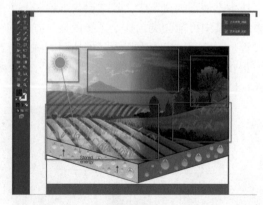

图3-6-8

步骤 ④ 绘制箭头。用"钢笔"工具勾勒一个箭头形状，填充橘黄色，如图 3-6-9 所示；然后单击"风格化/投影"，如图 3-6-10 所示，从弹出的投影选项里，双击颜色方块，选择一个深棕色，即可为箭头设置一个投影颜色，如图 3-6-11 和图 3-6-12 所示（其他箭头都是如此操作，双击色板，在色板里更改颜色即可）。

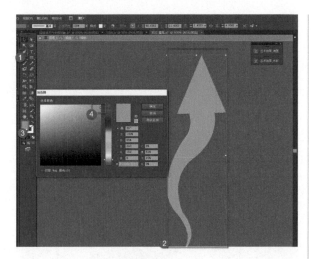

图3-6-9

复制这个图层，选中刚复制的这个图，会出现一个框，调小一点，双击色板，为其选择浅灰色，如图 3-6-13 和图 3-6-14 所示。

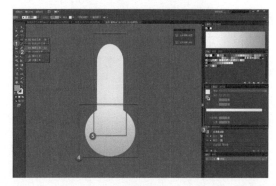

图3-6-13

图3-6-10

图3-6-11

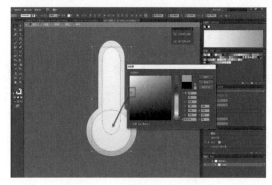

图3-6-14

步骤 6 继续使用"椭圆工具"和"圆角矩形工具"画出温度计的外形，为其填充一个"红色—蓝色"的渐变色，如图 3-6-15 所示；然后将其与上一步中绘制的温度计整合在一起，完成温度计的绘制，如图 3-6-15 和图 3-6-16 所示。

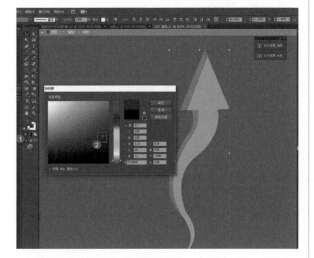

图3-6-12

步骤 5 绘制温度计。使用"工具栏"中的"椭圆工具"和"圆角矩形工具"画出温度计的外形，为其填充一个"深灰—浅灰"的渐变色；然后按住 Alt 键，

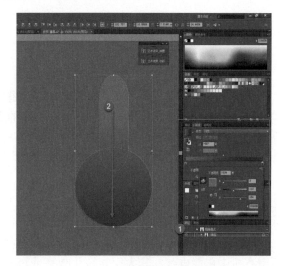

图3-6-15

图3-6-16

田灌溉插图绘制完成。单击"文件/存储为"，导出保存图片，如图 3-6-17 所示。

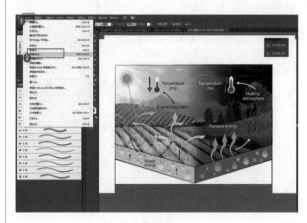

图3-6-17

步骤 7 最后根据客户的要求，把这些做好的素材放入农田背景里；全选图中所有的元素，编组，农

疑难问答 ▶ Q：AI中如何将多条路径合为一条路径？

A：在AI中可以通过路径查找器来实现路径交集、并集和联集，在窗口下找到"路径查找器"，同时按Shift+鼠标左键就能选中多条路径，然后使用联集就能使多条路径合为一条路径，如图3-6-18、图3-6-19所示。

图3-6-18

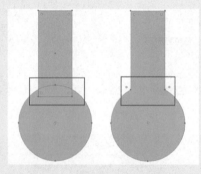

图3-6-19

3.7 能源与电池类文章插图

在当今世界，能源的发展，能源和环境，是全世界、全人类共同关心的问题。这也使得全球的科学家都投入大量的精力研究该领域，各种各样的此类科研论文层出不穷，同时这也对科学家们文章的插图提出了更高的要求，才能使得审稿人印象深刻，从而脱颖而出。本节将从电池的种类出发，以钙钛矿太阳能电池、锂离子电池、燃料电池、储能材料及其他能源为例讲解此类文章中插图的绘制。

3.7.1 钙钛矿太阳能电池

钙钛矿太阳能电池，是最近几年研究的一种新型有机太阳能电池，其太阳能转化效率或可高达 36%，因而得到了广泛的关注。下面我们将用 3ds Max 中的晶格和阵列工具来制作与钙钛矿太阳能电池有关的三维模型，最终效果图如图 3-7-1-1 所示。

图3-7-1-1

具体操作步骤如下。

步骤 ① 创建模型。使用"多边形"工具在场景中创建一个六边形,然后在"参数"卷展栏下将"半径"设置为500,如图3-7-1-2~图3-7-1-4所示。

图3-7-1-2

图3-7-1-3

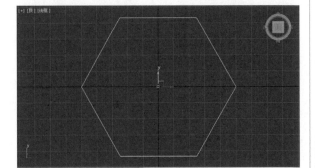

图3-7-1-4

步骤 ② 将六边形转换为"可编辑多边形",切换至"修改"面板,在"编辑几何体"卷展栏中单击"细化"后的"设置"按钮,如图3-7-1-5所示,将"细化"方式改为"面",然后单击"确定"按钮,如图3-7-1-5和图3-7-1-6所示。

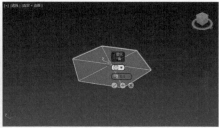

图3-7-1-5　　　　　　　　　　图3-7-1-6

步骤 ③ 为多边形添加"细化"修改器,在"参数"卷展栏下选择操作于"面",点选"边","张力"设置为0,"迭代次数"设置为4,如图3-7-1-7和图3-7-1-8所示。

图3-7-1-7　　　　　　　　　　图3-7-1-8

步骤 ④ 将其再次转换为可编辑多边形,进入点层级,按下"Ctrl+A"组合键选中所有的顶点,在"编辑顶点"卷展栏下单击"切角"后的"设置"按钮,调整"顶点切角量"到合适的数值,使所有的多边形都变为六边形,如图3-7-1-9~图3-7-1-11所示。

图3-7-1-9　　　　　　　　　　图3-7-1-10

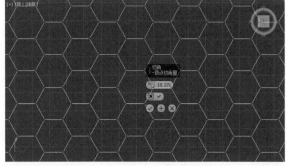

图3-7-1-11

步骤 5 进入多边形的边层级，将多余的边删除，使其变成长方体，如图 3-7-1-12 和图 3-7-1-13 所示。

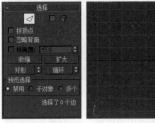

图3-7-1-12　　　　　　　图3-7-1-13

步骤 6 为其添加"晶格"修改器，在"参数"卷展栏中勾选"应用于整个对象"，选择"二者"，将"支柱"半径设置为1.5，边数设置为8，勾选"平滑"，将"基本面类型"设置为"二十面体"，半径设置为3，分段改为3，勾选"平滑"，如图 3-7-1-14 ～ 图 3-7-1-16 所示。

图3-7-1-14　　　　　　　图3-7-1-15

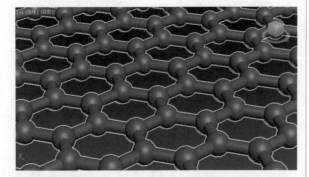

图3-7-1-16

步骤 7 添加"FFD 4×4×4"修改器，选择修改器的控制点，对其进行调整，使模型形状发生改变，如图 3-7-1-17 和图 3-7-1-18 所示。

步骤 8 使用"长方体"工具在场景中创建一个长方体，然后在"参数"卷展栏下将"长度"设置为850，"宽度"设置为475，"高度"设置为15，"长度分段"

设置为 40，"宽度分段"设置为 20，如图 3-7-1-19 和图 3-7-1-20 所示。

图3-7-1-17　　　　　　　图3-7-1-18

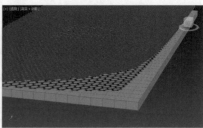

图3-7-1-19　　　　　　　图3-7-1-20

步骤 9 为长方体添加"FFD 4×4×4"修改器，选择修改器的控制点，对其进行调整，使模型形状发生改变，如图 3-7-1-21 所示。

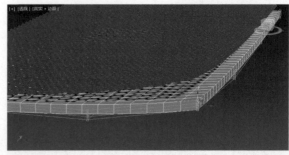

图3-7-1-21

步骤 10 使用"长方体"工具在场景中创建一个长方体，然后在"参数"卷展栏下将"长度"设置为850，"宽度"设置为475，"高度"设置为80，"长度分段"设置为 40，"宽度分段"设置为 20，"高度分段"设置为 10，如图 3-7-1-22 和图 3-7-1-23 所示。

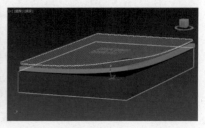

图3-7-1-22　　　　　　　图3-7-1-23

步骤 ⑪ 为长方体添加"噪波"修改器，在"参数"卷展栏下将"种子"设置为11；"比例"设置为10，"强度"X设置为10，Y设置为8.5，Z设置为10，如图3-7-1-24和图3-7-1-25所示。

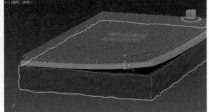

图3-7-1-24   图3-7-1-25

步骤 ⑫ 再次使用"长方体"工具在场景中创建两个长方体，调整它们的大小，如图3-7-1-26所示。

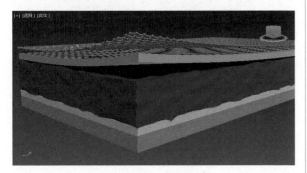

图3-7-1-26

步骤 ⑬ 下面开始制作钙钛矿晶体模型。使用"异面体"工具创建一个四面体，半径设置为20，如图3-7-1-27和图3-7-1-28所示。

图3-7-1-27   图3-7-1-28

步骤 ⑭ 将四面体旋转45°，移动的X增量设置为40，"阵列维度"中1D、2D的数量设置为2，Y增量设置为40，3D的数量设置为3，Z增量设置为40，如图3-7-1-29和图3-7-1-30所示。

步骤 ⑮ 使用"球体"工具在场景中创建一个球体，"半径"设置6，将其位置调整至8个四面体的中心，如图3-7-1-31所示。

图3-7-1-29

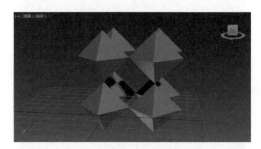

图3-7-1-30

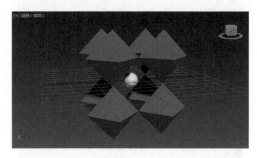

图3-7-1-31

步骤 ⑯ 将其中一个四面体Hedra001转换为"可编辑多边形"，在"修改"面板下的"编辑几何体"卷展栏中单击"附加"右边的"附加列表"按钮，在弹出的窗口中选中所有的四面体，将所有的四面体变为一个整体，如图3-7-1-32和图3-7-1-33所示。

图3-7-1-32   图3-7-1-33

步骤 ⑰ 将Hedra001复制出一份（Hedra002），然后进行使用阵列操作，移动的X增量设置为80，"阵列维度"中1D的数量设置为2，2D的数量设置为3，Y

增量设置为 80，3D 的数量设置为 2，Z 增量设置为 80。对复制出来的模型也进行同样的操作，复制出的一份用来制作透明的材质；对球体也进行阵列，移动的 X 增量设置为 40，"阵列维度"中 1D 的数量设置为 3，2D 的数量设置为 5，Y 增量设置为 40，3D 的数量设置为 3，Z 增量设置为 40，如图 3-7-1-34 ~ 图 3-7-1-36 所示。

图3-7-1-34

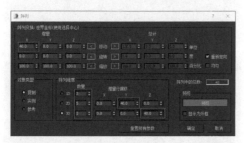

图3-7-1-35

图3-7-1-36

步骤 ⑱ 将由 Hedra001 阵列出来的模型成组，之后对其添加"晶格"修改器，在"参数"卷展栏中，将"支柱"半径设置为 0.5，边数设置为 8，勾选"平滑"，将"基本点类型"设置为"二十面体"，半径设置为 3，分段改为 3，勾选"平滑"，如图 3-7-1-37 ~ 图 3-7-1-39 所示。

图3-7-1-37

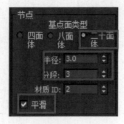

图3-7-1-38

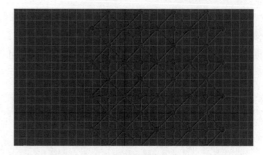

图3-7-1-39

步骤 ⑲ 设置好材质和灯光，将两部分模型分别渲染出图，效果如图 3-7-1-40 和图 3-7-1-41 所示。

图3-7-1-40

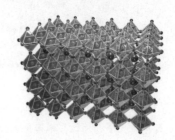

图3-7-1-41

步骤 ⑳ 将两张图片在 PS 中进行适当的处理，得到最后的效果图，如图 3-7-1-42 所示。材质系统调整、图像渲染和保存方法请参考 1.4.8 小节中相关介绍，此处可采用素材包中的透明类材质和金属类材质。

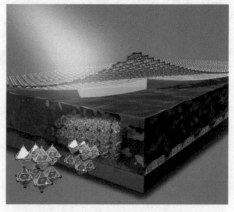

图3-7-1-42

疑难问答　Q：为什使用噪波修改器后模型没有变化？

A：噪波修改器可以在X、Y、Z三个轴向上对其强度进行控制，对模型使用噪波修改器时一定要保证产生噪波效果轴向的分段数足够，才能产生噪波的效果，同时需要调整噪波的比例及强度才能达到理想的效果，如图3-7-1-43所示。

图3-7-1-43

3.7.2　锂离子电池

锂离子电池是一种二次电池（充电电池），它主要依靠锂离子在正极和负极之间移动来工作。下面我们将用3ds Max中的"间隔"、"路径变形绑定（WSM）"等工具快速地制作关于锂离子电子的模型，效果图如图3-7-2-1所示。

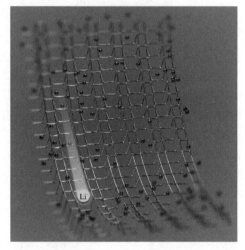

图3-7-2-1

具体操作步骤如下。

步骤① 创建模型。使用"圆柱体"工具在场景中创建一个圆柱体，然后在"参数"卷展栏下将"半径"设置为1，"高度"设置为20，为了方便后面的操作，将其坐标归为原点，如图3-7-2-2～图3-7-2-4所示。

图3-7-2-2

图3-7-2-3

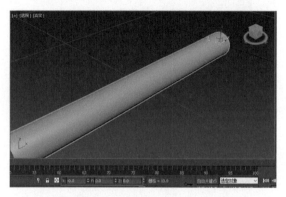

图3-7-2-4

步骤② 使用"球体"工具在场景中创建一个球体，然后在"参数"卷展栏下将"半径"设置为2，坐标设置为原点，如图3-7-2-5和图3-7-2-6所示。

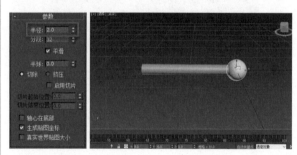

图3-7-2-5　　　　　图3-7-2-6

步骤③ 通过复制、移动和旋转等操作制作分子模型的基本单元，如图3-7-2-7所示。

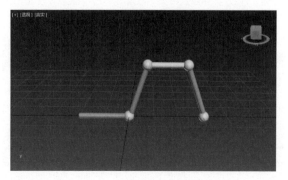

图3-7-2-7

175

步骤 ④ 将制作的基本单元成组，对其进行"阵列"操作，使复制出来的部分之间有所交叠，移动的 X 增量设置为 51，"阵列维度"中 1D 的数量设置为 6，如图 3-7-2-8 ～图 3-7-2-10 所示。

图3-7-2-8

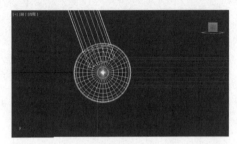

图3-7-2-9

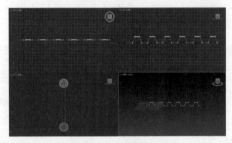

图3-7-2-10

步骤 ⑤ 将制作好的分子链成组，使用"线"工具在场景中创建一条曲线，进入点层级对其进行调整。选择分子链，使用"Shift+I"组合键调出间隔工具，单击"拾取路径"按钮，在场景中选择刚创建好的曲线，勾选"参数"下的"计数"，并设置合适的数量，单击"应用"按钮，使其生效，如图 3-7-2-11 ～图 3-7-2-14 所示。

图3-7-2-11

图3-7-2-12

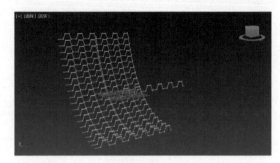

图3-7-2-13

图3-7-2-14

步骤 ⑥ 使用"圆柱体"工具在场景中创建一个圆柱体，然后在"参数"卷展栏下将"半径"设置为 1；对其添加"路径变形绑定（WSM）"修改器，在修改器"参数"卷展栏中单击"拾取路径"按钮，在场景中选择曲线；然后单击"转到路径"按钮，在圆柱体的"参数"卷展栏下修改其"高度"和"高度分段"，使圆柱体与曲线的长度匹配，变得平滑，如图 3-7-2-15 ～图 3-7-2-17 所示。

图3-7-2-15

图3-7-2-16

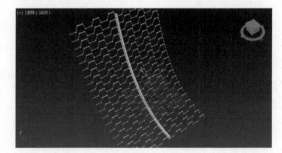

图3-7-2-17

步骤 7 将圆柱和曲线成组，移动到合适的位置，对其进行阵列，移动的 X 增量设置为51，"阵列维度"中 1D 的数量设置为6，如图 3-7-2-18 ~ 3-7-2-20 所示。

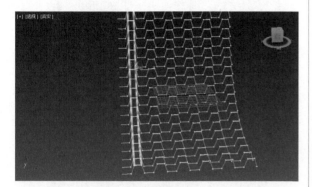

图3-7-2-18

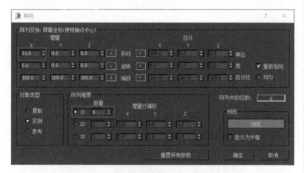

图3-7-2-19

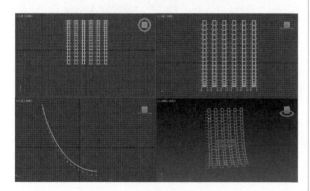

图3-7-2-20

步骤 8 使用"平面"工具在场景中创建一个平面，为其添加"路径变形绑定（WSM）"修改器，在修改器"参数"卷展栏中单击"拾取路径"按钮，在场景中选择曲线；然后单击"转到路径"按钮，并且调整百分比，在平面的"参数"卷展栏下修改其"长度"、"宽度"及"长度分段"，使圆平面与曲线的长度匹配，变得平滑，如图 3-7-2-21 ~ 图 3-7-2-23 所示。

图3-7-2-21　　　　　　　　图3-7-2-22

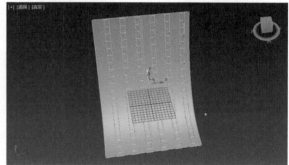

图3-7-2-23

步骤 9 使用"网格化"工具在场景中创建一个网格化模型，单击"参数"卷展栏下的"无"按钮，在场景中选择弯曲的曲面，然后将其转换为"可编辑多边形"，如图 3-7-2-24 和图 3-7-2-25 所示。

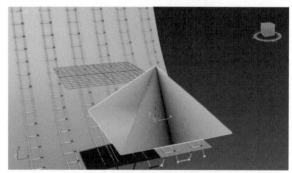

图3-7-2-24

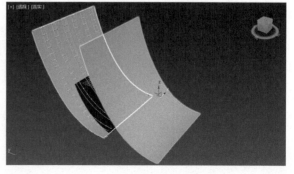

图3-7-2-25

步骤 ⑩ 将网格化后的曲面移动到合适的位置，用"球体"工具创建一个球体,在"参数"卷展栏下将"半径"设置为4。对其进行"散布"操作,在"拾取分布对象"卷展栏下单击"拾取分布对象"按钮,在场景中选择曲面,在"源对象参数"下设置合适的"重复数",在"分布对象参数"下点选"所有顶点";在"显示"卷展栏下勾选"隐藏分布对象",具体参数设置如图3-7-2-26～图3-7-2-29所示,效果如图3-7-2-30所示。

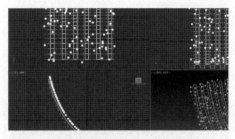

图3-7-2-30

图3-7-2-26

图3-7-2-27

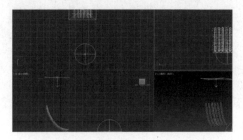

图3-7-2-31

图3-7-2-28

图3-7-2-29

步骤 ⑪ 设置合适的灯光和材质,如图3-7-2-31所示,渲染出图,如图3-7-2-32所示。材质系统调整、图像渲染和保存方法请参考1.4.8小节中相关介绍,此处可采用素材包中的金属类材质和透明类材质。

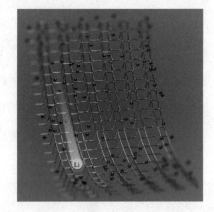

图3-7-2-32

 疑难问答 ▶ Q:3ds Max中"路径变形"修改器与"路径变形(WSM)"修改器的区别在哪里?

A:"路径变形"修改器是对象空间修改器,而"路径变形(WSM)"修改器是世界空间修改器,当使用"路径变形"修改器时,路径会转至对象的轴心处,移动时只需移动模型即可;而使用"路径变形(WSM)"修改器,路径不能变化,需要把几何体转移至路径处,才能达到效果,移动时需要将模型与路径一起移动,如图3-7-2-33所示。

图3-7-2-33

3.7.3 燃料电池

燃料电池（Fuel Cell）是一种将存在于燃料与氧化剂中的化学能直接转化为电能的发电装置，是一种正在逐步完善的能源利用方式。下面我们将用3ds Max 中的散布工具、"噪波"修改器等制作与燃料电池有关的模型，效果图如图3-7-3-1所示。

图3-7-3-1

具体操作步骤如下。

步骤① 制作模型。使用"圆柱体"工具在场景中创建一个圆柱体,然后在"参数"卷展栏下将"半径"设置为40,"高度"设置为110,"高度分段"和"端面分段"都设置为5，如图3-7-3-2 ~ 图3-7-3-4所示。

图3-7-3-2

图3-7-3-3

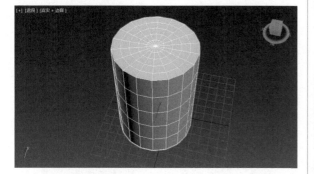

图3-7-3-4

步骤② 将圆柱体转换为"可编辑多边形"，进入其多边形层级，选择上表面最外围的一圈多边形，在

"编辑多边形"卷展栏下单击"挤出"后面的设置按钮，在弹出的窗口中，将"高度"设置为5，如图3-7-3-5 ~ 图3-7-3-8 所示。

图3-7-3-5

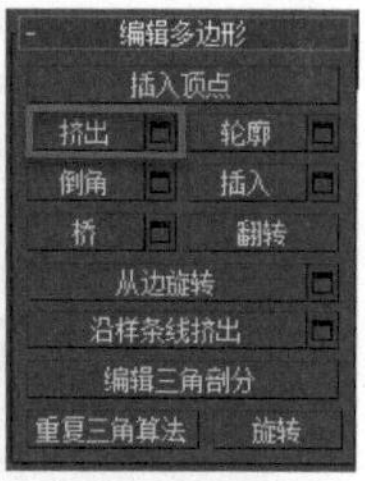

图3-7-3-6

图3-7-3-7

图3-7-3-8

步骤③ 分别选中中间一圈和最里层的多边形，进行步骤02 中的操作，中间一圈的挤出"高度"设置为4，最里层的挤出"高度"设置为6，如图3-7-3-9和图3-7-3-10 所示。

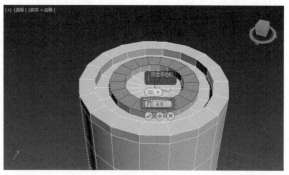

图3-7-3-9

图3-7-3-10

步骤 ④ 对模型添加"涡轮平滑"修改器，在"涡轮平滑"卷展栏下，将迭代次数设置为2，如图3-7-3-11～图3-7-3-13所示。

图3-7-3-11　　　　　　　图3-7-3-12

图3-7-3-13

步骤 ⑤ 使用"几何球体"工具在场景中创建一个几何球体，然后在"参数"卷展栏下将"半径"设置为5，如图3-7-3-14～图3-7-3-16所示。

图3-7-3-14　　　　　　　图3-7-3-15

图3-7-3-16

步骤 ⑥ 使用"缩放"工具对几何球体在 y 轴上进行适当的挤压，将其转换为"可编辑多边形"；对其添加"噪波"修改器，在"参数"卷展栏中将噪波的"种

子"设置为10，"比例"设置为3，勾选"分形"，"强度"X、Y、Z都设置为2，如图3-7-3-17和图3-7-3-18所示。

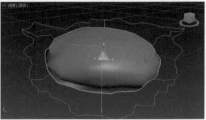

图3-7-3-17　　　　　　　图3-7-3-18

步骤 ⑦ 对模型添加"涡轮平滑"修改器，在"涡轮平滑"卷展栏下，将迭代次数设置为1，勾选"等值线显示"，如图3-7-3-19～图3-7-3-21所示。

图3-7-3-19　　　　　　　图3-7-3-20

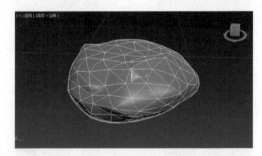

图3-7-3-21

步骤 ⑧ 使用"线"工具创建两条样条线，使用"圆柱体"工具创建两个圆柱体，"半径"分别设置为0.1和0.5，如图3-7-3-22～图3-7-3-24所示。

图3-7-3-22　　　　　　　图3-7-3-23

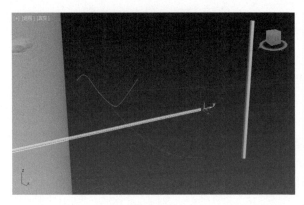

图3-7-3-24

步骤 ⑨ 对两个圆柱体添加"路径变形绑定（WSM）"修改器，在修改器"参数"卷展栏中单击"拾取路径"按钮，在场景中选择曲线；然后单击"转到路径"按钮，在圆柱体的"参数"卷展栏下修改其"高度"和"高度分段"，使圆柱体与曲线的长度匹配，变得平滑，如图 3-7-3-25 ～ 图 3-7-3-27 所示。

图3-7-3-25

图3-7-3-26

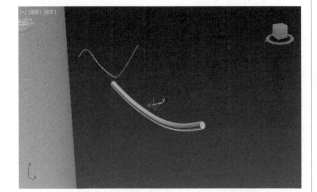

图3-7-3-27

步骤 ⑩ 使用"网格化"工具在场景中创建两个网格化模型，单击"参数"卷展栏下的"无"按钮，在场景中选择弯曲的圆柱体，然后将它们转换为"可编辑多边形"，如图 3-7-3-28 ～ 图 3-7-3-30 所示。

图3-7-3-28

图3-7-3-29

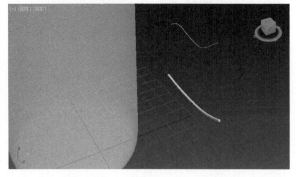

图3-7-3-30

步骤 ⑪ 使用"圆柱体"工具创建一个比电池模型稍小的圆柱体，对其进行"散布"操作，在"拾取分布对象"卷展栏下单击"拾取分布对象"按钮，在场景中选择圆柱体，"源对象参数"中的重复数设置为 200，在"分布对象参数"下点选"体积"；在"显示"卷展栏下勾选"隐藏分布对象"，如图 3-7-3-31 ～ 图 3-7-3-35 所示。

图3-7-3-31

图3-7-3-32

图3-7-3-33

图3-7-3-34

图3-7-3-35

步骤 ⑫ 对两个弯曲的圆柱体也进行类似的操作，需要对相关的参数进行调整，如图 3-7-3-36 所示。

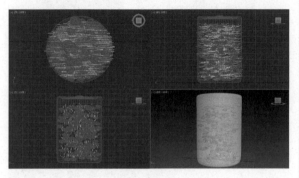

图3-7-3-36

步骤 ⑬ 使用"圆"工具在场景中创建一个圆，然后在"参数"卷展栏下将"半径"设置为1，再用"线"工具在场景中创建一条曲线；对曲线添加"扫描"修改器，在"截面类型"卷展栏下点选"使用自定义截面"，单击"拾取"按钮，在场景中选择创建的圆，如图 3-7-3-37 ～ 图 3-7-3-39 所示。

图3-7-3-37

图3-7-3-38

图3-7-3-39

步骤 ⑭ 设置好材质和灯光，渲染出图，效果如图 3-7-3-40 所示。材质系统调整、图像渲染和保存方法请参考 1.4.8 小节中相关介绍，此处可采用素材包中的透明类材质和金属类材质。

图3-7-3-40

疑难问答 Q：3ds Max中模型太多或者模型过小找不到怎么办？

A：可以在资源管理器中找到模型的名称，选中之后用快捷键Z就能在视图中将选定的模型最大化，从而快速找到指定的模型。

3.7.4　储电材料

◎ DVD\3.7.4 3dx Max 制作多孔模型布尔工具的使用方法

扫码看视频教学

密码：kb7

在能源愈发匮竭的 21 世纪，越来越多的科研人员在进行储能材料的研究，尤其是储电材料。储电材料普遍具有多孔结构，以便于带电离子的传输。下面我们将用 3ds Max 中的 ProBoolean 工具、"阵列"工具、"布尔"工具等来制作一个常见的规则多孔储能材料模型，效果图如图 3-7-4-1 所示。

图3-7-4-1

具体操作步骤如下。

步骤① 创建模型。使用"长方体"工具在场景中创建一个长方体，然后在"参数"卷展栏下将"长度"、"宽度"都设置为100，"高度"设置为30，具体参数设置如图3-7-4-2和图3-7-4-3所示，效果如图3-7-4-4所示。

图3-7-4-2　　　　　　图3-7-4-3

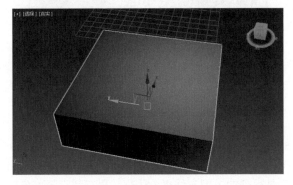

图3-7-4-4

步骤② 使用"圆柱体"工具在顶视图中创建一个圆柱体，然后在"参数"卷展栏中将"半径"设置为5，"高度"设置为30，"高度分段"设置为1，"边数"设置为18，使圆柱体的中心和长方体左下角的顶点对齐，具体参数设置如图3-7-4-5和图3-7-4-6所示。

图3-7-4-5　　　　　　图3-7-4-6

步骤③ 保持选中圆柱体，使用"对齐"工具，然后选择对齐的目标，在弹出的窗口中，勾选"对齐位置"下的"X位置"和"Y位置"，在"当前对象"中点选"中心"，在"目标对象"中点选"最小"，最后单击"确定"按钮，具体参数设置如图3-7-4-7所示，最终效果如图3-7-4-8和图3-7-4-9所示。

图3-7-4-7

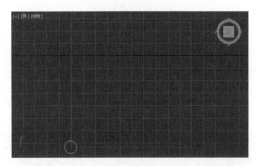

图3-7-4-8

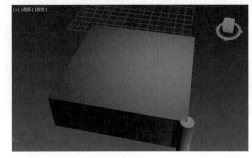

图3-7-4-9

步骤④ 保持选中圆柱体，使用"阵列"工具，在弹出的窗口中，将"增量"X设置为20，"阵列维度"下的"1D"设置为6，点选"2D"，并将数量设置为6，"增量行偏移"Y设置为20，最后单击"确定"按钮，具体参数设置如图3-7-4-10所示，最终效果如图3-7-4-11所示。

图3-7-4-10

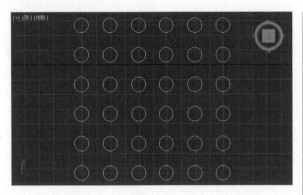

图3-7-4-11

图3-7-4-15

图3-7-4-16

步骤 5 选中其中一个圆柱体,将其转换为可编辑多边形,在"编辑几何体"卷展栏下单击"附加"后面的"附加列表"按钮,在弹出的窗口中选中所有的长方体,单击"附加"按钮,将所有的圆柱体合并为一个模型,如图 3-7-4-12 ~ 图 3-7-4-14 所示。

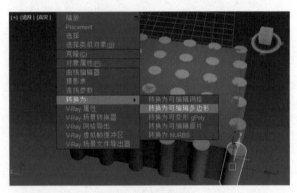

图3-7-4-12

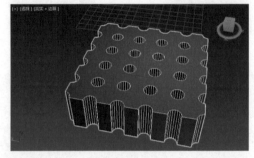

图3-7-4-17

"布尔"工具和 ProBoolean 工具能实现很多类似的功能,例如,差集、并集及交集,但是 ProBoolean 工具拥有更多的功能,同时使用 ProBoolean 工具得到的模型布线更为优化,更有利于下一步的操作,如图 3-7-4-18 和图 3-7-4-19 所示。

图3-7-4-13

图3-7-4-14

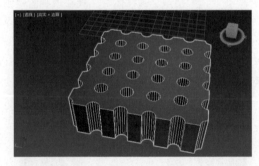

图3-7-4-18

步骤 6 选中长方体,使用 ProBoolean 工具,在"修改"面板的"拾取布尔对象"卷展栏下单击"开始拾取"按钮,然后在场景中单击合并后的圆柱体,在"参数"卷展栏下点选"差集",具体参数设置如图 3-7-4-15 和图 3-7-4-16 所示,最终效果如图 3-7-4-17 所示。

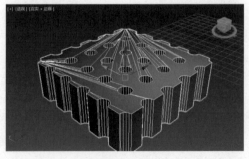

图3-7-4-19

步骤 ⑦ 选中最终的模型，将其转换为可编辑多边形，在修改面板中进入边层级，按下"Ctrl+A"组合键选中所有的点，然后按"Alt 键＋鼠标左键"框选，取消选择不需要的边，如图 3-7-4-20 和图 3-7-4-21 所示。

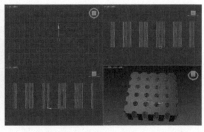

图3-7-4-20　　　　　　　图3-7-4-21

步骤 ⑧ 打开"编辑边"卷展栏，单击"切角"后面的"设置"按钮，将"切角类型"设置为"四边形切角"，"边切角量"设置为 1，"连接边分段"设置为 4，最后单击"确定"按钮，如图 3-7-4-22 ～图 3-7-4-24 所示。

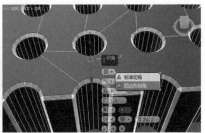

图3-7-4-22　　　　　　　图3-7-4-23

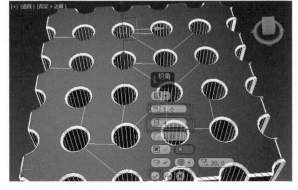

图3-7-4-24

步骤 ⑨ 使用"长方体"工具在场景中创建一个长方体，然后在"参数"卷展栏下将"长度"、"宽度"都设置为 110，"高度"设置为 10，如图 3-7-4-25 和图 3-7-4-26 所示。

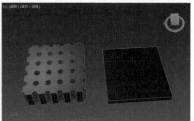

图3-7-4-25　　　　　　　图3-7-4-26

步骤 ⑩ 选中长方体，使用两次"对齐"工具，使长方体处于多孔结构的正下方，第一次在弹出的窗口中，勾选"对齐位置"下的"X 位置"和"Y 位置"，将"当前对象"点选为"中心"，"目标对象"点选为"中心"，最后单击"确定"按钮；第二次在弹出的窗口中，勾选"对齐位置"下的"Z 位置"，"当前对象"点选为"最大"，"目标对象"点选为"最小"，具体参数设置如图 3-7-4-27 和图 3-7-4-28 所示，最后单击"确定"按钮，最终效果如图 3-7-4-29 所示。

图3-7-4-27　　　　　　　图3-7-4-28

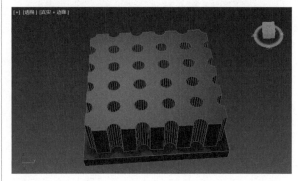

图3-7-4-29

步骤 ⑪ 使用"球体"工具创建一个球体，然后在"参数"卷展栏下将"半径"设置为 3，"分段"设置为 20，使用"Shift 键＋选择并移动工具"复制出更多的球体，并移动到不同的孔洞中，如图 3-7-4-30 和图 3-7-4-31 所示。

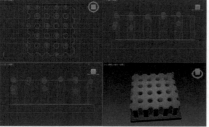

图3-7-4-30　　　　　图3-7-4-31

步骤 ⑫ 按快捷键 M 打开材质编辑器，选择一个小球，单击 Standard，在弹出的窗口中将材质改为 VRayMtl，如图 3-7-4-32 和图 3-7-4-33 所示。

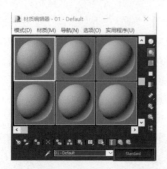

图3-7-4-32

图3-7-4-33

步骤 ⑬ 打开"基本参数"卷展栏，将"漫反射"设置为 R:85，G:93，B:96；将"反射"设置为 R:65，G:64，B:64，"反射光泽度"设置为 0.8，"细分"设置为 8，勾选"菲涅耳反射"，"最大深度"设置为 6；将"折射"设置为 R:57，G:57，B:57，"光泽度"设置为 1.0，"细分"设置为 8，"折射率"设置为 1.3，"最大深度"设置为 6，如图 3-7-4-34 ～ 图 3-7-4-39 所示。

图3-7-4-34

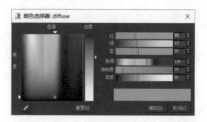

图3-7-4-35

图3-7-4-36

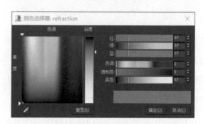

图3-7-4-37

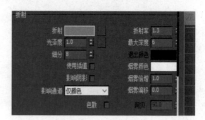

图3-7-4-38

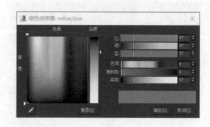

图3-7-4-39

步骤 ⑭ 设置另一个材质。打开"基本参数"卷展栏，将"漫反射"设置为 R:39，G:39，B:39；将"反射"设置为 R:166，G:166，B:166，"反射光泽度"设置为 0.89，"细分"设置为 18，勾选"菲涅耳反射"；将"折射"下的"光泽度"设置为 1.0，"细分"设置为 50，"折射率"设置为 2.9；打开"双向反射分布函数"，将其模式改为"沃德"，如图 3-7-4-40 ～ 图 3-7-4-45 所示。

图3-7-4-40

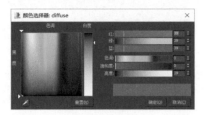

图3-7-4-41

图3-7-4-42

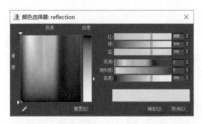

图3-7-4-43

图3-7-4-44

图3-7-4-45

步骤 ⑮ 设置小球的材质，打开"基本参数"卷展栏，将"漫反射"设置为 R:152，G:0，B:0；将"反射"设置为 R:255，G:255，B:255，"反射光泽度"设置为 1，"细分"设置为 8，勾选"菲涅耳反射"，"菲涅耳折射率"设置为 4，如图 3-7-4-46 ~ 图 3-7-4-49 所示。

图3-7-4-46

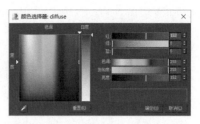

图3-7-4-47

图3-7-4-48

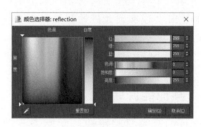

图3-7-4-49

步骤 ⑯ 最后的材质如图 3-7-4-50 ~ 图 3-7-4-52 所示，将其分别赋予多孔模型、长方体及所有的小球。

图3-7-4-50   图3-7-4-51

图3-7-4-52

步骤 ⑰ 设置合适的灯光位置及强度，如图 3-7-4-53，最终效果如图 3-7-4-54 所示。

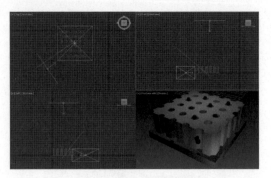

图3-7-4-53

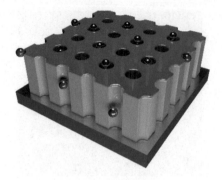

图3-7-4-54

 疑难问答 ➤ Q：3ds Max中如何将某个模型移动到合适的位置？

A：3ds Max中除了透视图之外，还有顶视图、左视图、前视图三个视图，在操作的时候会将模型在透视图中移动到大概的位置，然后再观察模型在三个视图中的位置，在三个视图中进行调整，最终就能将模型调整至合适的位置。

3.7.5 其他能源装置

由于石油资源日趋短缺，而燃烧石油的内燃机尾气排放对环境的污染越来越严重，人们都在研究替代内燃机的新型能源装置，超级电容器这种新型储能装置具有较好的发展前景。下面将使用 3ds Max 中的"扫描"修改器、"弯曲"修改器来制作与超级电容器有关的模型，效果图如图 3-7-5-1 所示。

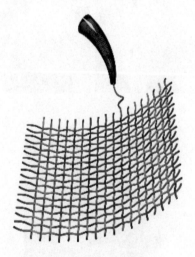

图3-7-5-1

具体操作步骤如下。

步骤 ① 使用"线"工具，通过键盘输入，从X=0 到 X=200，每隔 10 个单位添加一个点，得到由 21

个点组成的直线，如图 3-7-5-2 ～图 3-7-5-4 所示。

图3-7-5-2

图3-7-5-3

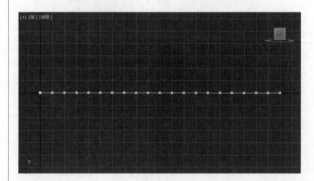

图3-7-5-4

步骤 ② 进入样条线的点层级，每隔一个点加选一个点，将选择的点沿 y 轴移动合适的位置，所有的点都是角点，选择所有的点，将其转换为平滑模式，如图 3-7-5-5 ～图 3-7-5-8 所示。

图3-7-5-5 图3-7-5-6

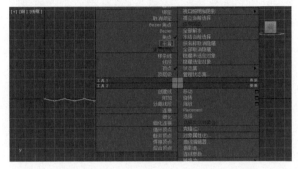

图3-7-5-7

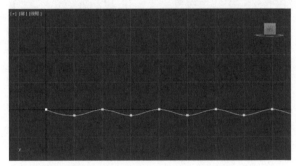

图3-7-5-8

步骤 3 使用"圆柱体"工具创建一个圆柱体，将半径设置为1.5，对其使用"路径变形绑定（WSM）"修改器。在修改器"参数"卷展栏中单击"拾取路径"按钮，在场景中选择曲线，然后单击"转到路径"按钮；在圆柱体的"参数"卷展栏下修改其"长度"、"宽度"及"高度分段"，使圆柱体与曲线的长度匹配，变得平滑，如图3-7-5-9～图3-7-5-11所示。

图3-7-5-9

图3-7-5-10

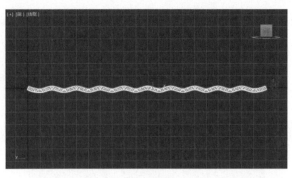

图3-7-5-11

步骤 4 使用"网格化"工具在场景中创建一个网格化模型，单击"参数"卷展栏下的"无"按钮，在场景中选择弯曲的圆柱体，然后将其转换为"可编辑多边形"，如图3-7-5-12～图3-7-5-15所示。

图3-7-5-12 图3-7-5-13

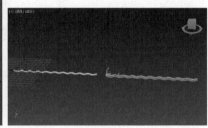

图3-7-5-14 图3-7-5-15

步骤 5 复制出三份，对它们进行旋转和移动，使其刚好互相交织，如图3-7-5-16所示。

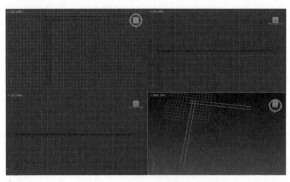

图3-7-5-16

步骤 6 使用"阵列"工具，选择与 *y* 轴平行的两条链，将移动的 X 增量设置为 20，"阵列维度"中 1D 的数量设置为 9；选择与 *x* 轴平行的两条链，将移动的 Y 增量设置为 -20，"阵列维度"中 1D 的数量设置为 9，如图 3-7-5-17 ~ 图 3-7-5-19 所示。

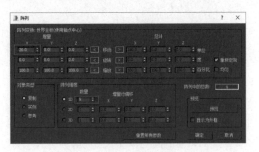

图3-7-5-17

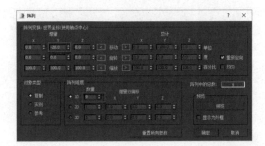

图3-7-5-18

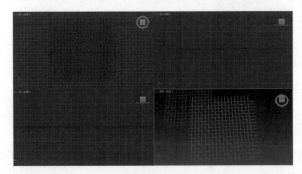

图3-7-5-19

步骤 7 使用"螺旋线"工具创建一条螺旋线，在"参数"面板中将"半径 1"设置为 0，"半径 2"设置为 4.5，"高度"设置为 90，"圈数"设置为 44，如图 3-7-5-20 和图 3-7-5-21 所示。

图3-7-5-20　　　　　　图3-7-5-21

步骤 8 对其添加"弯曲"修改器，在"参数"卷展栏下将弯曲"角度"设置为 83，"方向"设置为 -49，如图 3-7-5-22 和图 3-7-5-23 所示。

图3-7-5-22　　　　　　图3-7-5-23

步骤 9 用"圆"工具绘制出一个"半径"为 1 的圆，为螺旋线添加"扫描"修改器，在"截面类型"卷展栏下点选"使用自定义截面"，单击"拾取"按钮，在场景中选择圆，如图 3-7-5-24 ~ 图 3-7-5-26 所示。

图3-7-5-24　　　　　　图3-7-5-25

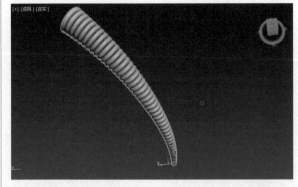

图3-7-5-26

步骤 10 复制出一份，移动其位置，调整其角度，使两者接触在一起。使用"管状体"创建一个管状体，在"参数"卷展栏下将其"半径 1"设置为 12，"半径 2"设置为 13，"高度"设置为 90，"高度分段"设置为 20，如图 3-7-5-27 和图 3-7-5-28 所示。

图3-7-5-27　　　　　图3-7-5-28

步骤 ⑪ 为圆柱体添加"FFD 2×2×2"修改器，使用控制点对圆柱体的形状进行改变，使其一端小，一端大，然后对其添加"弯曲"修改器，弯曲"角度"设置为 78，"方向"设置为 -49，移动并旋转圆柱，使其与两个螺旋管相匹配，如图 3-7-5-29 ～ 图 3-7-5-32 所示。

图3-7-5-29　　　　　图3-7-5-30

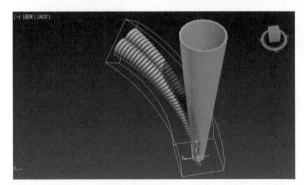

图3-7-5-31

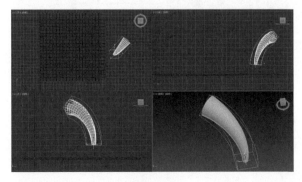

图3-7-5-32

步骤 ⑫ 选择之前创建的样条线，在"几何体"卷展栏下单击"创建线"按钮，然后在场景中将线延长至与螺旋管相交；对其添加"扫描"修改器，在"截面类型"卷展栏下点选"使用自定义截面"，单击"拾取"按钮，在场景中选择半径为 1 的圆，如图 3-7-5-33 和图 3-7-5-34 所示。

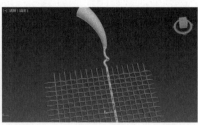

图3-7-5-33　　　　　图3-7-5-34

步骤 ⑬ 将网格的所有模型成组，然后对整体模型添加"弯曲"修改器，设置合适的参数，如图 3-7-5-35 和图 3-7-5-36 所示。

步骤 ⑭ 设置合适的材质和灯光，渲染出图，最终效果如图 3-7-5-37 所示。材质系统调整、图像渲染和保存方法请参考 1.4.8 小节中相关介绍，此处可采用素材包中的金属类材质。

图3-7-5-35　　　　　图3-7-5-36

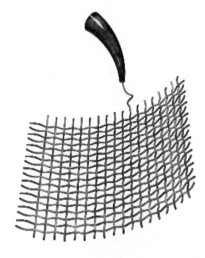

图3-7-5-37

191

第4章 科研论文TOC & Scheme设计

近年来，随着科学可视化的迅速发展，科研成果的表达形式日趋多样化，图像在科研期刊中出现的频率和形式呈现多样化的特点，出版社对于图像质量的要求也与日俱增。在这个"看脸"的时代，作为文章的颜值担当——科研图像的地位不可小觑，很多期刊的编辑甚至坦言"审文章先看图"。

4.1 TOC内容图的基本要求

现如今的科研界，图像也不再仅仅局限于封面和插图这样简单的形式了，很多杂志要求作者提供TOC内容图、Scheme流程图等，并且期刊table of contains的内容也采用图文并茂的方式来展示（图4-1-1所示为*Advanced Materials*杂志内容图）。

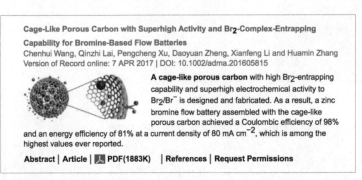

图4-1-1

在科研界，科学家们已经不再是追求"有图有真相"这样的"简单直接"了，一篇高质量的论文需要"高大上"的图像来增色添彩。作为科研界首个使用 Graphical Abstracts 的期刊，*Cell* 杂志开启了论文摘要图的先河，在其之后众多期刊纷纷效仿，出现了摘要图的各种各样的"变种"，其中就包括TOC 内容图，如图 4-1-2 所示。

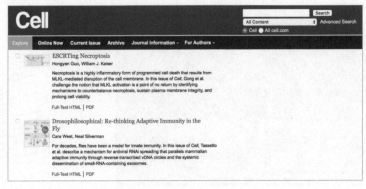

图4-1-2

相较于封面插图，对于很多读者来说，TOC内容图和Scheme流程图是"盲区"，不仅不清楚TOC和Scheme的绘制要求，更谈不上设计制作了。

TOC内容图是为了帮助读者快速、高效地理解文章内容而设计的，帮助读者在众多文章中快速地识别感兴趣的相关研究文章，从而提高文章的浏览量，促进跨学科的交叉合作。一般来说，要求投稿者提供TOC图像的杂志都会标注具体要求，因杂志不同图像的具体格式会有细微差别，但是基本要求如下。

TOC内容图应当具备吸引力，能够抓住读者眼球，并且与论文题目密切相关，让读者无需阅读内容就能够对文章主要内容留下深刻的视觉上的印象。

TOC内容图可以由结构式、照片、手绘图像、SEM/TEM照片或者是反应方程式组成，只要能够简洁表达文章内容即可。

TOC内容图的尺寸一般不超过3.81 cm × 8.46 cm，如果超过这个尺寸，期刊将会对图片进行压缩以适应该尺寸，所以为了避免图形压缩扭曲失真，建议作者严格按照杂志要求设计图片。

TOC内容图应当清晰且内容准确。虽然TOC并不像封面一样占据较大版面，但是TOC图中出现的标签、公式或数字都应当是清晰并且准确的，不能一味追求美观度而忽视科学性和准确性，如图4-1-3所示。

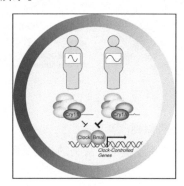

图4-1-3

 疑难问答 Q：TOC内容图应该怎样构思？

A：图片中体现的内容应该是本论文的亮点和创新点，要特别能够突出研究内容的创新性特点。

4.2 Scheme流程图的基本要求

Scheme流程图一般是用于表示反应机理、生长机理等理论模型而制作的图像，是一种示意性的图像，主要目的是帮助读者和审稿人迅速且清晰地了解文章阐释的主要理论。Scheme图像的制作一般会用到大量的箭头和文字表述，从而达到简明清晰准确地表达作者主要理论的目的。在制作Scheme图时，作者应当重点关注箭头的制作规范和配图文字的标注准则，把握细节是制作一张成功的Scheme图的关键。下面将从绘制箭头的注意事项和文字标注的细节把控两个方面进行说明。

第一，Scheme图中箭头绘制的注意事项。
① 合并同类项原则

指示箭头的主要功能是为了说明箭头两端之间的关系或两种状态变化的过程，但是往往在一幅Scheme图中会存在很多这样的关系和变化，在出现多个箭头的情况下，作者就需要按照"合并同类项"的原则绘制箭头，即同一类关系或者同一种变化使用相同类型的箭头，以达到清晰明了地区分箭头指示关系类别的目的。也就是说，在一个复杂的流程关系图中，相同类型的反应过程或从属关系需要使用同一种箭头，让读者能够清楚地分辨出不同类型的反应过程，如图 4-2-1 所示。

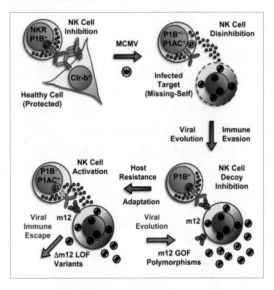

图4-2-1

② 准确性原则

在绘制箭头过程中，箭头的起点和终点的位置需要明确，即令读者能够准确分辨起点物体和终点物体，清楚准确地表达两者间的指示关系，不能产生歧义。也就是说，箭头的尾端和尖端的位置需要准确设定，不能距离物体太远，也不能介于两个物体之间，避免产生歧义。

③ 美观性原则

图像是传达文章内涵的重要方式，Scheme 流程图也不例外，一张出色的 Scheme 流程图应当是准确且美观的，这就需要作者在绘制的过程中用心处理细节。在同一张 Scheme 图中，所有出现的箭头都应该使用相同的三角头形状，以达到整齐划一的视觉感受，读者切忌任意缩放箭头从而引起三角头形状的改变。在同一类型的流程中，箭头的弧度也应该保持一致，以保证整体效果的流畅与美观，如图 4-2-2 所示。

第二，Scheme 图中文字标注的细节把控。

① 标注文字时，除了保证拼写正确之外，关于英文单词首字母的大小写问题也要格外注意。如果在某个过程的标注中，有一个单词的首字母大写

了，那么剩下的单词也应当遵循首字母大写的原则，以保证整体的美观效果。

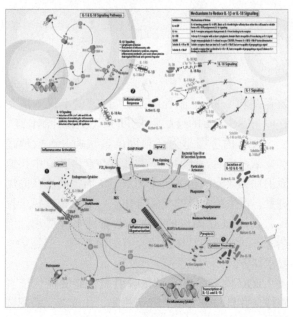

图4-2-2

② 在英文标注中，经常会遇到使用短线连接的英文单词或专业缩写，在这种标注中作者应当注意空格的使用，短线前后应当紧跟字母而不需要增添空格。

③ 文字标注一般位于 Scheme 图中的箭头之上，而文字标注的位置应当以箭头的中点为对称点，左右居中排列，并且保证上下对齐的原则，如图 4-2-3 所示。

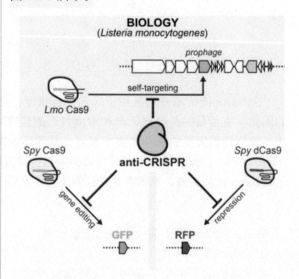

图4-2-3

A：Scheme一般是表示机理，如反应原理、生长机理等理论模型而制作的图像，Figure多指谱图，如SEM/TEM等拍摄的图片，或者是描述晶体生长过程的晶化曲线等曲线图，一般通过Origin、Diamond等制作得到。

4.3 箭头标注的设计制作

◎ DVD\4.3 Photoshop 与 AI 结合快速创建复杂箭头

在TOC和插图的设计与制作中，经常会涉及到箭头的使用，箭头的美观性也会对整个TOC和插图的效果有所影响，下面我们将用Photoshop和AI两个平面设计软件快捷地制作形状各异的箭头，效果如图4-3-1 ~ 图4-3-3所示。

图4-3-1

图4-3-2

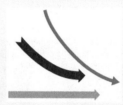

图4-3-3

具体操作步骤如下。

步骤 ① 打开 Photoshop，在菜单栏中单击"文件/新建"，打开新建对话框，文档类型选择"国际标准纸张"，然后设置所需参数，单击"确定"按钮，如图 4-3-4 和图 4-3-5 所示。

扫码看视频教学

密码：j9nu

图4-3-4   图4-3-5

步骤 ② 在工具栏中找到"自定形状工具"，在"选项"下就能看到各种各样的箭头，如图 4-3-6 和图 4-3-7 所示。

图4-3-6

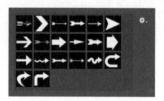

图4-3-7

步骤 ③ 选中其中一个，按住 Shift 键，在画布上按住鼠标左键并拖动就可以绘制出想要的箭头形状，如图 4-3-8 所示。

图4-3-8

步骤 ④ Photoshop 提供的图形都是黑白的，并没有颜色，我们需要为其添加颜色。在图层窗口中新建一个图层，然后在工具栏中选择"渐变工具"，打开"渐变编辑器"，设置合适的渐变颜色及渐变模式，然后在画布中按住鼠标左键拖拉就能实现颜色的渐变，如图 4-3-9 ~ 图 4-3-12 所示。

图4-3-9　　　　　　　　　　图4-3-10

图4-3-11

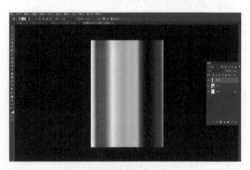

图4-3-12

步骤⑤ 新建图层中的渐变颜色已经把下一层的箭头完全遮盖，选择新建的图层，通过按"Alt键+鼠标左键"来实现剪贴蒙版的功能，从而使上一层的颜色只对下一层有图形的地方产生影响，如图4-3-13和图4-3-14所示。

图4-3-13　　　　　图4-3-14

步骤⑥ 其他箭头都采用了与上述步骤一样的方法来制作，除此之外可以对形状图层添加图层蒙版来实现箭头从无到有的渐变效果。在图层面板中选中形状图层，然后对它执行"图层蒙版"命令，图形并未发生任何变化，如图4-3-15和图4-3-16所示。

图4-3-15　　　　　　　　　图4-3-16

步骤⑦ 在工具栏中选择"油漆桶工具"，将前景色设置为黑色 R:0，G:0，B:0，选中图层蒙版，将其变为黑色，画布中的图形都消失，此时使用渐变工具，将颜色设置为从黑色到白色的渐变，如图4-3-17～图4-3-19所示。

图4-3-17　　　　　　　　　图4-3-18

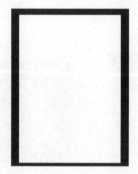

图4-3-19

步骤⑧ 选中图层蒙版，使用渐变工具对其进行拖拉，图形会显示出来，渐变的图形就制作完成，如图4-3-20和图4-3-21所示。图层蒙版的原理是，当蒙版为黑色，被蒙版的图层不透明度为0%；当蒙版为白色，被蒙版的图层不透明度为100%；当蒙版颜色介于白色和黑色之间时就根据颜色的灰度来表示其不透明度，不透明度介于0%到100%之间。

图4-3-20

图4-3-21

图4-3-27

图4-3-28

步骤⑨ 下面介绍立体箭头的制作。快速地使用"自定形状工具"绘制出一个不同的箭头，将箭头的填充颜色设置为R:219，G:243，B:15，如图4-3-22～图4-3-24所示。

图4-3-22

图4-3-29

图4-3-30

步骤⑫ 绘制矩形后为了使形状与箭头匹配，需要对矩形进行调整，按快捷键Ctrl+T，然后再按住Ctrl键移动四个点来改变其形状，如图4-3-31所示。

步骤⑬ 除了Photoshop之外，AI也能很方便地制作一些常用的箭头。参照步骤1的操作，在AI中新建画布，如图4-3-32和图4-3-33所示。

图4-3-23

图4-3-24

图4-3-31

图4-3-32

步骤⑩ 沿着箭头水平的方向绘制一个白色的矩形，然后新建图层，使用渐变工具使其颜色产生渐变，然后用它对矩形进行剪贴蒙版操作，如图4-3-25～图4-3-27所示。

图4-3-25

图4-3-26

图4-3-33

步骤⑪ 对箭头的其余部分也进行类似的操作，一个立体的箭头就制作完成，如图4-3-28～图4-3-30所示。

步骤⑭ 在菜单栏中选择"画笔库/箭头/箭头_标准"，打开包含各种箭头的窗口，如图4-3-34和图4-3-35所示。

图4-3-34

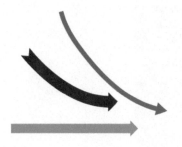

图4-3-38

步骤⑯ 在 AI 中使用箭头画笔库可以很方便快捷地绘制各种形状的箭头，Photoshop 中的箭头无法很便捷地实现弯曲，AI 中箭头只能是单一的颜色，无法实现渐变，此时可以通过两者的结合来实现渐变。将 AI 中制作好的箭头复制到 Photoshop 中，粘贴时选择形状图层，之后就可以在 Photoshop 中实现颜色及形状的渐变，如图 4-3-39 ～图 4-3-41 所示。

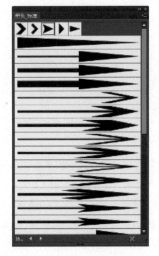

图4-3-35

步骤⑮ 在工具栏中选择"画笔"工具，选中任意的箭头进行绘制，通过改变其描边可以改变箭头的颜色，同时绘制出来的曲线可以通过调整各个锚点的曲率和影响范围来改变箭头的形状，如图 4-3-36 ～图 4-3-38 所示。

图4-3-39　　　　　　　图4-3-40

图4-3-36

图4-3-37

图4-3-41

疑难问答　Q：AI中的RGB和CMYK两种颜色模式有何不同？

A：RGB色彩模式是工业界的一种颜色标准，是通过对红（R）、绿（G）、蓝（B）三个颜色通道的变化及它们相互之间的叠加来得到各式各样的颜色的，这个标准几乎包括了人类视力所能感知的所有颜色；CMYK是另一种专门针对印刷业设定的颜色标准，是通过对青（C）、洋红（M）、黄（Y）、黑（K）四个颜色的变化及它们相互之间的叠加来得到各种颜色的，它的颜色种数少于RGB。RGB转换为CMYK时，颜色会有所变化，所以需要注意期刊对颜色模式的要求，在开始时设置好颜色模式。

4.4 Visio的应用

　　Microsoft Office Visio是一款专业的办公绘图软件，具有简单性、边界性等关键特征，能够帮助设计者将自己的思维、设计演变成形象化的图像，同时还可以帮助我们制作出富含信息和吸引力的图标、绘图及模型，让内容变得更加简洁、易于阅读与理解。

　　Microsoft Office Visio已成为目前市场中最优秀的绘图软件之一，因其强大的功能与简单的操作受到广大用户的青睐，已被广泛应用于众多领域，其中也包括科研领域。

　　接下来以 Microsoft Office Visio 2013 为例简单介绍 Viso 软件的使用方法。

　　步骤 ① 通过 Visio 绘图的典型工作窗口可以创建和管理图表和流程图，如图 4-4-1 所示。

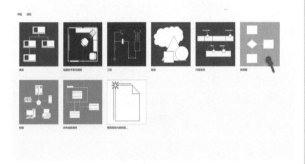

图4-4-1

　　步骤 ② 通过拖曳 Visio 提供的形状可以创建专业的流程图，如图 4-4-2 所示。

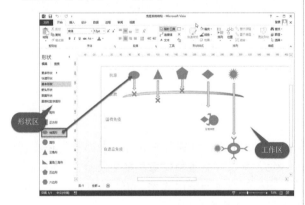

图4-4-2

　　步骤 ③ 可以为图形添加文字说明信息及调整图形的格式，如图图 4-4-3 ～图 4-4-5 所示。

图4-4-3

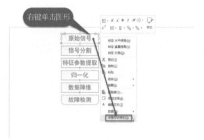

图4-4-4

图4-4-5

　　步骤 ④ 可以创建属于自己的图形模具，方便下次使用，如图 4-4-6 和图 4-4-7 所示。

图4-4-6

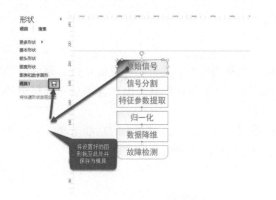

图4-4-7

步骤 ⑤ 使用 Visio 软件创建组织结构图，如图 4-4-8 所示。

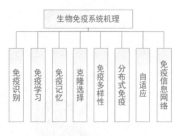

图4-4-8

步骤 ⑥ 通过复制、粘贴可直接导入 Word 文档，也可直接在 Word 文档中进行二次编辑，如图 4-4-9 所示。

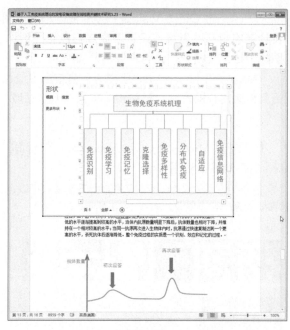

图4-4-9

疑难问答　　Q：怎样才能保证Visio输出的图像符合杂志的要求？

A：论文大部分都是用Visio输出的矢量图。过程如下：首先按Ctrl+A键，然后选择"另存为"，保存类型选择"Tag图像文件格式"；接着在输出里面设置压缩格式为"LZW"，"256色"，然后选择"打印机"，下面是"源"，最后单击确定就可以了，分辨率为300dpi。

4.5　TOC & Scheme应用举例

随着各个领域的期刊数目越来越多，科研人员难以将所有的文献都一一浏览，大部分人在看到一篇文章的时候，首先看到的是文章的TOC或者Scheme，其次才会去看文章的摘要及全文。所以一篇文章能不能吸引读者，TOC和Scheme在一定程度上起到了至关重要的作用。那怎样才算一个好的TOC或者Scheme，怎样才能制作出一张好的TOC或者Scheme图呢？

我们以图 4-5-1 为例讲解 TOC 的应用。

该篇文章研究的材料具有既疏水又疏油的特性，所以在 TOC 中需要突出水和油的特性，用蓝色的液体来代表水，黄色的液体来代表油，符合生活中人们对液体的认知。附着在表面的液体也采用了类似的颜色的表达，同时使用了两种不同颜色的平板来代表材料表面的状态发生了改变，图片中模糊的背景是此篇文章的材料，能隐约看到有一些离子，猜测这种材料的性质与离子有关。此 TOC 并没有采用将材料放在突出的位置，而只是作为其背景，丰富 TOC 内容，是因为此材料最大的特征就是通过调控既可以疏水又可以疏油，这一特点是非常吸引人的，其次才会引发人们对此材料的关注，阅读此篇文献。

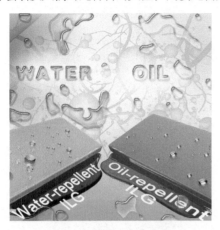

图4-5-1

因此，一个好的 TOC 具有以下特征。

1．重点突出，个性鲜明。TOC 需要把最突出最吸引人的内容放进去，而不是在一张 TOC 里面把论文所有的内容都放进去，没有读者会把这些内容读完。

2．通俗易懂，简洁明了。在 TOC 中不需要把那些高深的内容放进去，读者还需要仔细理解才能明白过来，如果是研究方向有差异的学科研究人员可能就不读了；所以需要把 TOC 里面表现的东西与大家的认知相符合，在看 TOC 的时候就能将 TOC 与自己的认知相联系起来。

3．将文章的内容具象化。TOC 中并不会放一张数据图或者实验流程的内容，需要设计者将这些东西具象成某些大家已经熟知的内容，让人一目了然。

总之，一个好的 TOC 就是，即使让外行的人一看也能知道这篇文章想要表达的最重要的内容。

下面我们将讲解如何用 3ds Max 和 Photoshop 来制作一张 TOC 的思路。

步骤① 使用"切角长方体"工具制作两个切角长方体，使用移动、旋转等工具对其进行调整，如图 4-5-2 和图 4-5-3 所示。

图4-5-2　　　　图4-5-3

步骤② 使用"球体"工具在场景中创建球体，对其进行非等比例缩放来制作与长方形表面接触的液体，如图 4-5-4 所示。

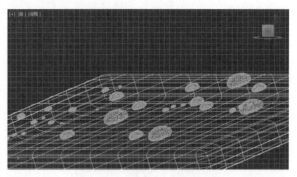

图4-5-4

步骤③ 使用"圆柱体"工具在场景中创建圆柱体，进行非等比例缩放，然后转换为"可编辑多边形"，进入点层级，通过调整它的点来制作地面不规则的液体，对其进行"平滑"，使表面更平滑，如图 4-5-5 ～图 4-5-7 所示。

图4-5-5　　　　图4-5-6

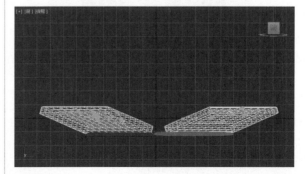

图4-5-7

步骤 4 设置 VRay 材质，图 4-5-8 和图 4-5-9 所示分别是两个切角长方体的材质设置，图 4-5-10 和图 4-5-11 所示分别是两种液体的材质设置，图 4-5-12 和图 4-5-13 所示分别是固体和液体材质设置的最终结果。

图4-5-10

图4-5-8

图4-5-11

图4-5-9

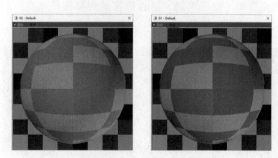

图4-5-12

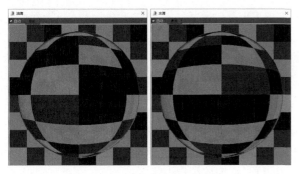

图4-5-13

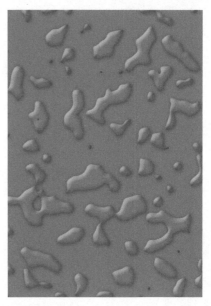

图4-5-15

步骤⑤ 渲染出图,得到图4-5-14 所示的初步效果图。

图4-5-14

步骤⑥ 下面进入 Photoshop 中处理渲染出的效果图。我们用 3.4.2 小节中的方法就能很快制作出 TOC 中漂浮的液体,如图4-5-15 所示。

步骤⑦ 在 Photoshop 中添加文字,得到最终的 TOC 图片,如图4-5-16 所示。

一张 TOC 的制作,不仅需要使用 3ds Max 来创建出理想的模型,对其材质和灯光进行设置,还需要在 Photoshop 中进行后期的加工得到理想的效果;甚至还需要使用其他的专业软件,如 Chem3D、Pymol 等来制作一些与自己论文有关的元素,一幅好的 TOC 或者 Scheme 通常都是多个软件综合运用得到的结果。

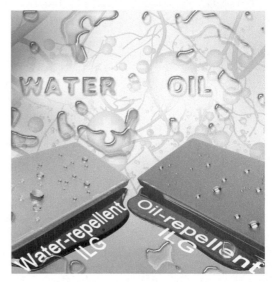

图4-5-16

疑难问答 **Q:** TOC或者Scheme需要使用到哪些软件?

A: 对于TOC或者封面,一般而言会需要使用到自己学科的一种专业软件,比如化学学科可能需要使用到ChemBioOffice,然后根据自己TOC或者Scheme风格,如果是平面化的则会使用到AI,如果是三维的则会使用到3ds Max或者其他三维软件,最后所有元素都会放入PS中进行多个素材的拼合及后期效果的处理。

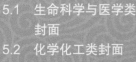

第
5
章

科研论文封面设计

本章内容详细讲解各类封面绘制的过程，由于版面限制，着重讲解 5.1 节的几个封面，后续的封面重复的内容和工具将不再讲解详细操作。5.3.1 小节封面由于较为复杂，也进行了详细的操作讲解。

5.1　生命科学与医学类封面

生命科学与医学类封面中，常以生命体、细胞、器官、药物等为主体进行刻画，封面的风格可以同时考虑使用二维和三维的方式绘制。在绘制二维平面风格时，需要使用AI软件，更多考虑光线对物体的影响，分析出物体的明暗色块后再进一步绘制；在绘制三维立体风格时，需要使用3ds Max软件进行建模渲染，建模时更多考虑生物体所带有的不规则轮廓。本节以四个封面为例进行讲解。

5.1.1　Cell

尺寸及相关要求

图片尺寸：237.15mm × 291.08mm (2801 pixels × 3438 pixels)

图片分辨率：300dpi 或 300dpi 以上

图片文件类型：pdf、jpg、eps、tif 和 psd

封面表达内容及构图

本小节要绘制的 *Cell* 封面需要表达出一粒种子在土壤中生长的过程，经过与作者讨论，选择在封面的左边表现出一粒在土壤中生根的种子，在封面的右边表现出一颗已经破土而出可以进行光合作用的幼苗，如图 5-1-1-1 所示。

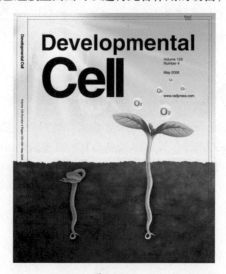

图5-1-1-1

素材整理及制作

该封面的绘制需要用到的素材包括豆苗、土壤、阳光、幼苗的形态及天空等。阳光和土壤的素材可以通过上网搜索下载得到，其余素材全部需要自己绘制，在本书的素材包目录 Chapter5/5.1.1 下可以找到该封面所需的素材。

具体制作步骤如下。

1. 背景类（天空、土壤、阳光）

（**步骤①**）进入 AI 软件，按下"Ctrl+N"组合键创建一个画布，就可以开始绘制了。使用工具栏中的"矩形"工具绘制一个矩形，并填充蓝色到白色的渐变，如图 5-1-1-2 所示。

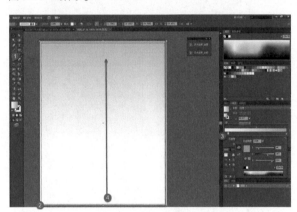

图5-1-1-2

（**步骤②**）单击"文件/打开"，找到土壤素材，调整其大小和矩形差不多大即可，放在画好的矩形上面。鼠标右键单击土壤素材的图层，选择置于顶层即可，如图 5-1-1-3 所示。

（**步骤③**）单击"文件/打开"，接着加入阳光的素材，并将其置于顶层，如图 5-1-1-4 所示。

2. 豆苗

（**步骤①**）新建一个画布（Ctrl+N），用来单独绘制豆苗。首先使用"钢笔"工具勾勒豆苗的外形，拖动鼠标会出现一条弧线，按住左键不放，拖动弧线，调整弧度，调整好后松开，单击锚点，完成一小段的弧线，以同样的方式接着锚点继续画下一段弧线，直至画

出豆苗外形（整个形状都是这样，一个一个的小弧线组成的）。形态很重要，这是为之后的详细绘制打好基础。绘制好外形后填充一个渐变色，鼠标左键双击左边的滑块，选择白色，选择完后，鼠标左键双击右边的滑块，选择黄色，黄色到白色的渐变即可，鼠标左键选中刚刚画好的幼苗外形，鼠标左键拖动渐变条，豆苗是黄色的，所以渐变色选为白色到黄色的一个渐变，如图 5-1-1-5 所示。

图5-1-1-3

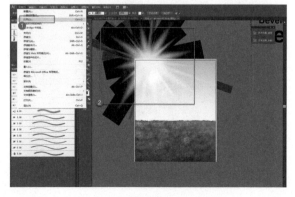

图5-1-1-4

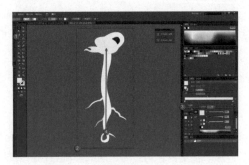

图5-1-1-5

步骤 ② 接下来要画出豆苗的明暗关系，包括明暗交界线、高光、暗部反光等。首先在工具栏中选择"钢笔"工具，勾勒豆苗的暗部形状，用鼠标左键单击并拖动会出现一条弧线，按住鼠标左键不放，拖动弧线，调整弧度，调整好后松开鼠标左键并单击锚点，完成一小段弧线的绘制（整个形状都是这样，由一条条的小弧线组成）。画完后，选中画好的暗部形状，吸取豆苗相近的颜色，在工具栏的"调色板"上双击鼠标左键，在弹出的色板上把颜色调深一点即可，如图 5-1-1-6 所示。

图5-1-1-6

步骤 ③ 保持暗部色块的选中状态，为其添加"风格化 / 羽化"滤镜效果，设置羽化半径为 0.8，如图 5-1-1-7 和图 5-1-1-8 所示。

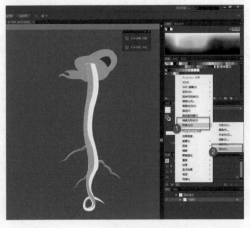

图5-1-1-7

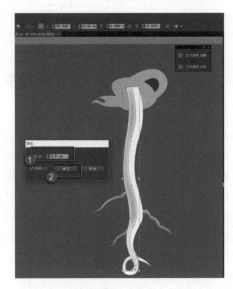

图5-1-1-8

调整完成后的最终效果如图 5-1-1-9 所示。

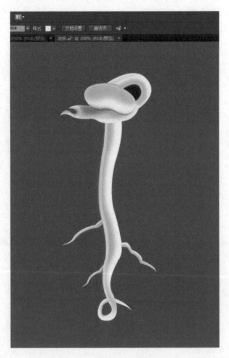

图5-1-1-9

步骤 ④ 接下来进行更深层次的绘画，表现出暗部反光、高光及环境色，绘制的方法与幼苗外形和暗部的绘制方法一样。在这些图层的叠加中为了避免图层间的生硬，可以调整羽化值，这样看起来会柔和一点。用鼠标左键单击要调整的图层，在右侧选项菜单中单击效果工具，找到羽化选项，用鼠标左键拖动滑块，适当调整羽化值即可。这一步完成后，豆苗就画好了，保存一下，如图 5-1-1-10 所示。

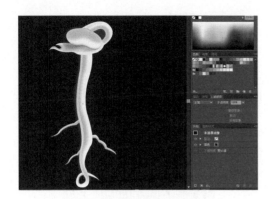

图5-1-1-10

3. 幼苗

步骤① 新建一个画布用来绘制幼苗，与豆苗的绘制方法相同。首先用工具栏中的"钢笔"工具勾勒幼苗的外形，用鼠标左键单击并拖动会出现一条弧线，拖动弧线，调整弧度，调整好后松开鼠标左键并单击锚点，完成一小段弧线的绘制（整个形状都是这样，由一条条的小弧线组成）。填充一个黄色到白色到绿色的渐变，黄色是根部，绿色的是叶子。双击左边的滑块，选择绿色，双击右边的滑块，选择黄色，填充从黄色到绿色的渐变即可，选中刚刚画好的幼苗外形，拖动渐变条，如图5-1-1-11和图5-1-1-12所示。

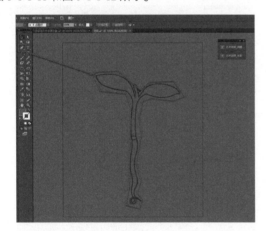

图5-1-1-11

步骤② 用工具栏中的"钢笔"工具勾勒幼苗的外形，用鼠标左键单击并拖动会出现一条弧线，拖动弧线调整弧度，调整好后松开鼠标左键并单击锚点，完成一小段弧线的绘制，画一个与叶子外形一致的形状。用鼠标左键双击左边的滑块，选择绿色，双击右边的滑块，选择黄色，设置从黄色到绿色的渐变即可，选中刚刚画好的幼苗外形，拖动渐变条，填充渐变色。接下来就要画出幼苗的明暗关系，包括明暗交界线、高光、暗部反光等，参照前面的方法。首先用工具栏中的"钢笔"

工具勾勒叶子的暗部形状，画完后，选中画好的暗部形状，吸取豆苗相近的颜色，在工具栏的"调色板"上双击鼠标左键，在弹出的色板上把颜色调深一点即可，如图5-1-1-13和图5-1-1-14所示。

图5-1-1-12

图5-1-1-13

图5-1-1-14

步骤③ 接下来进行更深层次的绘画，表现出暗部反光、高光及环境色，绘制的方法与幼苗外形和暗部的绘制方法一样。单击效果工具，找到羽化，用鼠标左键拖动滑块，适当调整羽化值即可，这样看起来会柔和一点。

如图 5-1-1-15 ～图 5-1-1-16 所示。

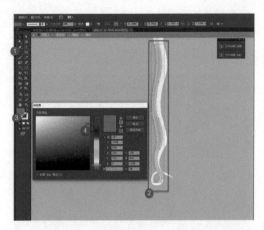

图5-1-1-15

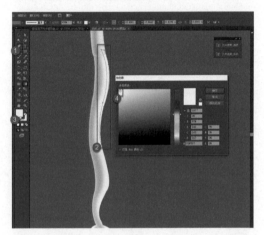

图5-1-1-16

步骤 ④ 使用工具栏中的"钢笔工具"绘制豆苗的根须，如图 5-1-1-17 所示。

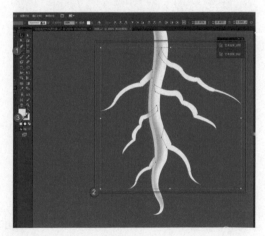

图5-1-1-17

步骤 ⑤ 利用前面介绍过的方法，绘制出根须暗部效果，如图 5-1-1-18 所示。

图5-1-1-18

4. 氧气

氧气的气泡素材可以通过网上下载得到，在工具栏中单击"文件 / 打开"，导入氧气的素材，之后单击工具栏中的"文字"工具，输入氧气的化学式，选中文字并置于顶层，如图 5-1-1-19 所示，放在气泡上，通过复制得出几个一样的氧气泡，按住 Alt 键，用鼠标左键拖动气泡即可复制，选中气泡，会出现一个框，用鼠标左键向外拖动四角，即可调整大小，大小不一，会显得有些层次感，视觉上会更好一些，如图 5-1-1-20 所示。

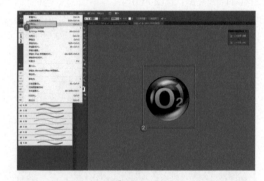

图5-1-1-19

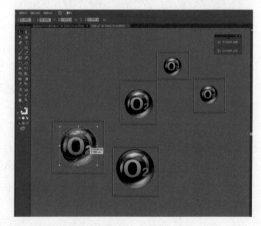

图5-1-1-20

5. 整体效果合成

步骤 ① 把制作好的豆苗、幼苗、氧气泡图形拖进天空和土壤的画布（用鼠标左键按住要拖动的图层，拖动到合适位置松开即可），如图 5-1-1-21 所示。

图5-1-1-21

步骤 ② 将阳光的素材置于顶层，再调整一下各个素材的位置等，保存图片，然后，单击"文件 / 导出"，导出保存的图片。打开 Photoshop，把之前的封面模板打开，接着打开制作好的图片（图 5-1-1-22），按下"Ctrl+A"组合键全选，按"Ctrl+C"组合键复制，再按"Ctrl+V"组合键粘贴到模板，将两张图片放在一起，即可得到最终的封面，如图 5-1-1-23 所示。

图5-1-1-22

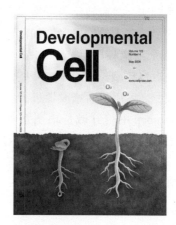

图5-1-1-23

疑难问答 **Q**：在AI中如何快速放大缩小编辑区域？

A：按住"Alt"键的同时滚动鼠标滚轮。

5.1.2 Current Biology

◎ DVD\5.1.2 3dx Max 自由形式工具绘制细胞表面的凹凸

尺寸及相关要求

图片尺寸：212.77mm × 282.62mm (2513 pixels × 3338 pixels)

图片分辨率：300dpi 或 300dpi 以上

图片文件类型：pdf、jpg、eps、tif 和 psd

封面表达内容及构图

本小节要绘制的封面是中山大学 2015 年发表在 *Current Biology* 上的论文，核心内容是表达对活体细胞内 DNA 分子链中 G-4 链体的识别。经过与作者的讨论，设计一张航海风格的封面，封面中体现一位水手手持望远镜探查航

扫码看视频教学

路。其中航路图显示在一个大的活体细胞中，大陆与航线分别用 DNA 碱基序列和 DNA 分子链来表示，如图 5-2-1-1 所示。

图5-1-2-1

素材整理及制作

该封面需要用到的素材包括：航海风格的背景图，泉水图片、水面素材、水手、望远镜、放大镜、活体细胞、DNA 链及 G-4 链体。在本书的素材目录 Chapter5/5.1.2 下可以找到该封面所需的素材。以上需要自己绘制的素材包括：活体细胞、DNA 分子链。G-4 链体图片由作者提供，其他素材可从网络查找。

细胞模型不需要制作得十分精细，可使用几何球体模型制作，之后转化为可编辑多边形，再使用绘制变形功能为细胞轮廓增加凹凸质感，内部再添加一个细胞核即可；DNA 分子链使用两个平行的长方体模型，中间添加一些代表四种碱基的条形块，之后用扭曲修改器进行自旋转可得到；在 Photoshop 中打开碱基地图素材，并找到其轮廓，之后在轮廓中填充不同大小的四种碱基表签。

具体制作步骤如下。

1. 创建细胞模型

步骤 ① 在 3ds Max 中，在默认布局下找到右侧工具栏中的"创建"选项卡，单击"创建"按钮，找到"标准基本体"，单击"几何球体"按钮，在视窗中拖动鼠标左键即可创建一个几何球体模型，如图 5-1-2-2 所示。

图5-1-2-2

步骤 ② 在"修改"选项卡中修改几何球体的参数，设置合适参数值，让球体饱满一些，这样就得到一个标准的球体模型。之后将其转换为可编辑多边形，如图 5-1-2-3 所示。

步骤 ③ 在"自由形式"中，使用"绘制变形"中的"推拉"和"松弛"功能让球面获得凹凸质感，如图 5-1-2-4 和图 5-1-2-5 所示。

图5-1-2-3　　　　　　　　　　图5-1-2-4

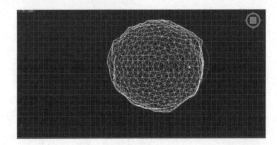

图5-1-2-5

步骤 ④ 最后添加上一个"网格平滑"修改器，这样就得到了一个细胞的轮廓模型，如图 5-1-2-6 所示。

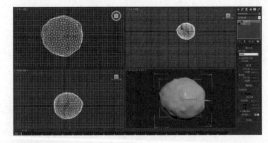

图5-1-2-6

步骤 ⑤ 用相同的方法来制作细胞核，或者利用现有的模型复制出一个小的副本，之后利用工具栏中的"缩放"工具，按住鼠标拖动以改变模型大小，或者绘制变形制作出细胞核，如图 5-1-2-7 所示。

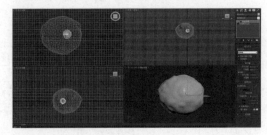

图5-1-2-7

步骤 ⑥ 最后为模型添加一个含有透明度的材质，渲染后就可以得到这个细胞的轮廓，如图 5-1-2-8 所示。材质系统调整、图像渲染和保存方法请参考 1.4.8 小节中相关介绍，此处可采用素材包中的液体类材质。

图5-1-2-8

2. 创建DNA分子链

步骤 ① 首先制作碱基标签，使用"标准基本体"中的"长方体"工具新建一个长方体模型，调整好长宽高，其中调整宽度分段为2，如图 5-1-2-9 和图 5-1-2-10 所示。

图5-1-2-9　　　　　图5-1-2-10

步骤 ② 之后换为可编辑多边形，在"修改"面板中进入"点级别"，移动宽度边上的两个中间顶点，即可制作好标签的模型，如图 5-1-2-11 ~ 图 5-1-2-13 所示。

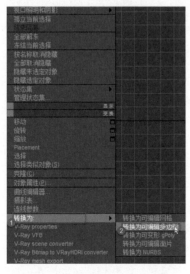

图5-1-2-11　　　　　图5-1-2-12

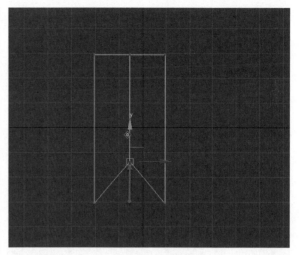

图5-1-2-13

步骤 ③ 用同样的方法制作与之对应的碱基标签，如图 5-1-2-14 所示。

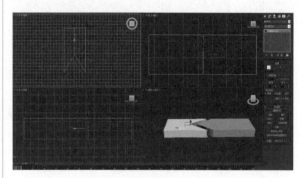

图5-1-2-14

步骤 ④ 在碱基标签两边创建两个长方体，长度分段要充足，以备使用"扭曲"修改器。同时，沿着创建的长方体复制两个标签模型（在"移动"工具状态下，移动模型的同时，按住"Shift"键即可复制），并在弹出的"克隆"选项中设置副本个数，如图 5-1-2-15 和图 5-1-2-16 所示。

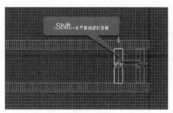

图5-1-2-15　　　　　图5-1-2-16

步骤 ⑤ 使用"选择"工具，按住"Ctrl"键复选，间隔着选择一半的标签，之后使用"对齐"工具，做出对齐的标签，如图 5-1-2-17 和图 5-1-2-18 所示。

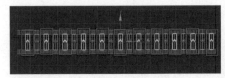

图5-1-2-18   图5-1-2-17

步骤 6 最后全选所有模型，添加"扭曲"修改器，将不同的碱基赋予不同颜色的材质，可得到 DNA 分子链模型，如图 5-1-2-19 和图 5-1-2-20 所示。材质系统调整、图像渲染和保存方法请参考 1.4.8 小节中相关介绍，此处可采用素材包中的塑料类材质。

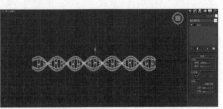

图5-1-2-19   图5-1-2-20

步骤 7 渲染后可得到 DNA 分子链素材，如图 5-1-2-21 所示。材质系统调整、图像渲染和保存方法请参考 1.4.8 小节中相关介绍，此处可采用素材包中的塑料类材质。

图5-1-2-21

3. 整体效果合成

步骤 1 在 Photoshop 中利用"蒙版"，将泉水图片、水面素材和航海背景图合成一张。进入"蒙版"，使用黑白渐变，配合低硬度的"橡皮擦"工具保留该图层想要的部分，并得到边缘的过渡效果，如图 5-1-2-22 和图 5-1-2-23 所示。

图5-1-2-22

图5-1-2-23

步骤 2 在对应的素材文件夹下找到细胞素材图片，再插入 Photoshop 中并移动到对应位置，为其添加"调整图层"，将颜色调整得深一些，与整个背景搭配。然后，用鼠标左键双击图层，进入"图层样式"，为细胞加一个蓝色的"外发光"效果，如图 5-1-2-24 所示。

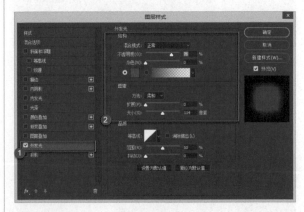

图5-1-2-24

步骤 3 在船的甲板位置放入水手和望远镜的素材，使用"蒙版"工具，配合"橡皮擦"工具将水手的胳膊抠出，按下"Ctrl+J"组合键将手臂复制到新的图层，再使用按下"Ctrl+T"组合键将水手胳膊的位置修改成托着望远镜的位置，如图 5-1-2-25 所示。

步骤 4 将放大镜抠出放入望远镜与细胞的透视角度中间，通过按"Ctrl+C"组合键复制并对几个镜片图层添加"高斯模糊"滤镜，得到残影效果，之后在放大镜片上加入 G-4 链体素材，如图 5-1-2-26 和图 5-1-2-27

所示；双击图层，进入"图层样式"窗口中添加"外发光"
和"投影"效果，即可得到最终封面效果，如图5-1-2-28
和图5-1-2-29所示。

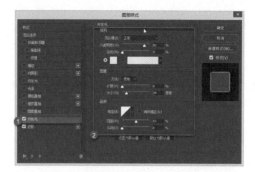

图5-1-2-27

图5-1-2-25

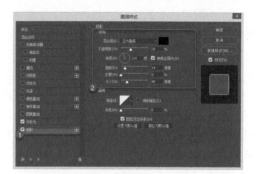

图5-1-2-28

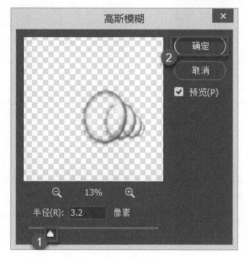

图5-1-2-26

图5-1-2-29

 疑难问答　Q：3ds Max中，如何将平面图导入场景中做背景？

A：首先在3ds Max中激活想要加入背景的视图，按下"Alt+B"组合键，接着在弹出的"视口背
景"对话框中单击"文件"按钮，然后选择想要添加的背景贴图即可。

5.1.3 EBioMedicine

尺寸及相关要求

图片尺寸：214.97mm×159mm (2539 pixels×1878 pixels)

图片分辨率：300dpi 或 300dpi 以上

图片文件类型：pdf、jpg、eps、tif 和 psd

封面表达内容及构图

本小节要绘制的封面是浙大医学所 2016 年发表在 *EBioMedicine* 上的论文，核心内容是表达通过血管内注射 RNA(miR-367-3P)，达到对肝脏内肿瘤的靶向治疗。经过与作者讨论，画面中要展现，一根细管通过动脉向肝脏内肿瘤附近注射 RNA，肝脏内既要有大块的肿瘤，也有一些分散的癌细胞，在癌细胞中，治疗过程要有 AR 蛋白质的体现。在动脉中要体现出血红细胞、白细胞及一些 RNA。效果如图 5-1-3-1 所示。

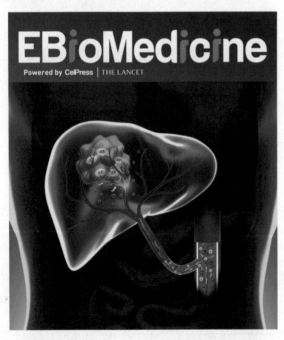

图5-1-3-1

素材整理及制作

该封面需要用到的素材包括：肝脏透视图、肿瘤组织、白细胞与癌细胞、肝脏血管脉络图及动脉血管。在本书的素材包中可以找到该封面所需的素材。以上需要自己绘制的素材包括：肿瘤组织、动脉血管。其他素材可从网络查找。

肿瘤组织模型不需要制作得十分精细，使用"几何球体"模型制作，之后转化为"可编辑多边形"，再使用"绘制变形"中的"推／拉"功能绘制肿瘤组织的沟壑和凹凸质感；动脉血管模型比较好制作，可使用"标准基本体"中的"管状体"工具制作出多层管体，弯曲血管部分，可以使用"弯曲"修改器或者使用"路径变形"修改器来制作，需要展现剖面部分，可以使用布尔运算来制作，布尔运算的详细步骤可参考 5.4.3 小节。

具体操作步骤如下。

1. 创建肿瘤组织

步骤 ① 在 3ds Max 中，在默认布局下找到右侧工具栏中的"创建"选项卡，选中"几何体"按钮，找到"标准基本体"，单击"几何球体"按钮，在视窗中拖动鼠标左键即可创建一个几何球体模型。之后在"修改"选项卡中修改几何球体的参数，让球体表面具有一定的棱角，这样就得到一个有棱角的球体模型，如图 5-1-3-2 和图 5-1-3-3 所示。

图5-1-3-2　　　　　　　图5-1-3-3

步骤 ② 之后用鼠标右键单击模型，将其转换为"可编辑多边形"，在"自由形式"中，使用"绘制变形"中的"推／拉"和"松弛"功能让球面的沟壑和凹凸更明显一些，最后添加上一个"网格平滑"修改器，这样就得到了一个肿瘤组织模型，如图 5-1-3-4 和图 5-1-3-5 所示。

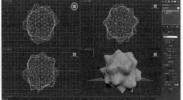

图5-1-3-4　　　　　　　　图5-1-3-5

步骤 ③ 为模型添加一个光泽效果不强的低饱和度材质，渲染后就可以得到这个肿瘤组织，如图 5-1-3-6 所示。材质系统调整、图像渲染和保存方法请参考 1.4.8 小节中相关介绍，此处可采用素材包中的塑料类材质。

图5-1-3-6

2. 整体效果合成

步骤 ① 在 Photoshop 中加入肝脏透视图素材，按下快捷键 "Ctrl+T" 进入 "自由变形" 工具，缩放移动图片，并将肝脏部分放大作为背景；添加 "调整图层"，让肝脏与人体透视部分的对比度强一些，如图 5-1-3-7 ~ 图 5-1-3-10 所示。

图5-1-3-7　　　　　　　　图5-1-3-8

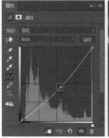
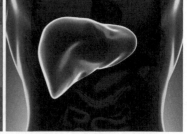

图5-1-3-9　　　　　　　　图5-1-3-10

步骤 ② 加入肝脏血管脉络图，与背景中的肝脏基本对齐后，使用 "钢笔" 工具描出主要血管脉络，之后用红色填充；在 "图层" 面板中双击图层，进入 "图层样式" 并添加 "内阴影"、"光泽" 和 "内发光" 效果，如图 5-1-3-11 ~ 图 5-1-3-16 所示。

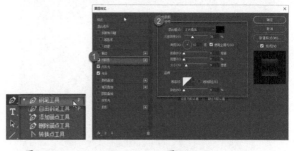

图5-1-3-11　　　　　　　　图5-1-3-12

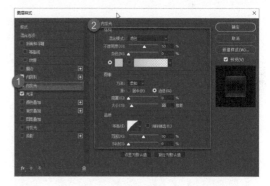

图5-1-3-13

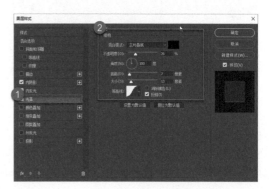

图5-1-3-14

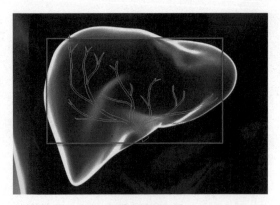

图5-1-3-15

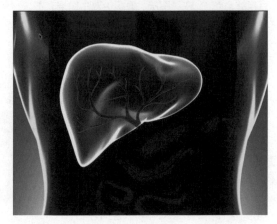

图5-1-3-16

步骤 ③ 将制作好的肿瘤组织素材放入肝脏的左上角，双击图层，进入"图层样式"，并添加一个"外发光"和"描边"效果，如图 5-1-3-17 和图 5-1-3-18 所示。

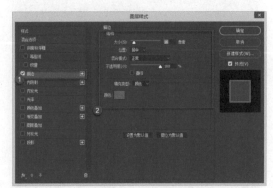

图5-1-3-17

步骤 ④ 之后加入制作好的两个血管模型，将弯曲的血管与肝脏血管出口对齐，并使用"蒙版"工具配合硬度低的"橡皮"工具柔和两者之间的过渡，同样使用"蒙版"工具将弯曲的血管与竖直的血管柔和过渡，让弯曲的血管看起来是竖直血管的一个分支，竖直

血管两头也使用"蒙版"将其与背景柔和过渡，如图 5-1-3-19 ～图 5-1-3-20 所示。

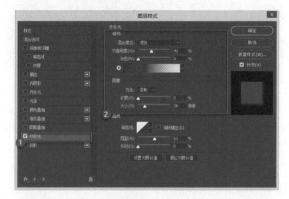

图5-1-3-18

图5-1-3-19

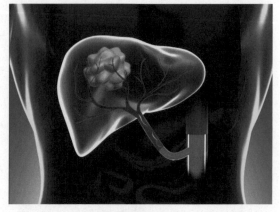

图5-1-3-20

步骤 ⑤ 根据血管的形状，使用"钢笔"工具画出血管内的导流细管的路径，使用绿色填充"路径"，

左键双击图层，进入"图层样式"添加"外发光"、"内发光"和"光泽"效果。如图 5-1-3-21 ～图 5-1-3-23 所示。

步骤 ⑥ 使用形状中的箭头为导流细管标明流动方向，图 5-1-3-24 和图 5-1-3-25 所示。

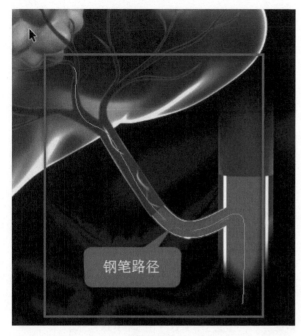

图5-1-3-21

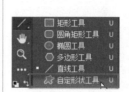

图5-1-3-24

图5-1-3-25

步骤 ⑦ 将血红细胞和白细胞素材放入血管剖面部分，双击素材图层，进入"图层样式"，添加微弱的"投影"效果。在靠近肝脏内肿瘤组织部分放入癌细胞素材，在"图层"面板下单击"调整图层"按钮，在弹出的菜单中使用"曲线"和"色相/饱和度"将癌细胞的颜色调整为近似肿瘤组织的颜色；之后双击图层，进入"图层样式"，为癌细胞添加微弱的"投影"效果，如图 5-1-3-26 ～图 5-1-3-29 所示。

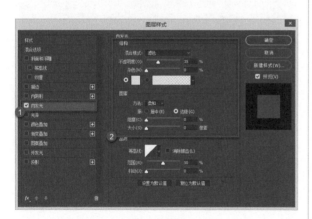

图5-1-3-22

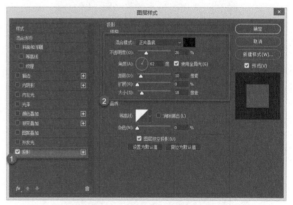

图5-1-3-26

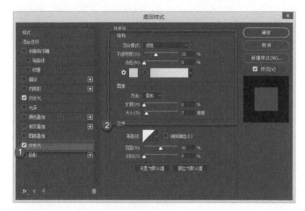

图5-1-3-23

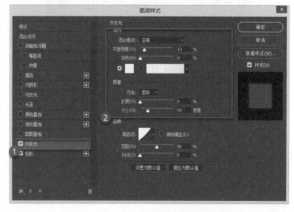

图5-1-3-27

图5-1-3-28　　　　　　　图5-1-3-29

部分的 RNA 调整出具有一定的透视感,让人能看出 RNA 是从导流细管出口流出的,如图 5-1-3-33 和图 5-1-3-34 所示。

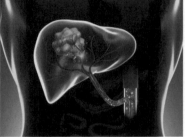

图5-1-3-33　　　　　　　图5-1-3-34

步骤 ⑧ 在导流细管的出口部分添加一个白色的透明径向渐变色,并用"钢笔"工具画出几条流动细丝,如图 5-1-3-30 ~ 图 5-1-3-32 所示。

步骤 ⑩ 最后在肿瘤组织内部利用"工具栏"中的"选区工具"建立一些椭圆形的选区,使用"工具栏"中的油漆桶工具进行黄色填充,将该图层的"混合模式"调整为"柔光"并双击图层,在"图层样式"中添加"内发光"和"外发光"效果。之后,在每个椭圆区域内使用"文字"工具输入"AR"的字样。现在整个封面效果就做完了,如图 5-1-3-35 ~ 图 5-1-3-38 所示。

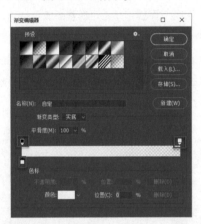

图5-1-3-30

图5-1-3-31

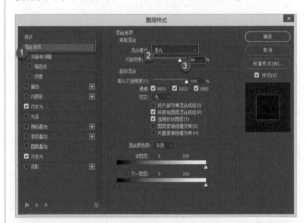

图5-1-3-35

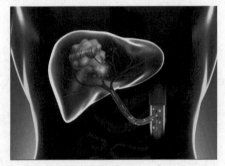

图5-1-3-32

步骤 ⑨ 加入 RNA 素材,使用"工具栏"中的"钢笔"工具,根据素材轮廓将几种颜色的 RNA 抠出,并将它们放入血管剖面部分和导流细管的出口位置,注意这里在抠出 RNA 的基础上需要使用"自由变形"工具,将这

图5-1-3-36

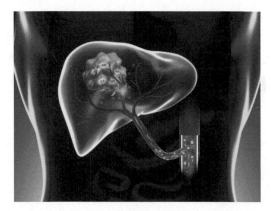

图5-1-3-37　　　　　　　　　　　　　　　图5-1-3-38

疑难问答　Q：在Photoshop中如何绘制虚线？

A：先打开画笔面板，双击你用来画虚线的刷子，把间距调到100%以上，便可画虚线了：用笔刷点一下起点，按住Shift键，再点一下末点，两点之间就画上虚线了。

5.1.4　Applied and Environmental Microbiology

尺寸及相关要求

图片尺寸：6-1/8inches × 7inches (1838 pixels × 2100 pixels)

图片分辨率：300dpi 或 300dpi 以上

图片文件类型：pdf、jpg、eps、tif 和 psd

封面表达内容及构图

本小节要绘制的封面是中国药科大学 2016 年发表在 *Applied and Environmental Microbiology* 上的论文，核心内容是表达一个长度为 50 的氨基酸序列。要求前 37 个序列为红色序列，后 13 个序列为黑色序列，通过龙身的弯曲对两者进行区分。经过与作者讨论，封面中要体现中国元素：山水画、龙和灯笼，使用一幅水墨山水画作为背景，主体内容是一条由 50 个灯笼组成躯干的中国龙，一只爪握着金黄色葡萄球菌，灯笼中标有氨基酸序列，中国龙的尾部放有药物的结构式。效果如图 5-1-4-1 所示。

素材整理及制作

该封面需要用到的素材包括：水墨山水画、中国龙素材、灯笼素材、药物结构式素材和金黄色葡萄球菌素材图片。其中金黄色葡萄球菌和药物结构式素材由作者提供，其他素材可从网络搜索得到。

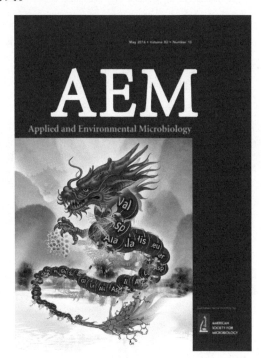

图5-1-4-1

整体效果合成的操作步骤如下。

步骤 ① 在 Photoshop 中加入水墨山水画素材图片，通过"自由变形"工具和"图层"面板下的"蒙版"

工具找到需要展现的部分，再通过"Ctrl+J"组合键复制并移动图层让背景的画面更丰富一些。画布中间部分会放中国龙，因此可以简单通过"蒙版"处理，不需要将图层间融合得非常好。图5-1-4-2中标号1～4分别表示四个图层通过"蒙版"所展现的画面部分。

最后使用"图层"面板下的"成组"按钮，将所有灯笼图层放到一个图层组内，为组添加一个微弱的浅黄色的"外发光"图层样式，如图5-1-4-5和图5-1-4-6所示。

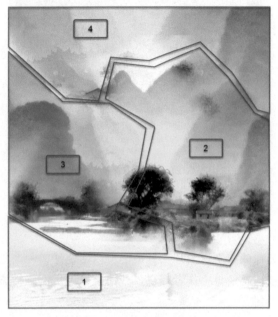

图5-1-4-2

步骤② 加入灯笼素材，使用"文字"工具在灯笼上写上氨基酸标签，为"文字图层"添加深红色"描边"图层样式，如图5-1-4-3和图5-1-4-4所示。

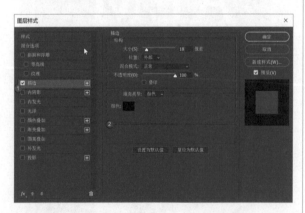

图5-1-4-3

步骤③ 按照之前的方法将龙的躯干一节一节绘制出来，在绘制过程中为了有一定的空间感，由上到下的灯笼与文字是逐渐缩小的。前37组氨基酸标签使用黄色字体并添加红色"描边"图层样式，后13组氨基酸标签使用白色字体并添加黑色"描边"图层样式。

图5-1-4-4

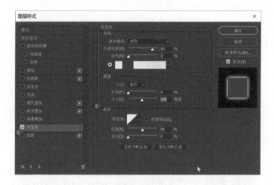

图5-1-4-5

图5-1-4-6

步骤 ④ 加入中国龙图片素材，先使用"工具栏"中的"橡皮"工具，右键单击画布进入"橡皮"工具调整框，调整好橡皮的大小和硬度；为图层添加"蒙版"，使用调整好的"橡皮"在"蒙版"中分别擦出龙头、龙爪和龙尾，并使用"移动"工具将其移动到对应位置，如图5-1-4-7和图5-1-4-8所示。

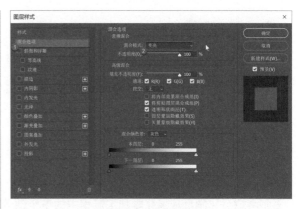

图5-1-4-11

图5-1-4-7　　　　图5-1-4-8

步骤 ⑤ 放入药物结构式图片，这里需要使用"自由变换"工具，将结构式的图形更好地贴合龙的尾部，如图5-1-4-9和图5-1-4-10所示。

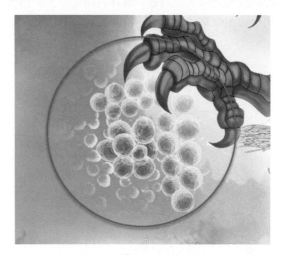

图5-1-4-12

图5-1-4-9　　　　图5-1-4-10

步骤 ⑥ 最后将两张金黄色葡萄球菌图片放在龙爪下方，菌落比较密集的一张作为背景；双击图层，进入"图层样式"，将其"混合模式"调为变亮，并通过硬度值较低的"橡皮"在"蒙版"中擦除，虚化边缘，这样整个封面就制作完了，如图5-1-4-11～图5-1-4-13所示。

图5-1-4-13

疑难问答 Q：用直线工具画一条直线后，怎样设置直线由淡到浓的渐变？

A：用直线工具画出直线后，首先把它变成选区，填充渐变色，选前景色到渐变透明。然后在直线上添加蒙版，用羽化喷枪把尾部喷淡，也可得到由淡到浓的渐变。

5.2 化学化工类封面

　　化学化工类封面中，常以化学反应、化学加工流程、化学元素为主体进行刻画，绘制此类封面需要多考虑反化学反应及化学加工流程中的各个部分之间的关系，以便根据它们之间的时间、空间及重要程度来对封面布局进行设计，而化学元素的表达中要更加注意对自身的刻画，可以通过一些形象化的卡通图像来代表和隐喻其特性。本节以四个封面为例进行讲解。

5.2.1　Journal of the American Chemical Society

尺寸及相关要求

图片尺寸：188mm×206mm (2218 pixels×2428 pixels)

图片分辨率：300dpi 或 300dpi 以上

图片文件类型：pdf、jpg、eps、tif 和 psd

关于封面

　　这张封面展示了共轭卟啉和两类富勒烯基客体分子动态平衡的艺术感。通过超分子作用力的方法，包括卟啉环和 C60 之间互补铵冠醚的相互作用和 π-π 相互作用，如图 5-2-1-1 所示。

图5-2-1-1

素材整理及制作

　　该封面需要用到的素材包括：整体模型素材和金属拉丝背景素材。在本书的素材包目录Chapter5/5.2.1 下可以找到该封面所需的素材。

　　整体模型素材需要自己建模渲染完成，其他素材可从网络查找。

　　整体模型素材可以分为两个步骤完成，第一步制作出 C60 球体模型；第二步通过复制、移动和对齐，将 C60 球体和长方体模型组合成为最终的整体模型。

　　具体制作步骤如下。

1. 制作C60球体模型

　　步骤 ① 在 3ds Max 中，利用"标准基本体"中的"几何球体"工具创建一个几何球体，单击"修改"选项卡，进入几何球体的参数设置面板，将分段数设为 1，基点面类型设为二十面体，如图 5-2-1-2 ～ 图 5-2-1-4 所示。

图5-2-1-2　　　　　　　　图5-2-1-3

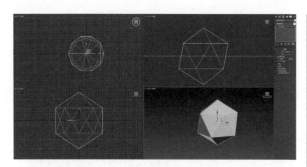

图5-2-1-4

使 C_{60} 分子结构正好在球体表面，C_{60} 球体模型就制作好了，如图 5-2-1-8 ~ 图 5-2-1-12 所示。

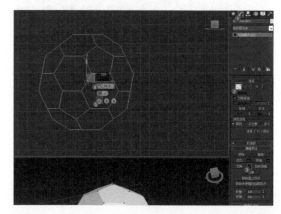

图5-2-1-6

步骤 2 选择视口中的二十面体并单击鼠标右键，将图形转化为可编辑多边形。进入"修改"选项卡，进入"顶点级别"，在视口中选中所有顶点，在"编辑顶点"卷展栏下单击"切角"按钮右边的方框图标，这时在视口中会出现"切角"工具，修改切角量，使所有边长相等，调整好后，单击切角工具中的"对号"按钮，对模型的修改就可以提交，C_{60} 的球体就制作出来了。

这里要解释一下二十面体为什么切角后能得到 C_{60} 球体：二十面体中一共有 12 个顶点，所有顶点的邻接边数为 5，切角的原理是根据顶点的邻接边来产生新的顶点，达到切角效果。每个顶点切角后都会产生五个顶点，通过控制切角量来控制产生的新边的边长，就可以得到 C_{60} 球体了。如图 5-2-1-5 ~ 图 5-2-1-7 所示。

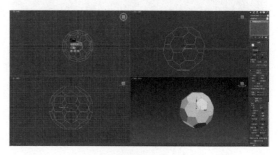

图5-2-1-7

图5-2-1-5

步骤 3 选中制作好的 C_{60} 球体，在"修改"面板中为其添加"晶格"修改器，并设置相应的参数，获得 C_{60} 分子结构。之后，在 C_{60} 分子结构内使用标准基本体中的"几何球体"工具新建一个几何球体，使用"对齐"工具将球体和 C_{60} 分子结构对齐，并修改球体半径，

图5-2-1-8

图5-2-1-9

图5-2-1-10

223

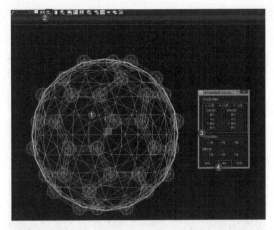

图5-2-1-11

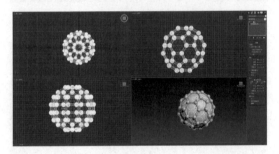

图5-2-1-12

2. 制作整体模型

步骤 ① 在顶视图中利用标准基本体中的"长方体"工具新建一个长方体，调整好长方体参数后，使用"对齐"工具，对齐长方体与C60分子，如图5-2-1-13和图5-2-1-14所示。

图5-2-1-13   图5-2-1-14

步骤 ② 通过"复制"、"移动"和"对齐"工具，将整个模型制作出来，如图5-2-1-15所示。

步骤 ③ 利用标准基本体中的"平面"工具创建一个平面作为模型的地面，这里为了让最终渲染图中没有空白区域，平面可以有一定角度。再使用"灯光"工具，在模型的斜上方创建一个标准灯光，作为主体光源，并在模型的四个角创建"环境光"，然后为每个模

型赋予材质，如图5-2-1-16～图5-2-1-18所示。材质系统调整、图像渲染和保存方法请参考1.4.8小节中相关介绍，此处可采用素材包中的金属类材质。

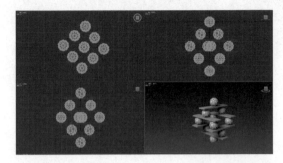

图5-2-1-15

图5-2-1-16   图5-2-1-17

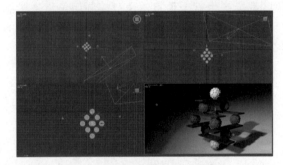

图5-2-1-18

步骤 ④ 最后进行渲染，可得到整体模型素材，如图5-2-1-19所示。

图5-2-1-19

3. 整体效果合成

步骤 ① 将整体模型素材导入 Photoshop 中，按"Alt+Ctrl+C"组合键调整画布大小，按照期刊的版面尺寸进行调整，之后使用"图层"面板中的"调整图层"工具进一步调色，如图 5-2-1-20 ~ 图 5-2-1-22 所示。

图5-2-1-20

图5-2-1-21

图5-2-1-22

步骤 ② 将金属拉丝背景图片导入图层，单击"编辑/透视变形"，将金属拉丝纹理变得有一些透视感，然后用鼠标左键双击图层，进入"图层样式"，将"混合模式"修改为"正片叠底"，如图 5-2-1-23 ~ 图 5-2-1-25 所示。

图5-2-1-23

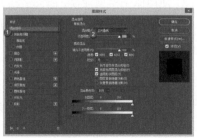

图5-2-1-24

图5-2-1-25

步骤 ③ 为金属拉丝背景图层添加"蒙版"，将模型部分从"蒙版"中抠出并设为黑色（这里"蒙版"可以配合"橡皮"工具、"选区"工具和"路径"工具使用）。整个封面效果就制作完成了，如图 5-2-1-26 所示。

图5-2-1-26

疑难问答 Q：操作过程中坐标轴不见了是怎么回事，如何找回？

A：这是因为我们无意中按下了键盘中的X键，或者错误选择了菜单命令 "Views（显示）/Show Transform Gizmo（显示变换线框）"。只要重新按下X键，或重新选择菜单命令Show Transform Gizmo（显示变换线框），即可恢复变换线框Gizmo的显示。

5.2.2 Angewandte Chemie

◎ DVD\5.2.2　3ds Max 利用轴构建分子结构

尺寸及相关要求

图片尺寸：210mm×267.72mm（2480 pixels×3162 pixels）

图片分辨率：300 dpi 或 300dpi 以上

图片文件类型：pdf、jpg、eps、tif 和 psd

扫码看视频教学　　文章编辑会给邀请绘制封面的作者一个封面模板，如图 5-2-2-1。需要在模板中灰色圆圈部分绘制主要内容，但封面绘制不局限在圆圈内。

图5-2-2-1

封面表达内容及构图

本小节要绘制的封面是深圳大学 2016 年发表在 *Angewandte Chemie* 上的论文，核心内容是表达一个反应中的两步过程。经过与作者的讨论，决定设计一张风格清新的封面以表现反应产物中气体的轻盈感。封面中反应第一步是葡萄糖经过酶的催化，生成过氧化氢气体，之后，精氨酸与过氧化氢反应产生 NO 气体。效果如图 5-2-2-2 所示。

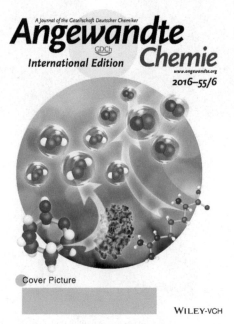

图5-2-2-2

素材整理及制作

该封面需要用到的素材包括：一张清新风格的背景图、酶图片，过氧化氢、NO、精氨酸和葡萄糖的分子模型。在本书的素材目录 Chapter5/5.2.2 下可以找到该封面所需的素材。以上需要自己绘制的素材包括：过氧化氢模型、NO 模型（两种气体分子模型也可以从网上查找）、精氨酸模型及葡萄糖模型，其他素材可从网络查找。

精氨酸和葡萄糖分子模型比气体分子模型复杂，使用球棍模型建模，两种气体分子结构较为简单，使用原子模型建模，添加适当材质和颜色即可，接下来主要介绍葡萄糖和精氨酸的建模过程。

具体制作步骤如下。

1. 葡萄糖分子模型

步骤 ① 在 3ds Max 中，在默认布局下找到右侧 "工具栏" 中的 "创建" 选项卡，单击 "图形" 按钮，找到 "样条线"，单击 "多边形" 按钮，在顶视图中按住并拖动鼠标左键创建一个 "多边形"，将 "多边形"

的边数设为6，角半径设为0，如图5-2-2-3所示。在"修改"面板中为"多边形"添加"晶格"修改器，如图5-2-2-4所示，在"晶格"修改器的"几何体"参数中，选择"仅来自边的支柱"，之后设置合适的支柱参数；然后，在原位置复制刚才建好的模型，将复制后的模型的几何体参数设置为"仅来自顶点的节点"，并设置合适的节点参数，最后为两个模型分别添加不同的材质，如图5-2-2-3～图5-2-2-5所示。材质系统调整、图像渲染和保存方法请参考1.4.8小节中相关介绍，此处可采用素材包中的塑料类材质。

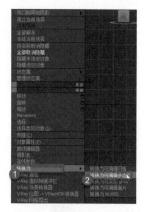

图 5-2-2-6

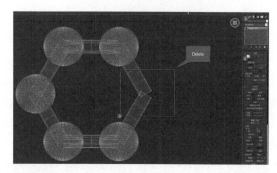

图 5-2-2-7

图 5-2-2-3　　　　　图 5-2-2-4

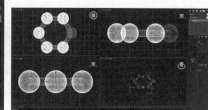

图 5-2-2-8　　　　　图5-2-2-9

步骤 ③ 在其余五个碳原子位置添加相应的"几何球体"，代表氧原子和氢原子；添加"圆柱体"，代表分子键，并为其添加对应的材质，如图5-2-2-10所示。材质系统调整、图像渲染和保存方法请参考1.4.8小节中相关介绍，此处可采用素材包中的塑料类材质。

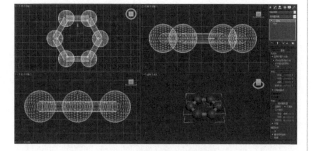

图5-2-2-5

步骤 ② 选中"节点化晶格"的模型，并转换为"可编辑多边形"，如图5-2-2-6所示；在"修改"面板中进入多边形的"顶点级别"，删除葡萄糖的弹环上氧原子位置的原子所对应的顶点，如图5-2-2-7所示，并在这个位置添加一个代表氧原子的"几何球体"模型，然后为其添加氧元素对应的材质，如图5-2-2-8和图5-2-2-9所示。材质系统调整、图像渲染和保存方法请参考1.4.8小节中相关介绍，此处可采用素材包中的塑料类材质。

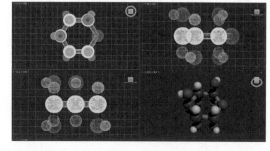

图 5-2-2-10

步骤④ 调整合适角度，进行渲染，即可得到葡萄糖分子模型素材，如图 5-2-2-11 所示。

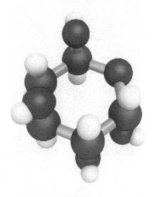

图5-2-2-11

2. 精氨酸分子模型

步骤① 直接复制葡萄糖中几种原子的模型到精氨酸中各种原子的位置，再创建代表氮元素的球体模型，并使用代表氮元素的材质，精氨酸中的原子键也使用"标准基本体"中的"圆柱体"来创建，如图 5-2-2-12 所示。

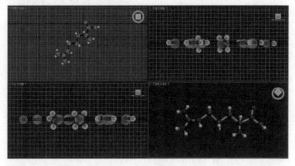

图5-2-2-12

步骤② 调整好合适角度进行渲染，可得到精氨酸分子模型素材，如图 5-2-2-13 所示。

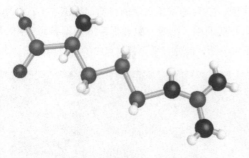

图5-2-2-13

3. 整体效果合成

步骤① 在 Photoshop 中打开提供的模板，先使

用"工具栏"中的"椭圆选框"工具将中间部分圆形区域抠出，用一个颜色填充，在这个纯色区域将两张风格清新的背景图片添加进来，并将这两张图作为刚才填充图层的"剪贴蒙版"；将最上层的"剪贴蒙版"的"图层混合模式"设置为"正片叠底"，之后通过"图层"面板下的"调整图层"工具，对背景微调一下颜色，可得到中间圆形区域的背景，如图 5-2-2-14 所示。

图5-2-2-14

步骤② 在背景上加入葡萄糖、精氨酸和酶的图片素材，删除素材的白色背景之后，为图层添加微弱的"外发光"效果，如图 5-2-2-15 和图 5-2-2-16 所示；在酶的图层上需要添加一个"调整图层"，为其调整一个合适的颜色，如图 5-2-2-17 和图 5-2-2-18 所示。

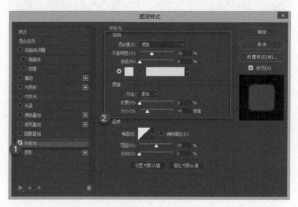

图 5-2-2-15

图 5-2-2-16　　　　　图 5-2-2-17

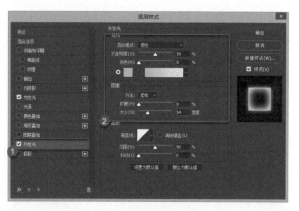

图 5-2-2-20

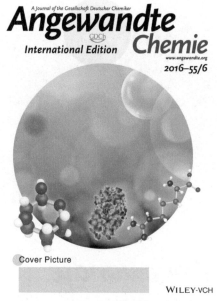

图5-2-2-18

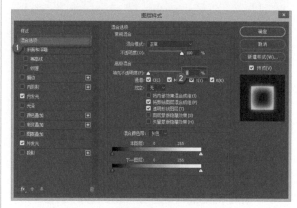

图 5-2-2-21

步骤 3 按下"Ctrl+Shift+N"组合键新建空白图层,并使用"钢笔"工具建立箭头样式的路径,建好之后在空白图层上填充纯色,然后为图层添加白色的"外发光"和"内发光"效果,"内发光"的范围设置得更大一点,如图 5-2-2-19 和图 5-2-2-20 所示;最后在"图层"面板中将图层的"填充"设为 0%,这样就只显示"图层样式"的内容了,如图 5-2-2-21 和图 5-2-2-22 所示。

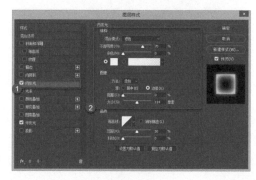

图 5-2-2-19

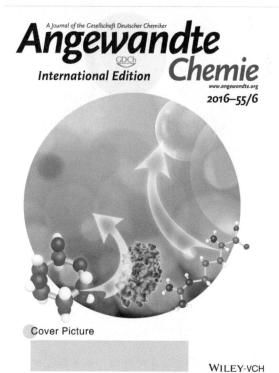

图5-2-2-22

步骤④ 加入过氧化氢气体分子模型素材，并在气体模型分子图层上加入气泡素材，使其恰好包裹住过氧化氢，将气泡模型所在图层的"混合模式"设置为"滤色"，并将其"不透明度"设为30%，如图5-2-2-23所示，一个过氧化氢气体模型就制作好了，如图5-2-2-24所示。

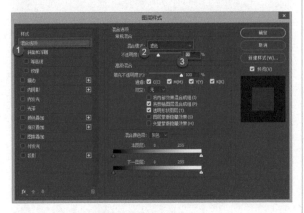

图 5-2-2-23

图5-2-2-24

步骤⑤ 使用"图层面板"中的"成组"按钮

将刚才制作好的过氧化氢气体的几个图层打包成组，如图5-2-2-24所示，然后将组进行复制，微调一下每个的大小和角度，制作好所有的过氧化氢气体。用同样的方法来制作 NO 气体部分。全部气体制作好后，将所有气体模型成组，为组添加一个微弱的白色"外发光"效果，如图5-2-2-26所示。到这里封面就制作完成了，如图5-2-2-27所示。

图5-2-2-25

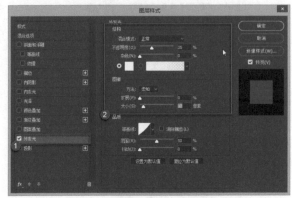

图 5-2-2-26

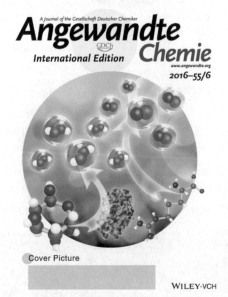

图5-2-2-27

 疑难问答 ▶ Q：如何做二次布尔运算？怎么经常出错？

A：进行布尔运算的时候，如果想进行两次布尔运算，应该在第1次布尔运算后，返回上一级，进入次物体编辑面板，然后选择次物体级，进行两次布尔运算。

5.2.3 Chemical Communication

尺寸及相关要求

图片尺寸：188mm × 136mm (2220 pixels × 1606 pixels)

图片分辨率：300dpi 或 300dpi 以上

图片文件类型：pdf、jpg、eps、tif 和 psd

封面的主要内容需在要求的红色区域绘制，如图 5-2-3-1 所示。

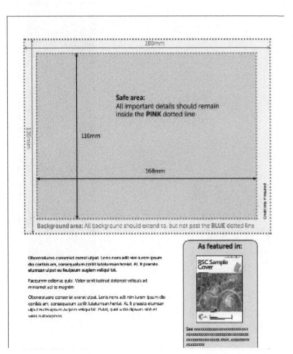

图5-2-3-1

封面表达内容及构图

本小节要绘制的封面是浙江大学 2015 年发表在 *Chemical Communication* 上的论文，核心内容是展现钯片在石墨烯上的生长过程。经过与作者讨论，将封面分为三个部分绘制，第一部分，一个小人手上拿着红色的氧原子，石墨烯上也有一些氧原子，代表退火过程；第二部分，一个小人代表还原剂，手上拿着钯原子，表达钯在石墨烯上生长，在石墨烯上绘制一些形状不规则的单层钯原子团簇，第三部分，一个小人手里拿着锤子，代表修饰作用，经过修饰后，石墨烯上形成了规则方形钯纳米片，且有一个从甲酸到二氧化碳和水的催化作用的表现，如图 5-2-3-2 所示。

图5-2-3-2

素材整理及制作

该封面需要用到的素材包括：柔光背景、弯曲的单层石墨烯平面、小人的素材图片，氧原子、钯原子、甲酸分子、水分子和二氧化碳分子的模型图片，钯原子团簇、钯纳米片及锤子素材图片。在本书的素材包中可以找到该封面所需的素材。以上需要自己绘制的素材包括：锤子、钯原子团簇、钯纳米片、钯原子、氧原子、甲酸分子、石墨烯、水和二氧化碳，其他的可在网上查找。

锤子、钯原子团簇、各种分子和原子的模型都比较好制作，在 3ds Max 中通过"标准基本体"的"几何体"工具就可以完成，这里就不再赘述了。对于弯曲的单层石墨烯平面，要先制作好一个六边形的"样条线"，通过复制得到石墨烯网格平面，之后添加"晶格"修改器，得到一个矩形的石墨烯平面，最后添加"晶格"修改器，为石墨烯平面添加一点弯曲度。接下来主要介绍单层石墨烯平面的建模过程。

具体制作步骤如下。

1. 单层石墨烯平面

步骤 ① 在 3ds Max 中，在默认布局下找到右侧工具栏中的"创建"选项卡，单击"图形"按钮，找到"样条线"，单击"多边形"按钮，在顶视图中按住并拖动鼠标左键创建一个多边形，将多边形的边数设为 6，角半径设为 0，如图 5-2-3-3 所示。通过复制得到一个长方形的石墨烯网格平面。将其中一个六边形网格转化为"可编辑多边形"如图 5-2-3-4 所示。

图 5-2-3-3　　　　　　　图 5-2-3-4

步骤 2 在"修改"选项卡中找到"编辑几何体"，单击"附加"按钮，如图 5-2-3-5 所示，从附加列表中附加所有"六边形样条线"，最后添加"晶格"修改器，得到一个单层长方形的石墨烯平面，如图 5-2-3-6 和图 5-2-3-7 所示。

图 5-2-3-5　　　　　　　图 5-2-3-6

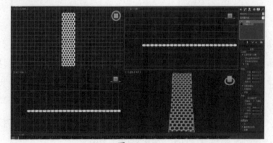

图 5-2-3-7

步骤 3 为模型添加"弯曲"修改器，如图 5-2-3-8 所示，让石墨烯平面获得一定的弯曲度；之后添加"锥化"修改器，如图 5-2-3-9 所示，让石墨烯能够有一定的近大远小的透视感，效果如图 5-2-3-10 所示。

图 5-2-3-8　　　　　　　图 5-2-3-9

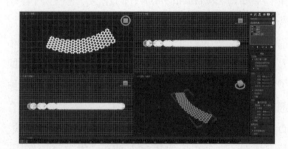

图5-2-3-10

步骤 4 在石墨烯平面的末端放置几个"扩展基本体"中的"切角长方体"，代表钯纳米平面，如图 5-2-3-11 和图 5-2-3-12 所示。

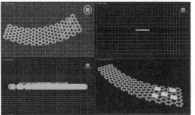

图5-2-3-11　　　　　　　　图5-2-3-12

步骤⑤ 最后，为石墨烯平面和钯纳米片添加两种近似金属的材质，进行渲染，即可得到单层石墨烯平面和钯纳米片部分，如图 5-2-3-13 所示。材质系统调整、图像渲染和保存方法请参考 1.4.8 小节中相关介绍，此处可采用素材包中的金属类材质。

图5-2-3-13

2. 整体效果合成

步骤① 在 Photoshop 中先加入柔光背景图片，通过"缩放"、"移动"操作，选择图片中的一部分；分别使用"滤镜"菜单中的"高斯模糊"和"彩块化"命令，如图 5-2-3-14 和图 5-2-3-15 所示，对图层进行滤镜处理；最后在"图层"面板中添加"调整图层"，调整图像的"曲线"和"明度"，得到封面的背景，如图 5-2-3-16 所示。

图5-2-3-14

图5-2-3-15

图5-2-3-16

步骤② 将准备好的石墨烯平面，氧原子，钯原子团簇，把纳米平面，甲酸分子，水分子和二氧化碳分子素材加入 Photoshop 文件中，调整好图层顺序和各图层的位置；之后双击石墨烯图层，为其添加一个"光泽"图层样式，得到整个钯在石墨烯上的生成过程，如图 5-2-3-17 和图 5-2-3-18 所示。

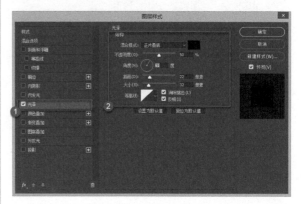

图5-2-3-17

图5-2-3-18

步骤 ③ 加入小人图片和锤子图片，由于素材中小人没有怀抱东西的动作，在"图层"面板中为素材图层添加"蒙版"，配合"工具栏"中的"橡皮"和"选区"工具，将小人的部分躯体和手的部分分别抠出；之后摆好锤子的位置，将小人的手移动到相应的位置。其余两个抱着氧原子和钯原子动作的小人，基本可以直接利用素材，将小人抠出，并在手的位置放置对应的原子即可。最后在每个小人的脚下，使用透明度较低、硬度值低的"笔刷"，画一点黑色的影子，三个小人部分制作完成，如图 5-2-3-19 所示。

图5-2-3-19

步骤 ④ 使用"钢笔"工具在钯纳米片部分制作一个弯曲的箭头路径，在"路径"面板中将"路径"转化为"选区"，如图 5-2-3-20 所示；在一个新建的空白图层上填充一个浅紫色，调低图层的透明度，让下面的钯纳米片和石墨烯可以透过图层显示出来；最后在箭头的图层上添加蓝色的"外发光"图层样式，如图 5-2-3-21 所示。整个封面绘制完成，如图 5-2-3-22 所示。

图5-2-3-20

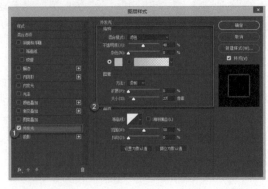

图5-2-3-21

图5-2-3-22

疑难问答 ➤ Q：3ds Max中视口只剩下两个，怎么把四个视图都调出来？

A：按下快捷键Alt+B，弹出"视口配置"对话框，进入"布局"面板，可以调出各种预置视口方案，其中包括"四视图"方案。

5.2.4 Chemical Society Reviews

尺寸及相关要求

图片尺寸：215mm×159mm (2539 pixels×1878 pixels)

图片分辨率：300dpi 或 300dpi 以上

图片文件类型：pdf、jpg、eps、tif 和 psd

封面表达内容及构图

本小节要绘制的封面是南京工业大学专刊，该封面的构图已由作者提供，主体内容是水塘上放有顶上有火球的鼎炉，左右两边分别有一只老虎和一条龙；老虎两只脚踩在荷叶上，一只脚扶着鼎，龙的一只爪子也扶着鼎，这幅图像象征着南工大的校徽。在老虎身上、鼎中央及龙身上分别写有 R-X、[M]、R'-[In]。背景中能看到南工大的创新大楼和一个能看到"南工"两个字的水塔。效果如图 5-2-4-1 所示。

图5-2-4-1

素材整理及制作

该封面需要用到的素材包括:龙虎、荷花池塘、草地、花草、大山、鼎、南工大的两处建筑、龙珠、云彩等。荷花池塘、草地花草、龙、云彩的素材可以通过搜索相关网站下载得到,其余素材全部需要自己绘制,在本书的素材包中可以找到该封面所需的素材。

进入 AI 软件,创建一个画布,就可以开始绘制了。下载荷花池塘、草地花草、云彩的素材后,通过工具栏中的"文件 / 打开"菜单找到下载好的素材,打开加入素材,进行位置的罗列调整。老虎、大山、鼎、南工大的两处建筑、龙珠等图形的具体绘制过程如下。

1. 老虎

步骤① 新建一个画布用来单独绘制老虎,按下"Ctrl+N"组合键创建一个画布,就可以开始绘制了。首先用工具栏中"钢笔"工具勾勒老虎的外形,单击鼠标左键并拖动会出现一条弧线,按住左键不放,拖动弧

线,调整弧度,调整好了松开,然后鼠标左键单击锚点,完成一小段的弧线,同样的方式接着锚点继续画下一个弧线,直至画出老虎外形(整个形状都是这样,一个一个的小弧线组成的)。形态很重要,为之后的详细绘制打基础;绘制好外形后填充一个橘色,双击色板,在弹出的色板里选择一个橘色,继续使用工具栏中的"钢笔"工具在老虎外形上画出暗部,双击色板,在弹出的色板里选择一个深橘色,如图 5-2-4-2 所示。

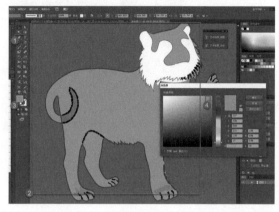

图5-2-4-2

步骤② 现在得到的只是一个单一的平面,我们要让它更像老虎,所以接下来用工具栏中的"钢笔"工具画出老虎应有的特征(老虎黑色的纹络、脸的刻画等),可以根据卡通老虎的形象加以临摹运用。选择钢笔工具后,用鼠标左键单击并拖动会出现一条弧线,按住左键不放,拖动弧线,调整弧度,单击锚点,完成一小段弧线的绘制,以同样的方式接着锚点继续画弧线,直至画出虎纹的形状、五官等,最后填充颜色(选中要填充颜色的虎纹和五官,双击色板,在弹出的色板里选择要填充的颜色,嘴巴是红色,虎纹是黑色),如图 5-2-4-3 和图 5-2-4-4 所示。

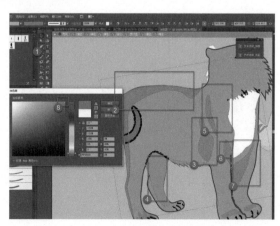

图5-2-4-3

图5-2-4-4

步骤 ③ 在工具栏中选择"文字"工具，输入客户需要的文字，如图5-2-4-5所示，用鼠标左键选中文字，单击鼠标右键，在弹出的菜单中将输入的文字置于顶层，放在老虎身上，如图5-2-4-6所示。使用"椭圆工具"绘制一个椭圆作为老虎的投影，然后填充从黑色到绿色的渐变，如图5-2-4-7所示。保存文件，最后合并用，如图5-2-4-8所示。

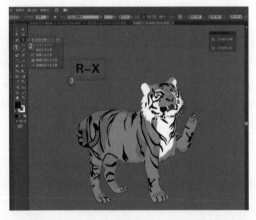

图5-2-4-5

图5-2-4-6

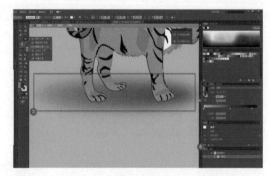

图5-2-4-7

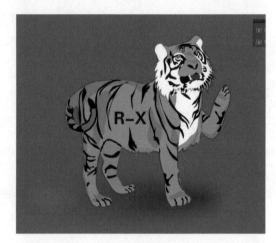

图5-2-4-8

2. 远山

步骤 ① 在 AI 中按下"Ctrl+N"组合键创建一个画布，使用"钢笔"工具绘制远山，方法与老虎外形的绘制相同，填充一个蓝紫色到灰蓝色的渐变；然后继续用"钢笔"工具画出几个棱角选中画好的棱角，双击色板，在弹出的色板里选择一个浅蓝色即可，此处用作大山的高光，也可以表现山石的轮廓，如图5-2-4-9所示。

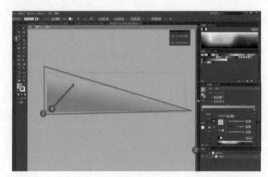

图5-2-4-9

步骤 ② 选中上面绘制的两个图层，单击鼠标右键，在弹出的菜单中将图层编组，然后按住"Alt"键，复制出一个作为前面的小山，渐变色可以深一个层次，表现远近关系，最后保存文件，作为合并用，如图5-2-4-10和图5-2-4-11所示。

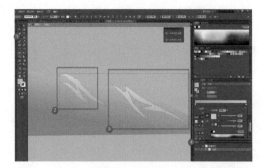

图5-2-4-10

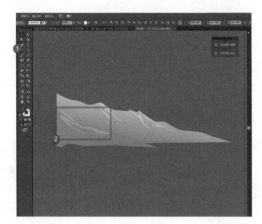

图5-2-4-11

3. 鼎

步骤①　在AI中按下"Ctrl+N"组合键创建一个画布，用来绘制鼎。首先用工具栏中的"钢笔"工具画出一个鼎的外形，可以在网上搜索鼎的图片，比着画。画好后，填充一个浅咖色，然后添加一个描边效果（工具栏色板旁边就是描边，双击打开，在弹出的提示框里选择2，颜色选择深咖色），因为颜色较浅，这样可以让鼎外形更明显一些，如图5-2-4-12所示。

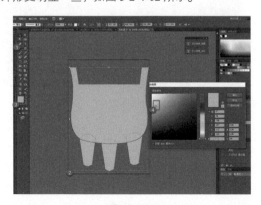

图5-2-4-12

步骤②　用"钢笔"工具画出明暗关系，颜色填充得深一些，选中要填充的图层并双击色板，在弹出的色板里选择深咖色，目的是让鼎看起来更加立体，如图5-2-4-13和图5-2-4-14所示。

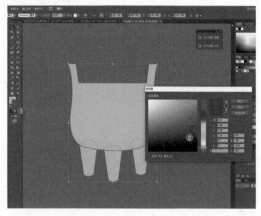

图5-2-4-13

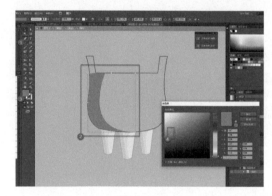

图5-2-4-14

步骤③　用工具栏中的"钢笔"工具画出表面的装饰物，画好后，选中要填充的条纹，双击色板，在弹出的色板里选择土黄色，如图5-2-4-15所示。用工具栏中的"文字"工具输入客户需要的文字，如图5-2-4-16所示，置于顶层，放在鼎上，如图5-2-4-17所示，然后保存文件，最终效果如图5-2-4-18所示。

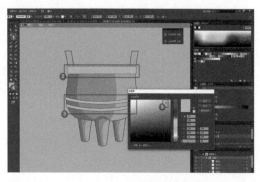

图5-2-4-15

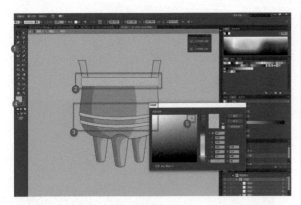

图5-2-4-16

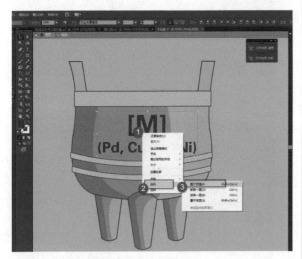

图5-2-4-17

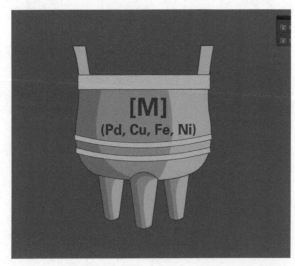

图5-2-4-18

4. 南工大的两处建筑

步骤 ❶ 在 AI 中按下 "Ctrl+N" 组合键创建一个画布，打开客户给的建筑图片，用工具栏中的 "钢笔"

工具画出建筑外形，画好后，填充一个与实体建筑相仿的颜色，可在左侧工具栏里选择吸管工具，然后用鼠标左键单击吸取照片中建筑的颜色，颜色就自动填充好了，如图 5-2-4-19 所示。暗部用深一度的颜色，使建筑看起来立体，双击色板，在弹出的色板里选择浅咖色，如图图 5-2-4-20 和图 5-2-4-21 所示。

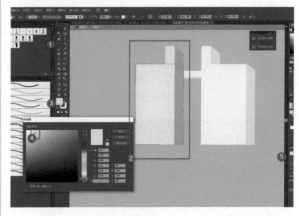

图5-2-4-19

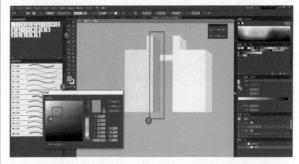

图5-2-4-20

图5-2-4-21

步骤 ❷ 接下来进行更深层次的绘制，用工具栏中的 "矩形" 工具绘制出一个扁长方形，表示窗户，如图 5-2-4-22 所示；用 "吸管" 工具吸取实物图片的颜色，颜色会自动填充好，然后选中填充好的长方形，按住 Alt 键，拖动鼠标左键复制图层，通过不断复

制完成窗户的绘制，如图 5-2-4-23 所示。最后对比建筑
实物，更细一步的刻画，使外形看起来更接近实物，如
图 5-2-4-24 所示。建筑绘制完成，保存下，最后合并用（建
筑 2 与建筑 1 的绘制过程一样，不再细讲，绘制时抓住建
筑的特点很重要）。

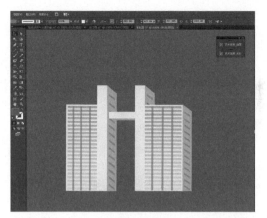

图5-2-4-24

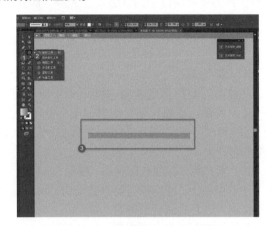

图5-2-4-22

图5-2-4-25

步骤 ② 把制作好的素材——放入，添加客户所
要求的文字，即可得到最终封面，如图 5-2-4-26 所示。

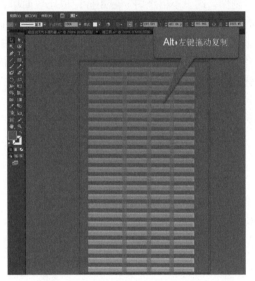

图5-2-4-23

5. 整体效果合成

步骤 ① 把制作好的素材拖进荷花池塘的画布，
按照客户的要求进行位置的调整，再看一下画面整体的
颜色是否要微调，例如放上老虎之后，如果觉得颜色
与整体画面不和谐，就进行颜色的调整，如图 5-2-4-25
所示。

图5-2-4-26

疑难问答　Q：AI中，如何让文件背景是透明的？

A：使用快捷键"Ctrl+Shift+D"。

5.3 材料类封面

材料类封面中，常以材料物质元素及材料加工变化等为主题进行刻画，此类封面需要更多地突出材料本身的形态，需要在造型、色彩搭配、材质选择上仔细拿捏，造型上要尽可能贴近真实，色彩方面在主色的基础上细节要有变化，材质上可根据物质元素在自然界经常出现的状态进行选择。本节以两个封面为例进行讲解。

5.3.1 Advanced Materials

◎ DVD\5.3.1 3ds Max 曲面变形工具制作氮化硼平面

尺寸及相关要求

图片尺寸：237.15mm×291.08mm (2801 pixels×3438 pixels)

图片分辨率：300dpi 或 300dpi 以上

图片文件类型：pdf、jpg、eps、tif 和 psd

封面表达内容及构图

本小节要绘制的封面是浙江大学专刊，核心内容是要表达浙江大学成立 120 周年，其他内容需要展现作者的工作。经过讨论，确定封面构图为大背景中放置一张氮化硼六边形网格，氮化硼网格的中央放置浙大的校徽，校徽中写有 120 的字样；校徽的左上角放置一个带自旋的金属原子，作为磁矩标记，显示磁学性质；左下角用一个金属原子替换氮化硼网格中的某个原子，并配上一个图谱；右上角的氮化硼网格中要有局部发光示意图，表达光学性质；右下角有几个空洞，表示水分子透过氮化硼孔洞催化分解成氢气，如图 5-3-1-1 所示。

扫码看视频教学

图5-3-1-1

素材整理及制作

该封面需要用到的素材包括：单层氮化硼网格、浙大校徽、磁矩标记、金属原子、原子图谱、水分子、氢气分子、发光素材，以及与化学相关的一张多彩背景。

以上素材除单层氮化硼网格、磁标、金属原子、氢气分子和水分子外都不需要自己绘制，可以从网络上搜到，或者从试验中得到。

原子模型和两种分子模型用标准的球体模型就可以制作，这里不再细讲。磁矩标记也比较简单，里面的中央原子就是一个球体模型，箭头是将四棱锥转化成可编辑多边形绘制得到的。绘制单层氮化硼网格前首先用正六边形复制出一个氮化硼网格结构，之后将所有正六边形附加成一个多边形，再添加"晶格"修改器，可得到单层氮化硼网格，最后再添加"曲面变形"修改器，得到一个曲面状的氮化硼网格。

具体制作步骤如下。

1. 磁矩标记

步骤 ① 按照之前创建几何体的方法，在视窗中按住并拖动鼠标左键创建一个"几何球体"模型，如图 5-3-1-2 所示。在"修改"选项卡中修改几何球体的参数，这样就得到了磁矩标记中的金属原子，如图 5-3-1-3 所示。

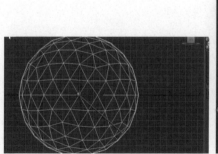

图5-3-1-2　　　　　　　　　图5-3-1-3

步骤 ② 在"创建"选项卡中单击"图形"按钮，

找到"样条线",单击"圆形"按钮,在顶视图中拖曳出一条圆形样条线,在"修改"面板中设置半径,使用"对齐"工具将圆心与之前绘制的球体的球心对齐,如图5-3-1-4～图5-3-1-6所示。

图5-3-1-4

图5-3-1-5

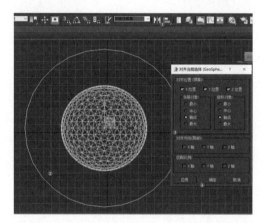

图5-3-1-6

步骤 ③ 在"创建"选项卡中单击"几何体"按钮,找到"扩展基本体",单击"胶囊"按钮,在顶视图中拖曳创建一个胶囊,并设置参数,如图5-3-1-7和图5-3-1-8所示。之后在修改面板中添加"路径变形(WSM)"修改器,并拾取视图中的"圆形样条线"为路径,单击"转到路径"按钮,这样就得到了金属原子外的自旋线,如图5-3-1-9和图5-3-1-10所示。

图5-3-1-7

图5-3-1-8

图5-3-1-9

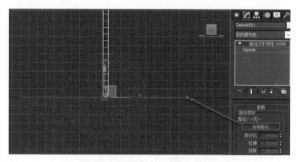

图5-3-1-10

步骤 ④ 在视图中先单击空白区域,再单击鼠标右键,在弹出的菜单中选择"隐藏未选定对象",如图5-3-1-11所示;之后在"创建"选项卡中单击"几何体"按钮,找到"标准基本体",单击"四棱锥"按钮,在视图中拖曳创建四棱锥,将四棱锥的"深度"和"宽度"调整为200,高度设置为深度的1.5倍,高度分段、宽度分段、深度分段均调整为1,如图5-3-1-12和图5-3-1-13所示。

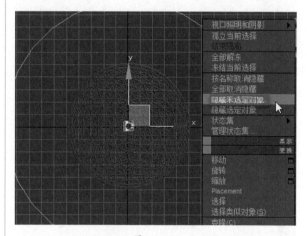

图5-3-1-11

图5-3-1-12

图5-3-1-13

步骤 ⑤ 选中四棱锥,在视图中单击鼠标右键,在弹出的菜单中选择"转换为/转换为可编辑多边形",如图5-3-1-14所示。在"修改"选项卡中,进入可编辑多边形的"顶点级别",使用"移动"工具对四棱锥的顶点进行移动,获得一个箭头的造型,如图5-3-1-15和图5-3-1-16所示。

图 5-3-1-14

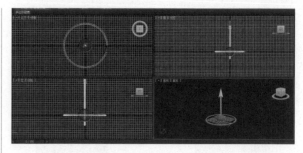

图 5-3-1-17

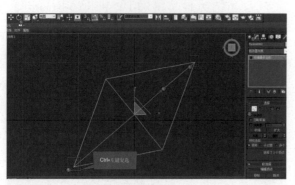

图 5-3-1-15

步骤 7 最后为每个模型附加相应的材质，调整好透视图中的角度，渲染输出即可得到所用的磁矩标记素材，如图 5-3-1-18 所示。材质系统调整、图像渲染和保存方法请参考 1.4.8 小节中相关介绍，此处可采用素材包中的塑料类材质。

图 5-3-1-18

2. 单层氮化硼网格

步骤 1 新建一个 3ds Max 工程文件，在右侧工具栏的"创建"选项卡中单击"图形"按钮，在"样条线"中单击"多边形"按钮，调整边数为 6，在视图中拖曳创建出一条"正六边形样条线"，在"修改"面板中添加"细分"修改器，并调整参数，将网格形状都变为正三角形，如图 5-3-1-19 和图 5-3-1-20 所示。

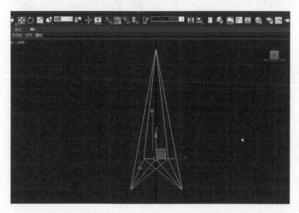

图 5-3-1-16

步骤 6 退出"顶点级别"，在视图中单击鼠标右键，在弹出的菜单中选择"全部取消隐藏"，将箭头移动到自旋线的端点，使用"缩放"工具，调整好大小，得到自旋线的箭头。再创建一个"胶囊"几何体，垂直于自旋线所在平面，将之前的箭头复制并移动到"胶囊"的上端点，得到向上的指向箭头，如图 5-3-1-17 所示。

图 5-3-1-19

图 5-3-1-20

步骤 ② 选中一个六边形，在视图中单击鼠标右键，在弹出的菜单中选择"转换"/"转换为可编辑多边形"，进入"顶点级别"，选中所有"顶点"，进行"切角"，使网格形状变为正六边形，如图 5-3-1-21 和图 5-3-1-22 所示。之后在"顶点级别"中，删除多余的"顶点"，这就得到了六边形网格平面，如图 5-3-1-23 所示。

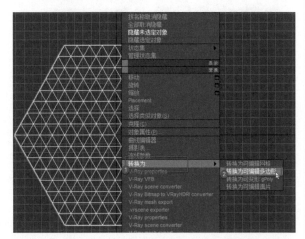

图 5-3-1-21

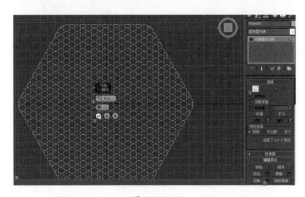

图 5-3-1-22

步骤 ③ 在"NURBS 曲面"中使用"点曲面"工具创建点曲面，在"点级别"中调整曲面形状，之后为六边形网格平面添加"曲面变形"修改器，并"拾取"制作好的曲面，如图 5-3-1-24 和图 5-3-1-25 所示。

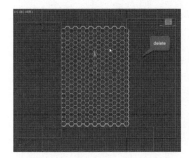

图 5-3-1-23

图 5-3-1-24

图 5-3-1-25

步骤 ④ 在"修改"选项卡中添加"面片变形（WSM）"修改器和"晶格"修改器，为"晶格"设置适当的半径和分段参数，并隐藏曲面，可得到氮化硼网格，如图 5-3-1-26 ～图 5-3-1-29 所示。

图 5-3-1-26

图 5-3-1-27

图 5-3-1-28

图 5-3-1-29

步骤 ⑤ 为氮化硼网格添加合适的材质，并调整好角度，渲染输出即可，如图 5-3-1-30 所示。材质系统调整、图像渲染和保存方法请参考 1.4.8 小节中相关介绍，此处可采用素材包中的塑料类材质。

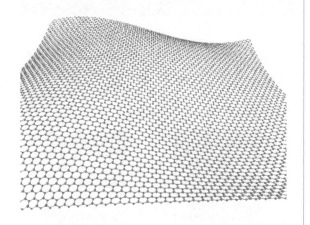

图 5-3-1-30

3. 整体效果合成

步骤 ① 在 Photoshop 中利用"蒙版"配合硬度值低的"橡皮擦"工具，将两张背景图合成一张，首先对原始素材添加"高斯模糊"滤镜，并在对应图层上添加"蒙版"，如图 5-3-1-31 ～图 5-3-1-33 所示。进入"蒙版"后，使用黑白"渐变"，配合"低硬度"的"橡皮擦"工具保留该图层想要的部分，得到边缘的过渡效果，之后分别对图层添加"调整图层"，调整"曲线"和"色相/饱和度"，并修改部分图层的"混合模式"，如图 5-3-1-34 ～图 5-3-1-38 所示。

图 5-3-1-31　　　　　　图 5-3-1-32

图 5-3-1-33

图 5-3-1-34

图 5-3-1-35

图 5-3-1-36

图 5-3-1-37

图 5-3-1-38

步骤 ② 加入单层氮化硼网格图片，双击图层，进入"图层样式"，添加"外发光"效果，适当调整参数，让发光区域仅在网格周围，如图 5-3-1-39 所示。在右下角用"蒙版"抠出一个孔，预留出催化反应的位置，最后使用"调整图层"进行调色，如图 5-3-1-40 ～图 5-3-1-44 所示。

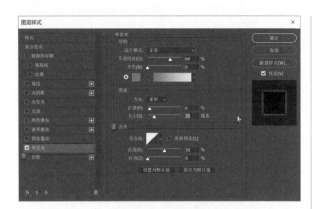

图5-3-1-39

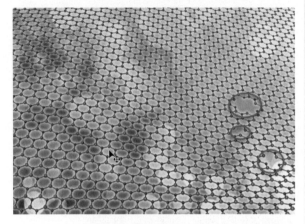

图5-3-1-40

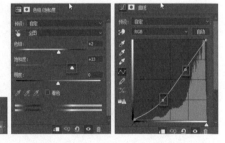

图5-3-1-41　　　图5-3-1-42　　　图5-3-1-43

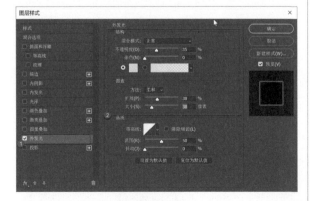

图5-3-1-44

步骤③ 加入彩色的浙大校徽图片，使用"自由变形"工具进行"网格变形"，使之能够适应氮化硼网格的曲面。在校徽的中央添加"120"的文字图层，并为图层添加"外发光"效果。使用"晶格化"滤镜，将原有的色彩排布打乱，再使用"模糊"滤镜将晶格的边缘弱化，如图5-3-1-45～图5-3-1-48所示。之后双击图层，进入"图层样式"，添加"投影"效果，如图5-3-1-49所示。再可得到中央的多彩校徽，如图5-3-1-50所示。

图5-3-1-45　　　　　图5-3-1-46

图5-3-1-47　　　　　图5-3-1-48

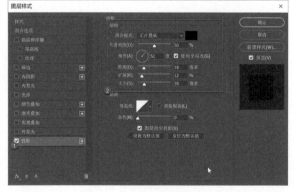

图5-3-1-49

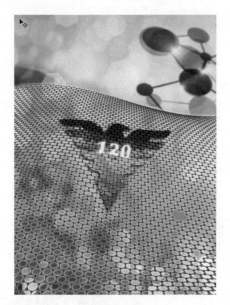

图5-3-1-50

图5-3-1-54

步骤④ 加入选好的发光素材，根据发光颜色为发光素材添加一个渐变的叠加图层，如图5-3-1-51所示。这里可以在发光素材的图层上添加一个颜色渐变的"剪贴蒙版"，都可以得到渐变发光效果，如图5-3-1-52 ~ 图5-3-1-54所示。

步骤⑤ 将水分子素材放置在氮化硼网格以下的图层，将箭头素材和氢气分子素材放置在氮化硼网格上方图层，根据预留的催化反应位置调整好它们的相对关系。分别为水分子素材和箭头、氢气素材添加"外发光"效果，如图5-3-1-55所示；再调整亮度 / 对比度及色相 / 饱和度，如图5-3-1-56和图5-3-1-57所示。即可得到右下角的催化反应过程，如图5-3-1-58所示。

图5-3-1-51

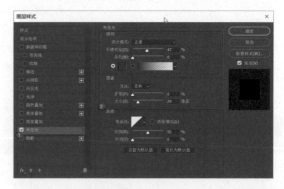

图5-3-1-55

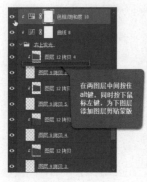

图5-3-1-52

图5-3-1-53

图5-3-1-56

图5-3-1-57

图5-3-1-58

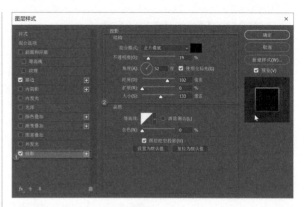

图5-3-1-61

步骤 ⑥ 在左下角加入金属原子,添加"外发光"效果,并为之添加"调整图层",调整金属原子的颜色。使用"钢笔"工具绘制一个放大用的三角形路径,新建一个空白图层,载入三角形区域后,使用"渐变"进行填充,之后调整该图层的"图层混合模式",透出背景中的氮化硼网格。加入试验中生成的该原子的图谱,使用"蒙版"抠掉空白部分,如图 5-3-1-59 所示;添加一个和之前三角形区域相同的"混合模式"图层,在这个图层上使用"圆角矩形"工具进行描边,再添加投影效果,如图 5-3-1-60 ~ 图 5-3-1-62 所示,即可得到左下角部分,如图 5-3-1-63 所示。

图5-3-1-62　　　　　　图5-3-1-63

步骤 ⑦ 加入磁矩标记素材,并添加一个微弱的白色"外发光"效果和"投影"效果,即可得到左上角部分,如图 5-3-1-64 ~ 图 5-3-1-66 所示。再添加一个"文字图层",输入对应的文字,调整好字体,使用"文字变形"工具将文字排布变为扇形,如图 5-3-1-67 和图 5-3-1-68 所示。即可得到最终的封面,如图 5-3-1-69 所示。

图5-3-1-59

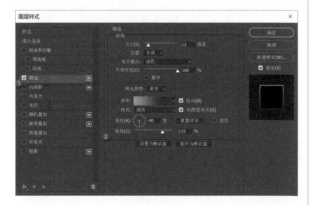

图5-3-1-60

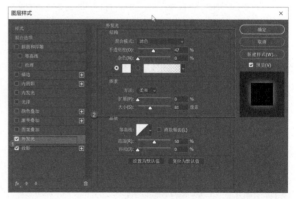

图5-3-1-64

图5-3-1-65　　　　　　　　　图5-3-1-66

图5-3-1-67　　　　　　　　图5-3-1-68

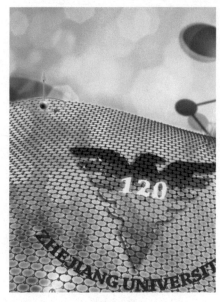

图5-3-1-69

疑难问答　　Q：3ds Max中，如何在视图的平滑显示模式下看到模型的网格？

A：使用快捷键F4。

5.3.2　Journal of Materials Chemistry

 DVD\5.3.2　3ds Max 软选择工具制作材料表面的鼓包

尺寸及相关要求

图片尺寸：188mm×136mm（2220 pixels×1606 pixels）

图片分辨率：300dpi 或 300dpi 以上

图片文件类型：pdf、jpg、eps、tif 和 psd

封面的主要内容要在指定的区域绘制，如图 5-3-2-1 所示。

封面表达内容及构图

本小节要绘制的封面是复旦大学 2017 年发表在 *Journal of Materials Chemistry A* 上的论文，核心内容是展现文章中的涂层产生过程及涂层的理化性质。经过与作者讨论，整个封面分为水下部分和水上部分，水上部分大约占版面的 1/6，画出一些虚化的山峦进行修饰即可；水下部分为主体部分，可以看到海床上的贻贝、细菌和山峰等修饰物，画面中央放置三层涂层，上层涂层能看到鼓包，鼓包裸露出一些黄色球簇，还分布着一些胶囊状的粉色颗粒，中间层是红色涂层，与上层涂层边界模糊，下层涂层为褐色涂层，与红色涂层边界区分明显。在整个画面中，一颗从上滚落的石油液滴，在上方延伸出树脂材料，在右上方，通过气泡的方式延伸出一个缩略图，表达涂层的浸泡加工过程。

扫码看视频教学

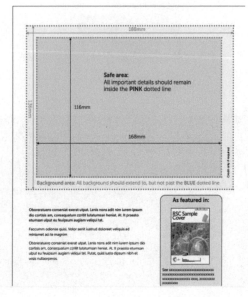

图5-3-2-1

素材整理及制作

该封面需要用到的素材包括：山峦素材、水面素材、水底素材、山峰素材、贻贝素材、细菌素材、石油液滴素材、三层涂层素材、树脂素材和涂层略缩图素材。在本书的素材目录 Chapter5/5.3.2 下可以找到该封面所需的素材。以上需要自己绘制的素材包括：三层涂层、石油液滴、山峰、树脂、涂层缩略图，其中三层涂层素材和石油液滴具有相关性，因此需要一起建模渲染，其他图片素材可通过网络搜索得到，如图 5-3-2-2 所示。

图5-3-2-3

图5-3-2-4

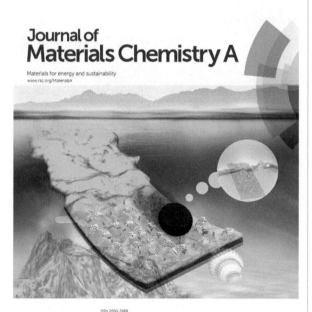

图5-3-2-2

具体制作步骤如下。

1. 三层涂层+石油液滴

步骤 ① 在 3ds Max 中，使用"标准基本体"中的"长方体"工具创建一个长方体模型，并增加它的分段数，使之能够在弯曲后足够平滑，如图 5-3-2-3 和图 5-3-2-4 所示。然后，为模型添加"弯曲"修改器，得到模型的弯曲效果，为了有一定的透视感，再为模型添加"锥化"修改器，如图 5-3-2-5 ～ 图 5-3-2-7 所示。

图5-3-2-5

图5-3-2-6

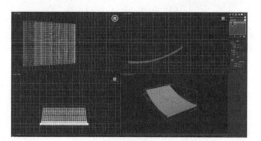

图5-3-2-7

步骤 ② 之后分别按下 "Ctrl+C"、"Ctrl+V" 组合键复制两层，修改一下对应长方体的高度参数。将最上层长方体 "转换为可编辑多边形"，使用 "软选择" 工具制作出长方体表面的鼓包（详细步骤可参考本节教学视频），如图 5-3-2-8 ~ 图 5-3-2-10 所示。

图 5-3-2-11　　　　　　　　图 5-3-2-12

步骤 ④ 使用 "标准基本体" 中的 "几何球体" 工具创建一个大的球体作为石油液滴，通过 "缩放" 工具使其变成椭圆球形，并放置在涂层上，如图 5-3-2-13 和图 5-3-2-14 所示。

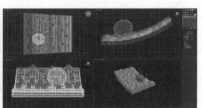

图 5-3-2-13　　　　　　　　图 5-3-2-14

步骤 ⑤ 调整材质，并渲染出来，就可得到 "三层涂层＋石油液滴" 素材图片，如图 5-3-2-15 所示。材质系统调整、图像渲染和保存方法请参考 1.4.8 小节中相关介绍，此处可采用素材包中的半透明或液体类材质。

图 5-3-2-8　　　　　　　　图 5-3-2-9

图 5-3-2-15

2. 山峰

步骤 ① 在 3ds Max 的顶视图中使用 "标准基本体" 中的 "平面" 工具创建一个足够大的平面，之后将模型 "转换成可编辑多边形"，在 "绘制变形" 中使用 "推/拉" 工具，将平面向上拉起，变为山峰的大体形态，如图 5-3-2-16 ~ 图 5-3-2-18 所示。

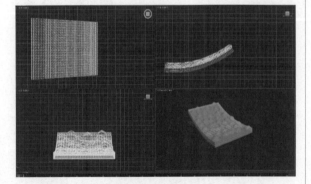

图 5-3-2-10

步骤 ③ 使用 "标准基本体" 中的 "几何球体" 工具创建球体模型，并通过复制得到不规则球簇，之后通过复制、移动将球簇放置到每个鼓包上，如图 5-3-2-11 和图 5-3-2-12 所示。

图5-3-2-16　　　　图5-3-2-17

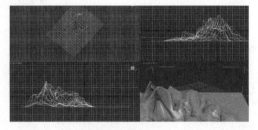

图5-3-2-18

步骤② 现在的山峰地貌棱角太明显，添加"网格平滑"修改器，山峰的模型就制作好了，如图5-3-2-19和图5-3-2-20所示。

图5-3-2-19　　　　图5-3-2-20

步骤③ 为山峰的模型找一张大理石花纹的图片作为"漫反射"贴图，再渲染出来，就可以得到山峰素材图片了，如图5-3-2-21所示。材质系统调整、图像渲染和保存方法请参考1.4.8小节中相关介绍，此处可

采用素材包中的塑料类材质。

图5-3-2-21

3. 树脂

步骤① 使用"标准基本体"中的"平面"工具创建一个平面，添加足够的分段，如图5-3-2-22所示；再添加"弯曲"修改器和"锥化"修改器，如图5-3-2-23和图5-3-2-24所示；最后将模型"转换成可编辑多边形"，使用"软选择"工具制作出不规则的起伏效果，如图5-3-2-25～图5-3-2-27所示。

图5-3-2-22　　　　图5-3-2-23　　　　图5-3-2-24

图 5-3-2-25　　　　　图 5-3-2-26

图 5-3-2-29 和图 5-3-2-30 所示；使用"软选择"工具使其形状变得柔软，并绘制出涂层上的鼓包，最后添加"弯曲"修改器和"网格平滑"修改器，如图 5-3-2-31 和图 5-3-2-32 所示。

图 5-3-2-29　　　　　图 5-3-2-30　　　　　图 5-3-2-31

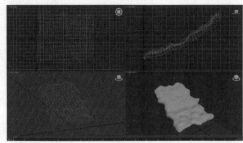

图 5-3-2-27

步骤 ② 调整好材质，渲染后即可得到树脂图片素材，如图 5-3-2-28 所示。材质系统调整、图像渲染和保存方法请参考 1.4.8 小节中相关介绍，此处可采用素材包中的液体类材质。

图 5-3-2-28

4. 涂层略缩图

步骤 ① 涂层略缩图模型也和制作涂层模型的过程类似，先使用"标准基本体"中的"平面"工具创建一个平面，之后将平面"转换成可编辑多边形"，如

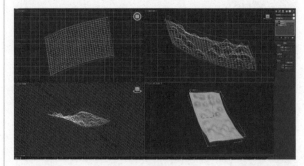

图 5-3-2-32

步骤 ② 在浸泡部分的鼓包上放置由球体模型制作的球簇，涂层略缩图模型就完成了，调整好材质并渲染，即可得到素材图片，如图 5-3-2-33 所示。材质系统调整、图像渲染和保存方法请参考 1.4.8 小节中相关介绍，此处可采用素材包中的塑料类材质。

图 5-3-2-33

5. 整体效果合成

步骤 ① 在 Photoshop 中先导入水底素材和水面素材 1，使用"蒙版"工具将水底素材的水下部分和水面素材 1 的水面部分融合在一起；之后导入山峰素材和山峦素材，使用"蒙版"工具将它们和现有背景融合在一起。为了体现在水中的效果，将山峰素材图层的"混合模式"设为"正片叠底"，如图 5-3-2-34 和图 5-3-2-35 所示。

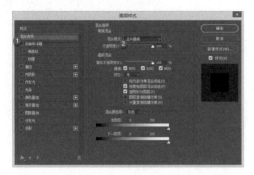

图5-3-2-34

图5-3-2-35

步骤 ② 为了体现涂层的透明度，在山峰素材的下面插入三层涂层和石油液滴素材，并使用"画笔"工具在上层涂层上画一些粉色的胶囊状颗粒。使用"工具栏"中的"多边形套索"工具，选取红色中间层，再使用"工具栏"中的"油漆桶"工具填充一个更深的红色，之后按下"Ctrl+D"组合键取消选区，在红色中间层的上边界使用硬度值低的"画笔"画出过渡效果，如图 5-3-2-36 和图 5-3-2-37 所示。

步骤 ③ 将树脂图片插入三层涂层上方，使用"蒙版"工具将树脂的前后虚化，再将图层的"混合模式"设为"正片叠底"，如图 5-3-2-38 和图 5-3-2-39 所示。之后将细菌素材插入三层涂层上方并使用"蒙版"抠出一个细菌，再将图层的"混合模式"设为"正片叠底"，然后使用"调整图层"将细菌调整为青绿色。用相同的处理方法插入贻贝素材，这里为了弱化这些修饰物对主

体的影响，应调低透明度，如图 5-3-2-40 和图 5-3-2-41 所示。

图5-3-2-36

图5-3-2-37

图5-3-2-38

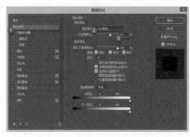

图5-3-2-39

图5-3-2-40

图5-3-2-41

步骤 ④ 使用"魔棒"工具选出石油液滴，在石油液滴的下滑路径上降低透明度，复制出几个石油液滴，再添加"动感模糊"滤镜，制作出残影效果，如图5-3-2-42～图5-3-2-44所示。

图5-3-2-42

图5-3-2-43

步骤 ⑤ 用图形工具画出三个白色小圆，将三个小圆的透明度降低一些，再画出一个白色的大圆，在

大圆图层上使用水面素材2建立一个"剪贴蒙版"，并使用"调整图层"将液体颜色调整为浅红色，使用"蒙版"工具将大圆的白色部分降低一些透明度，如图5-3-2-45和图5-3-2-46所示。

图5-3-2-44

图5-3-2-45　　　　　　　　图5-3-2-46

步骤 ⑥ 将涂层略缩图素材插入水面素材2图层上面，并将该素材图层的"混合模式"设为"正片叠底"，如图5-3-2-47所示；之后，在浸泡的部分画一些分散的粉红色胶囊，并将粉红色胶囊图层的"混合模式"设为"强光"，如图5-3-2-48所示。整个封面就绘制完成了，如图5-3-2-49所示。

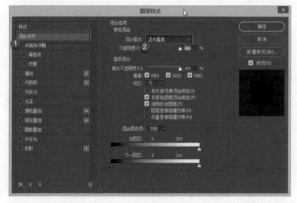

图5-3-2-47

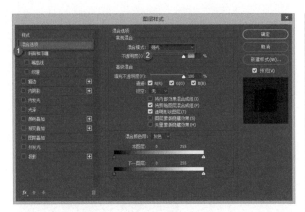

图5-3-2-48

图5-3-2-49

 疑难问答　Q：3ds Max中，用长方体和球体做了布尔运算后，为什么参数不能改变了呢？

A：布尔运算后，已不是参数化的模型，这里可以将拾取模型调整为参考，这样拾取的模型可以根据参考模型的参数进行变化，但布尔运算的附加模型是无法进行参数变化的。

5.4　微纳米科学类封面

纳米科学类封面中，常以研究内容的纳米尺度图像为主题进行刻画，此类封面的绘制需要发挥想像力，要根据纳米尺度的形态，从一些黑白的电镜图中去剥离提取出不同的颜色，让画面更丰富多彩。本节以两个封面为例进行讲解。

5.4.1　Small

⊚ DVD\5.4.1 Photoshop 钢笔工具抠图技巧

尺寸及相关要求

提供一张方图表现封面主要内容和一张 A4 尺寸的背景图。

方图尺寸：1500px × 1500 px

图片分辨率：300dpi 及 300dpi 以上

图片文件格式：tif 或 jpg

封面表达内容及构图

本小节要绘制的封面是中科院化学所 2016 年发表在 *Small* 上的论文，核心内容是表达钙钛矿晶体的多色显示。经过与作者的讨论，在方图中放置钙钛矿晶体结构，封面主要内容为红绿蓝三色晶体打印矩阵，远处有一个晶体打印喷头，近处显示绿色激光正打向一个钙钛矿晶

扫码看视频教学

体。A4背景图以方图为素材，经过放大调色后使用，如图 5-4-1-1 所示。

图5-4-1-1

素材整理及制作

该封面需要用到的素材包括：晶莹靓丽的背景图、钙钛矿晶体结构、钻石图片、三色晶体打印矩阵、晶体液滴、激光喷头和液滴喷头。在本书的素材包目录 Chapter5/5.4.1 下可以找到该封面所需的素材。以上需要自己绘制的素材仅有三色晶体打印矩阵。钙钛矿结构图已由作者提供，其他素材可从网络查找。

三色晶体打印矩阵的模型并不难制作，每个打印单元近似于扁平的立方体，但需要表现每个打印单元具有一定的液体张力，需要使用"切角长方体"作为基本模型来绘制，为了在视觉上具有一定的变化，在制作好三色晶体打印矩阵后，需要为所有晶体添加一个"弯曲"修改器。

具体制作步骤如下。

1. 三色晶体打印矩阵

步骤 ① 在 3ds Max 中创建一个切角长方体模型，之后在"修改"选项卡中修改模型的参数，将长度和宽度设为相同数值，高度大约设置为长度的十分之一，设置分段数使切角圆滑即可，如图 5-4-1-2 和图 5-4-1-3 所示；在菜单栏的"工具"菜单中，使用"阵列"命令将刚才制作的切角长方体模型复制成一个阵列平面，如图 5-4-1-4 ~ 图 5-4-1-6 所示。

图5-4-1-2　　　　图5-4-1-3　　　　图5-4-1-4

图5-4-1-5

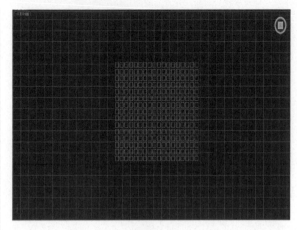

图5-4-1-6

步骤 ② 将所有模型成组，对整个组使用"弯曲"修改器，使整个阵列平面具有一定的弯曲度，这里作者设置为 15 度，如图 5-4-1-7 ~ 图 5-4-1-9 所示。为了让渲染效果更逼真，晶体效果更加晶莹，需要在整个矩阵的斜上方添加一个灯光，这里选择添加了一个"VRay 灯光"，注意控制灯光的远近和强度，如图 5-4-1-10 和图 5-4-1-11 所示。

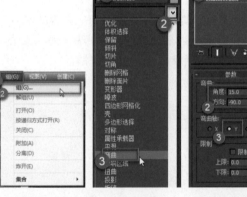

图5-4-1-7　　　　图5-4-1-8　　　　图5-4-1-9

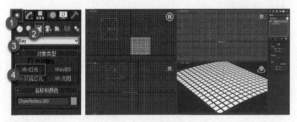

图5-4-1-10　　　　　　图5-4-1-11

步骤 ③ 为模型添加三种颜色的具有折射度的材质并渲染出来，就可以得到这个三色晶体打印矩阵素材，如图 5-4-1-12 所示。材质系统调整、图像渲染和保存方法请参考 1.4.8 小节中相关介绍，此处可采用素材包中的半透明类材质。

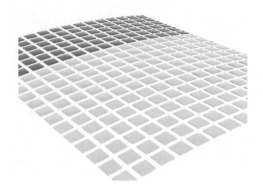

图5-4-1-12

2. 整体效果合成

步骤 ① 在 Photoshop 中导入背景素材，之后使用"调整图层"将颜色调为绿色基调，再对素材图层使用"高斯模糊"滤镜，使图片仅能看出光斑即可，如图 5-4-1-13 ～图 5-4-1-16 所示。

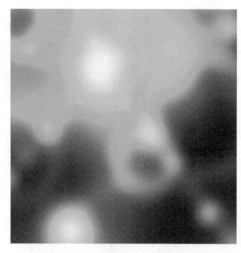

图5-4-1-16

图5-4-1-13　　　　图5-4-1-14

图5-4-1-17

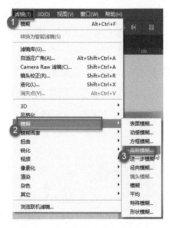

图5-4-1-15

步骤 ② 导入作者提供的钙钛矿结构素材，因为色调和背景比较搭配，不需要再调色，仅需要添加"高斯模糊"滤镜，将钙钛矿结构与背景融合，按下"Ctrl+J"组合键复制图层，将背景的上半部分填充钙钛矿结构，如图 5-4-1-17 和图 5-4-1-18 所示。

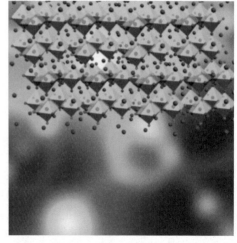

图5-4-1-18

步骤 ③ 将三色晶体打印矩阵导入 Photoshop 文件中，使用"调整图层"进行微调即可，如图 5-4-1-19 ～图 5-4-1-21 所示。

图5-4-1-19　　　　　　　　图5-4-1-20

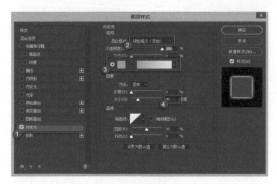

图5-4-1-24

图5-4-1-21

图5-4-1-25

步骤 ④ 将液滴和液滴喷头素材导入 Photoshop 文件中，并使用"蒙版"工具配合"选区"工具抠出，放置在三色打印晶体的红色后半部分；使用"调整图层"为喷头调色，将喷头提亮，使其更具有金属光泽，如图 5-4-1-22 和图 5-4-1-23 所示。双击液滴图层，进入"图层样式"对话框，添加淡蓝色"外发光"效果，如图 5-4-1-24 和图 5-4-1-25 所示。

步骤 ⑤ 将钻石素材导入 Photoshop 文件中，抠出钻石部分作为晶体，双击素材图层，进入"图层样式"对话框，添加一个范围很大的绿色"内发光"效果，之后将图层的不透明度调整为 50%，如图 5-4-1-26 和图 5-4-1-27 所示。再为图层添加一个纯绿色图层作为"图层剪贴蒙版"，并将该图层"混合模式"设为"正片叠底"，如图 5-4-1-28 和图 5-4-1-29 所示。

图5-4-1-22　　　　　　　　图5-4-1-23

图5-4-1-26

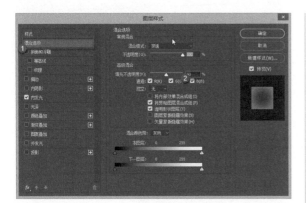

图5-4-1-27

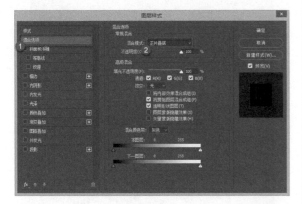

图5-4-1-28

图5-4-1-29

步骤 ⑥ 经过调整，绿色晶体部分已经基本完成，但晶体颜色透明度较高，需要将边缘提亮。按下"Ctrl+J"组合键将原图层复制后放大，使边缘和原图层留有一个缝隙，按住"Ctrl"键的同时用鼠标左键单击图层

略缩图，载入原图层，建立选区，再删除新建图层的选区部分，双击图层进入"图层样式"对话框，为图层添加白色的"内发光"效果，如图5-4-1-30和图5-4-1-31所示。

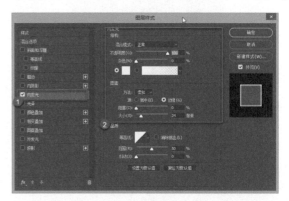

图5-4-1-30

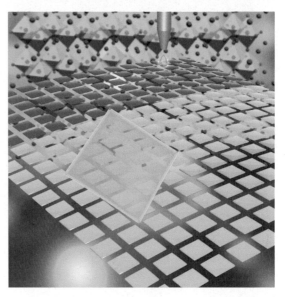

图5-4-1-31

步骤 ⑦ 为晶体添加激光焦点，在晶体的中心添加一个从白色到绿色的径向渐变色，之后用"钢笔"工具画出光线路径，注意光线两端的粗细是不同的，靠近激光焦点的更粗。画好路径后在"路径面板"中将路径转化成选区，如图5-4-1-32所示；为选区添加一个从白色到绿色的线性渐变，注意渐变过程中也有透明度渐变，从白色到绿色渐变过程中透明度有所降低，如图5-4-1-33所示。制作好一条光线后，按下"Ctrl+J"组合键复制，使用"自由变形"工具旋转光线角度并移动，制作出四散光线效果，如图5-4-1-34和图5-4-1-35所示。

图5-4-1-32

图5-4-1-33

图5-4-1-36

图5-4-1-34

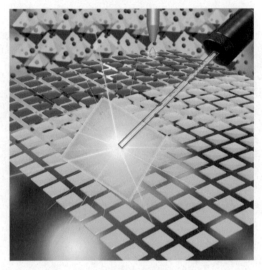

图5-4-1-37

图5-4-1-35

步骤 ⑧ 将激光喷头素材导入 Photoshop，放置在整个画布的右上角，并用"钢笔"工具画出激光路径，用绿色填充后，双击图层，进入"图层样式"对话框，添加绿色"外发光"效果。中间的方图基本完成，如图 5-4-1-36 和图 5-4-1-37 所示。

步骤 ⑨ 制作好方图后导出为图片，新建一个 A4 大小的文件，将方图导入并放大，之后添加"高斯模糊"滤镜，如图 5-4-1-38 所示；为图层添加一个蓝色的剪贴蒙版，调整剪贴蒙版图层透明度为45%，之后为整张图片添加"调整图层"，降低图片的"饱和度"，背景图基本完成，如图 5-4-1-39 和图 5-4-1-40 所示。

图5-4-1-38

图5-4-1-39

图5-4-1-40

图5-4-1-41

 步骤 ⑩ 将方图放入背景图的对应位置即可得到封面的最终效果，如图 5-4-1-41 所示。

疑难问答 　Q：为什么使用弯曲修改器和扭曲修改器有时达不到想要的效果呢？

A：这两个修改器需要模型的分段数足够才能达到想要的效果，另外还要选择好施加效果的轴向。

5.4.2　nano energy

DVD\5.4.2　3ds Max 弯曲修改器制作碳纳米管

尺寸及相关要求

图片尺寸：210mm×280mm (2480pixels×3338 pixels)

图片分辨率：300dpi 或 300dpi 以上

图片文件类型：TIF

封面表达内容及构图

本小节要绘制的封面是上海交通大学 2017 年发表在 *energy* 上的论文，核心内容是表现文章中的光伏电池器件。光伏电池的基底包括三层结构，分别是 SiO_2、Si 和 Au，两边的电极材料是 Au，中间通过碳纳米管相连，其中 OA 吸附在碳纳米管右边 1/3 段，长链的 PEI 差绕在碳纳米管的左边 1/3 段，从封面的左上角引出闪电分别

扫码看视频教学

击中碳纳米管的三段，如图 5-4-2-1 所示。

图5-4-2-1

素材整理及制作

该封面需要用到闪电素材和光伏电池器件素材，在本书的素材包中可以找到该封面所需的素材。其中闪电素材可以在网上搜索得到，光伏电池器件需要自己建模制作。

整个光伏电池器件模型可以分为三部分来制作，第一部分为器件主体部分，包括了基底、正负电极及中间的碳纳米管和管中的电子；第二部分为缠绕在碳纳米管上的长链 PEI，第三部分为吸附在碳纳米管上的 OA。

具体制作步骤如下。

1. 器件主体部分

步骤 ① 器件主体部分是由三层基底材料、正负电极和中间的碳纳米管构成，除碳纳米管外，其他的部分均可直接使用"长方体"模型和"切角长方体"模型来制作，这里不再细讲，如图 5-4-2-2 所示。

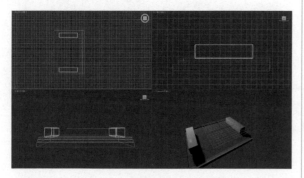

图5-4-2-2

步骤 ② 接下来制作中间的三色区域碳纳米管（主要步骤可参考 3.2.2 小节的碳纳米管制作过程，本节重复内容不再配图说明）。首先制作一个石墨烯网格平面，使用"图形"中的"多边形"工具创建一个足够大的"六边形"，之后为六边形添加"细分"修改器，这里要调整细分网格的大小，细分网格的大小会影响到石墨烯网格疏密程度，如图 5-4-2-3 所示。

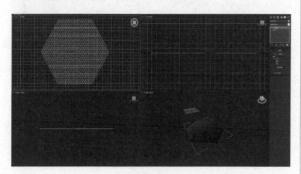

图5-4-2-3

步骤 ③ 将模型转换成"可编辑多边形"，进入"顶点级别"，选中所有"顶点"后，在"编辑顶点"中使用"切角"，调整切角量，将所有六边形网格的大小统一，如图 5-4-2-4 所示。

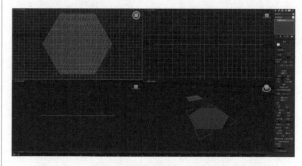

图5-4-2-4

步骤 ④ 我们需要一个长方形的石墨烯平面，因此，在"顶点级别"中将多余的点选中后按按 Delete 键删除，添加"晶格"修改器，就可以得到一个石墨烯平面了，如图 5-4-2-5 所示。

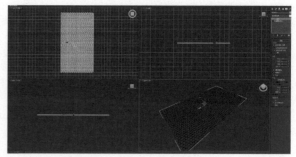

图5-4-2-5

步骤 ⑤ 为制作好的石墨烯平面添加"弯曲"修改器，将弯曲角度调整为 360°，就可以得到碳纳米管了；之后用"移动"工具将制作好的碳纳米管移动到正负电极中间，复制两段，并添加三种颜色的材质，就可以得到三色区域的碳纳米管了，如图 5-4-2-6 所示。材质系统调整、图像渲染和保存方法请参考 1.4.8 小节中相关介绍，此处可采用素材包中的金属类材质。

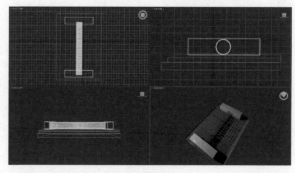

图5-4-2-6

2. 长链PEI

步骤① 首先在顶视图中用"线"工具画出长链 PEI 的骨架,为样条线添加"渲染参数",使样条线具有一定的粗度,如图 5-4-2-7 ~图 5-4-2-9 所示。

图5-4-2-7

图5-4-2-8

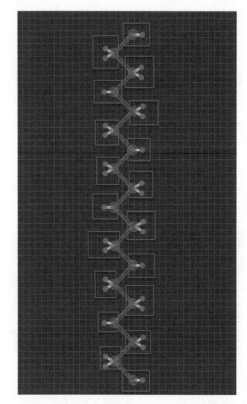

图5-4-2-12

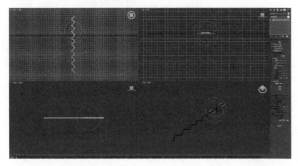

图5-4-2-9

步骤② 使用"几何球体"模型和"圆柱体"模型为 PEI 骨架添加修饰,如图 5-4-2-10 ~图 5-4-2-13 所示。

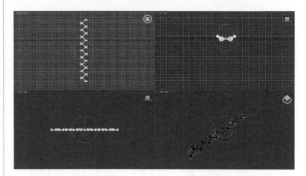

图5-4-2-13

图5-4-2-10

图5-4-2-11

步骤③ 将所有模型选中之后成组,使用"旋转"工具在顶视图中旋转一定角度,这里的旋转角度影响到 PEI 缠绕的密度。旋转后,为整个组添加"弯曲"修改器,获得缠绕的效果,如图 5-4-2-14 ~图 5-4-2-16 所示。

图5-4-2-14

图5-4-2-15

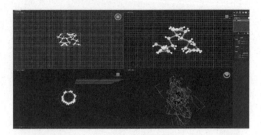

图5-4-2-16

步骤④ 使用"移动"工具，将制作好的长链 PEI 移动到碳纳米管的红色部分，这里可以根据需要再复制一个 PEI，如图 5-4-2-17 所示。

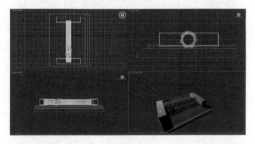

图5-4-2-17

3. OA单体

步骤① 使用"几何球体"模型和"圆柱体"模型就可制作 OA 单体模型，如图 5-4-2-18 ~ 图 5-4-2-20 所示。

图5-4-2-18

图5-4-2-19

图5-4-2-20

步骤② 使用"移动"工具并配合"旋转"工具、"Shift"键复制，将 OA 单体模型放置于碳纳米管蓝色部分，如图 5-4-2-21 所示。

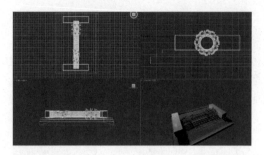

图5-4-2-21

步骤③ 在碳纳米管中间黑色部分添加一蓝一红两个球体模型并为其添加材质，调整好渲染角度，渲染后即可得到器件图片，如图 5-4-2-22 所示。材质系统调整、图像渲染和保存方法请参考 1.4.8 小节中相关介绍，此处可采用素材包中的半透明类材质。

图5-4-2-22

4. 整体效果合成

步骤① 在 Photoshop 中使用"渐变"工具配合硬度较低的"画笔"工具，制作出背景，注意配合光源效果，即从左上角到右下角大体是由亮变暗的过程，如图 5-4-2-23 ~ 图 5-4-2-25 所示。

图5-4-2-23

图5-4-2-24

步骤② 将器件图片放到背景图层之上，根据版面调整好大小，之后使用"调整图层"调整图片的"曲线"，将颜色调整得更有层次感，如图 5-4-2-26 和图 5-4-2-27 所示。

图5-4-2-25

图5-4-2-28 图5-4-2-29

图5-4-2-26 图5-4-2-27

图5-4-2-30

步骤 **3** 使用"文字"工具输入中间两个电子的正负号,在文字图层上单击鼠标右键,在弹出的菜单中选择"栅格化图层",使用"自由变形"工具调整正负号的角度,再使用"蒙版"工具配合"橡皮"工具去掉正负号被遮住的部分,如图 5-4-2-28 和图 5-4-2-29 所示。

步骤 **4** 使用"钢笔"工具画出正负电子移动方向的箭头,绘制好路径后,在"路径面板"中将路径转化成选区,使用"渐变"工具填充颜色,如图 5-4-2-30 所示。

步骤 **5** 导入闪电图片素材,配合"蒙版"工具,将需要的闪电形状抠出来,最后将素材图层融入背景,封面效果就完成了,如图 5-4-2-31 所示。

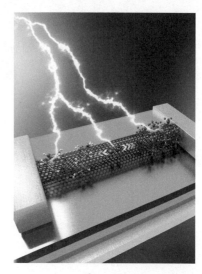

图5-4-2-31

疑难问答 ➤ Q：做好的模型光滑度不高，怎么调整？

A：把模型的面设多一些，或者使用平滑修改器也可以。

5.4.3 Nanoscale

尺寸及相关要求

图片尺寸：188mm×136mm (2220 pixels × 1606 pixels)

图片分辨率：300dpi 或 300dpi 以上

图片文件类型：pdf、jpg、eps、tif 和 psd

封面表达内容及构图

本小节要绘制的封面是浙江大学 2015 年发表在 *Nanoscale* 上的论文，核心内容是展现纳米线矩阵生长在基底平面上。经过与作者讨论，在表现出纳米线矩阵的同时，要在封面的中间偏右侧展现一幅纳米线的放大剖面图，放大的纳米线内部的芯中零散分布着颗粒，外部有电子云包裹，使用暗色背景，透过纳米线矩阵可以看到一定的极光效果，如图 5-4-3-1 所示。

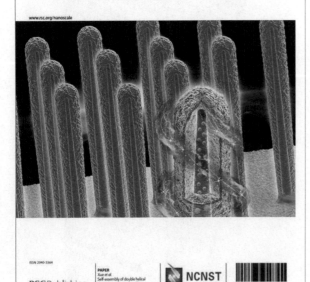

图5-4-3-1

素材整理及制作

该封面需要用到的素材包括：纳米线、纳米线芯、纳米线生长底座、生长基底、纳米线剖面图、颗粒图片、电子云图片及极光背景。在本书的素材包中可以找到该封面所需的素材。以上需要自己绘制的素材包括：纳米线、纳米线芯、纳米线生长底座、生长基底、纳米线剖面图及颗粒，其他可在网上查找。

纳米线、纳米线芯和生长基底的模型都比较容易制作，这几种模型的材质相似，都是使用具有凹凸贴图的半透明材质。纳米线可直接使用胶囊体来制作；纳米线芯首先使用胶囊体制作出基本模型，之后添加"锥化"修改器得到；生长基底可直接使用长方体来制作；颗粒的模型也比较好制作，可直接使用"扩展基本体"中的异面体，通过修改相应参数得到。接下来主要讲解纳米线剖面图和生长基底的制作过程。

具体制作步骤如下。

1. 纳米线剖面图

步骤 ① 在 3ds Max 中，先用"扩展基本体"中的"胶囊"工具制作好纳米线模型，再使用"标准基本体"中的"长方体"工具创建一个长方体模型，作为布尔运算的差集对象模型，如图 5-4-3-2 和图 5-4-3-3 所示；将长方体的长和宽设置为相同数值，且长度要大于胶囊的半径，长方体的高度数值尽量大一些。之后，通过"对齐"工具将长方体的一条高边与胶囊的轴心对齐，如图 5-4-3-4 所示。

图5-4-3-2

图5-4-3-3

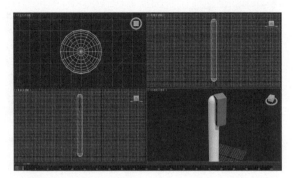

图5-4-3-4

图5-4-3-7

步骤 2 选中"胶囊体",在"创建"选项卡下找到"复合对象",之后单击"布尔"按钮,在"布尔操作"中选择"差集",再单击"拾取操作对象"按钮,在视图中选择制作好的长方体模型,就可以在胶囊体的基础上删除与长方体相交的部分,如图5-4-3-5和图5-4-3-6所示。

2. 生长基底

步骤 1 首先在视图中使用"标准基本体"中的"圆柱体"工具创建一个圆柱体,并为圆柱体添加"锥化"修改器,如图5-4-3-8~图5-4-3-10所示。

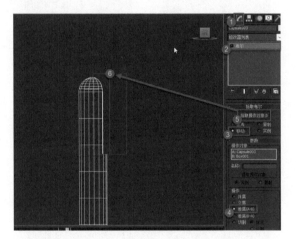

图5-4-3-5

图5-4-3-8   图5-4-3-9

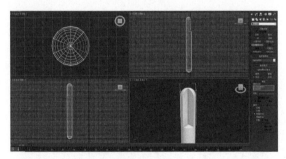

图5-4-3-6

步骤 3 为模型添加带有凹凸贴图的半透明材质,渲染后即可得到纳米线剖面图素材,如图5-4-3-7所示。材质系统调整、图像渲染和保存方法请参考1.4.8小节中相关介绍,此处可采用素材包中的半透明类材质或液体类材质。

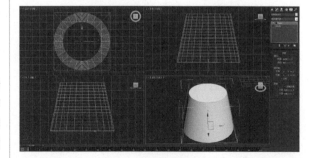

图5-4-3-10

步骤 ② 进入"修改"面板,调整"锥化"修改器的"曲线"参数,制作出圆台的腰部弯曲效果,如图 5-4-3-11 和图 5-4-3-12 所示。

图5-4-3-11　　　　图5-4-3-12

步骤 ③ 为模型添加带有凹凸贴图的半透明材质,渲染后即可得到生长基底素材,如图 5-4-3-13 所示。材质系统调整、图像渲染和保存方法请参考 1.4.8 小节中相关介绍,此处可采用素材包中的半透明类材质或液体类材质。

图5-4-3-13

3. 整体效果合成

步骤 ① 在 Photoshop 中先导入极光背景图片,并在极光背景之上放入生长基底,按下"Ctrl+Shift+N"组合键新建图层,在新图层上使用硬度值低的画笔工具画出蓝白相间的图案,之后将图层设为生长基底的"剪贴蒙版",如图 5-4-3-14 和图 5-4-3-15 所示。

步骤 ② 将准备好的纳米线、纳米线芯和生长底座放在生长基底之上,调整好图层顺序,并使用"蒙版"工具配合"橡皮"擦除不需要的部分。将底座和纳米线柔和过渡,并使用"调整图层"将颜色调为暗紫色色调,如图 5-4-3-16 和图 5-4-3-17 所示。然后双击图层,进入"图层样式"对话框,添加白色"外发光"效果,制作好一条纳米线之后,通过"Ctrl+J"组合键复制,将整个纳米线矩阵制作出来,如图 5-4-3-18 和图 5-4-3-19 所示。

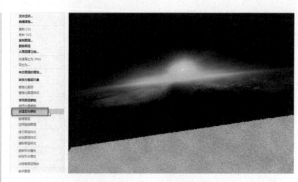

图5-4-3-14　　　　　　　　图5-4-3-15

图5-4-3-16　　　　　　　　图5-4-3-17

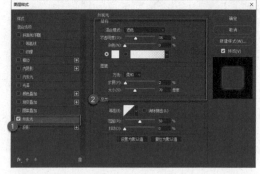

图5-4-3-18

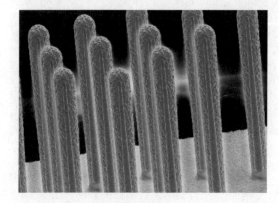

图5-4-3-19

步骤 ③ 将纳米线剖面图放入顶部图层,将纳米线芯素材放在纳米线的中轴部位,使用"蒙版"并配合"橡皮"工具将多余部分擦除；双击图层进入"图层样式"对话框,添加白色"外发光"效果。最后使用"调整图层"将其调整为淡紫色,如图 5-4-3-20 所示。

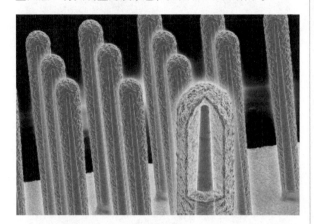

图5-4-3-20

步骤 4 将颗粒素材放入放大剖面图的纳米芯中,双击图层,进入"图层样式"对话框,添加微弱的"外发光"效果,如图 5-4-3-21 所示；再使用"调整图层"将颗粒颜色调整为绿色,在半透明部分将图层的透明度调低,如图 5-4-3-22 ~ 图 5-4-3-25 所示。

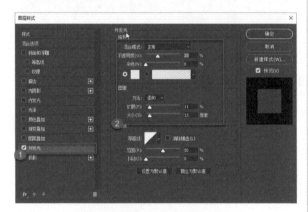

图5-4-3-21

图5-4-3-22

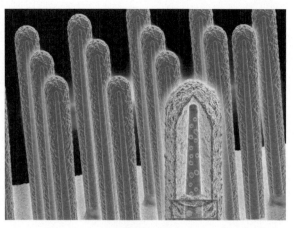

图5-4-3-23

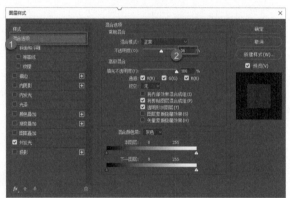

图5-4-3-24

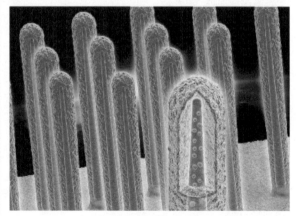

图5-4-3-25

步骤 5 将电子云素材放在纳米线剖面图的外部,在原始素材的基础上通过按下"Ctrl+J"组合键复制和使用"自由变换"工具,让电子云出现缠绕效果,如图 5-4-3-26 和图 5-4-3-27 所示。

步骤 6 为了让电子云添加一些亮点,使用"钢笔"工具,在电子云上添加一些拖尾的路径,在"路径面板"中为路径描边,并降低所在图层的透明度,得到

拖尾的流星效果。封面效果就制作完成了，如图 5-4-3-28 ～
图 5-4-3-30 所示。

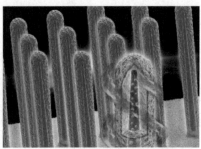

图5-4-3-26　　　　　　图5-4-3-27

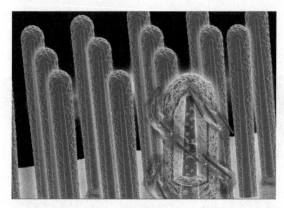

图5-4-3-29

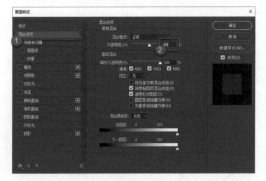

图5-4-3-28

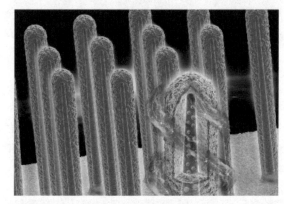

图5-4-3-30

 疑难问答 ▶ Q：在Photoshop中，用钢笔工具勾好轮廓后，怎样抠到新建的文件中？

A：用钢笔工具勾出图像以后，把路径变成选区，然后新建一个文件，使用复制、粘贴或者直接
拖动选区到新建文件上都可。

5.5 物理类封面

　　物理类封面中，常以元素原子的微观世界图像为主题进行刻画，此类封面的表达内容会比较抽
象，往往要通过简单的物理反应表现出十分复杂且意义非常的研究内容，这里需要在深入理解研究内
容的基础上，将表达内容进行提炼升华，化繁为简，再进行封面图片内容的创作。本节以一个封面为
例进行讲解。

nature Physics

尺寸及相关要求

　　图片尺寸：271mm×361mm (3200pixels×4267
pixels)

　　图片分辨率：300dpi 或 300dpi 以上

图片文件类型：TIF

封面表达内容及构图

　　本小节要绘制的封面是中国科技大学 2017 年
发表在 *Nature Physics* 上的论文，核心内容是表现
文章中的超低温环境下分子对撞过程。分别用红、

绿、蓝三种颜色代表三种原子，红色和蓝色原子半径基本一致，绿色原子半径是红、蓝原子半径的一半。经过与作者讨论，确定整体配色要考虑浅淡的颜色，背景采用深色烟雾背景，对撞产生的爆炸要使用冷光源，原子的材质要接近雪球或是冰淇淋，如图 5-5-1 所示。

图5-5-1

素材整理及制作

该封面需要用到反应物和产物的原子模型、爆炸素材、爆炸碎片素材和烟雾背景素材。在本书的素材包目录 Chapter5/5.5 下可以找到该封面所需的素材。其中爆炸素材和烟雾素材可从网上搜索得到。其余模型需要使用 3ds Max 制作。反应物和产物的模型制作非常简单，直接使用球体模型就可以完成，本节不再细讲，注意，要适当添加灯光来让球体的渲染颜色更饱满丰富。这里我们主要讲爆炸碎片素材的制作。

具体制作步骤如下。

1. 爆炸碎片素材

步骤 ① 在顶视图中使用"标准基本体"中的"几何球体"工具创建一个球体，再使用"粒子系统"中的"粒子阵列"工具创建一个粒子阵列，如图 5-5-2 所示。在

"粒子阵列"的"基本"参数中单击"拾取对象"，如图 5-5-3 所示，在视图中单击之前制作好的球体，就能将几何体作为粒子系统的发射器，如图 5-5-4 所示。

图5-5-2

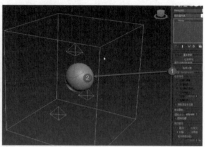

图5-5-3

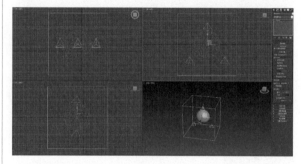

图5-5-4

步骤 ② 接下来设置粒子阵列的具体参数。首先在"粒子分布"中选择"在所有的顶点上"，之后在"视口设置"中选择"网络"，这样能在视口中看到具体的粒子形状；然后在"粒子生成"中修改"粒子运动"，我们需要凌乱一点的爆炸效果，所以将"变化"和"散度"参数值设置大一些，速度可以根据需要的爆炸形状进行调整，如图 5-5-5 所示；最后，在"粒子类型"中选择"对象碎片"，如图 5-5-6 所示。这时拖动视口下方的时间条，就可以在视口中预览爆炸效果，如图 5-5-7 所示。

图5-5-5

图5-5-6

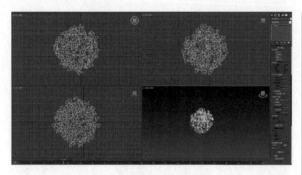

图5-5-7

步骤 **3** 选中视口中的粒子系统和球体模型，通过按"Shift+ 移动"组合键复制出两组，再选中三个球体模型，单击鼠标右键，在弹出的菜单中选择"隐藏选定对象"，进行隐藏，如图 5-5-8 所示。分别赋予三个粒子阵列红、绿、蓝三种材质，如图 5-5-9 所示。材质系统调整、图像渲染和保存方法请参考 1.4.8 小节中相关介绍，此处可采用素材包中的塑料类材质。

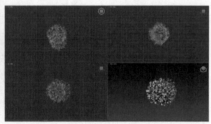

图5-5-8   图5-5-9

步骤 **4** 调整合适的灯光效果，调整好角度，就可以渲染出爆炸碎片素材，如图 5-5-10 所示。

图5-5-10

2. 整体效果合成

步骤 **1** 首先将烟雾背景素材导入 Photoshop 中，并添加"调整图层"，调整图片的"曲线"饱和度 / 明度，如图 5-5-11 ~图 5-5-13 所示。

图5-5-11   图5-5-12

图5-5-13

步骤 **2** 将两个产物图片素材导入 Photoshop 中，双击素材图层，进入"图层样式"对话框，添加白色"外发光"效果，如图 5-5-14 所示；在产物图层之下按下"Ctrl+Shift+N"组合键新建图层，用"多边形套索"工具勾出拖尾区域，之后用"透明度渐变"填充，再添加"高斯模糊"滤镜，制作出柔光感，如图 5-5-15 所示。反应物的绘制流程相同，只是拖尾路径有所不同。另外适当降低透明度，以及对整体画面添加"模糊"滤镜，增加远近层次感，如图 5-5-16 所示。

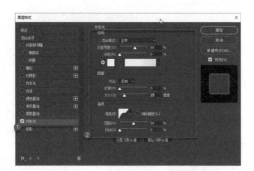

图5-5-14

图5-5-17

图5-5-15

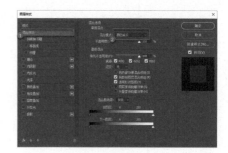

图5-5-18

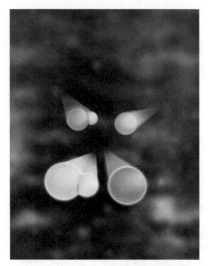

图5-5-16

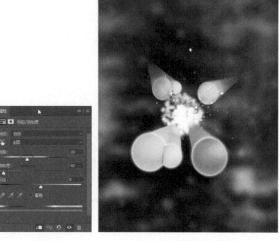

图5-5-19　　　　　　　　图5-5-20

步骤③ 在反应物和产物中间插入爆炸碎片素材，之后为爆炸碎片图层添加"高斯模糊"滤镜，如图5-5-17所示，作为爆炸的底层颜色图层，再在此图层之上添加爆炸图片素材，然后将图层的"混合模式"调整为"颜色减淡"，如图5-5-18所示；最后调整图层的"色相/饱和度"，将爆炸光变为冷光源，如图5-5-19和图5-5-20所示。

步骤④ 以中间制作好的爆炸单元为基础，制作背景中远处模糊的爆炸单元。通过"复制"、"移动"、"旋转"和"缩放"操作，获得不同的爆炸单元和一些单独移动的球体。将这些新制作出来的图层合并，如图5-5-21所示；合并后添加"高斯模糊"滤镜，如图5-5-22所示；并使用"调整图层"，将图层调整为"黑白"，将远处的所有球体调整为白色，如图5-5-23所示。为进一步虚化远处球体效果，可适当降低透明度，封面效果就制作好了，如图 5-5-24 所示。

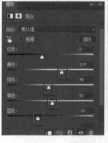

| 图5-5-21 | 图5-5-22 | 图5-5-23 | 图5-5-24 |

  疑难问答 ▶ Q：在Photoshop中，如何做一个很自然的阳光效果？

A：PS滤镜中有一个光照效果，再加上光晕滤镜效果就能实现。

5.6 能源类封面

能源类封面中，常以能源物质结构和能源转化过程为主题进行刻画，此类封面需要从能源的保存形态、基础物质结构、转化方式等角度去考虑封面的设计。本节以三个封面为例进行讲解。

5.6.1 Science

尺寸及相关要求

图片尺寸：210mm × 266mm (2480pixels × 3144 pixels)

图片分辨率：300dpi 或 300dpi 以上

图片文件类型：TIF

封面表达内容

一种致命的一氧化碳偶极子，三键的氧和碳，是由不完全燃烧产生的。一氧化碳与血红蛋白结合，阻碍其携带氧气的能力，具有很强的毒性。在这个问题上，阿扎罗夫等人报道了这种致命气体解毒剂的研制，如图 5-6-1-1 所示。

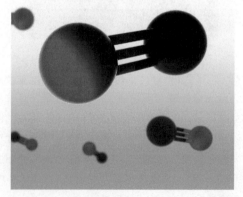

图5-6-1-1

素材整理及制作

该封面仅需要用到分子结构的多个视角渲染图，分子结构的绘制比较简单，由基本几何体进行组合就可以得到，在本书的素材包目录Chapter5/5.6.1下可以找到该封面所需的素材。

具体制作步骤如下。

1. 分子模型

步骤 ① 在 3ds Max 中先使用"标准基本体"中的"几何球体"工具创建一个球体模型，如图 5-6-1-2 所示；之后使用"标准基本体"中的"圆柱体"工具创建三个圆柱体，如图 5-6-1-3 所示；使用"对齐"和"移动"工具，将四者的空间位置摆好，之后成组，如图5-6-1-4 所示。

图5-6-1-2　　　　　　　图5-6-1-3

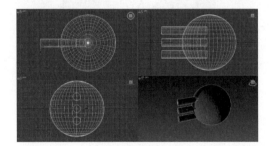

图5-6-1-4

步骤 ② 选中组，使用"对称"工具复制出一个对称的模型组，并使用"对齐"工具在 x 轴向上对齐，如图 5-6-1-5 和图 5-6-1-6 所示。

图5-6-1-5

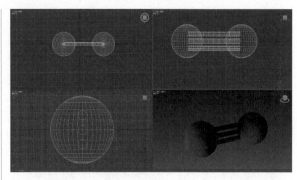

图5-6-1-6

步骤 ③ 在模型的四周放置"环境光"，并使用"灯光"中的"VRay 灯光"创建一个灯光作为主体光源，对模型的两部分分别赋予材质颜色，如图 5-6-1-7 和图 5-6-1-8 所示。材质系统调整、图像渲染和保存方法请参考 1.4.8 小节中相关介绍，此处可采用素材包中的塑料类材质。

图5-6-1-7

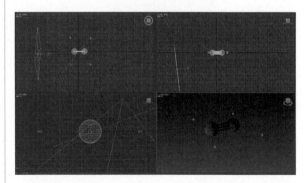

图5-6-1-8

步骤 ④ 调整好角度后，即可渲染输出分子模型素材，其他角度的分子模型也是按照上述步骤制作，如图 5-6-1-9 所示。

图5-6-1-9

2. 整体效果合成

步骤 ① 在 Photoshop 中使用"线性渐变"工具制作出渐变色的背景，如图 5-6-1-10 和图 5-6-1-11 所示。

步骤 ② 将分子结构 1 素材导入 Photoshop 图层中，按下"Ctrl+J"组合键复制图层，将新复制图层的"混合模式"设为"柔光"，并降低不透明度，如图 5-6-1-12 和图 5-6-1-13 所示；之后将两个图层成组，对图层组使用"调整图层"，进一步调色，如图 5-6-1-14 和图 5-6-1-15 所示。

图5-6-1-10

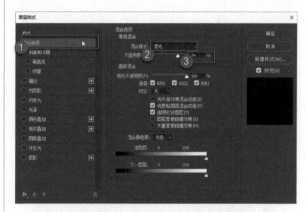

图5-6-1-12

图5-6-1-13

图5-6-1-11

图5-6-1-14

步骤④ 为远处的分子图层添加"高斯模糊"滤镜，如图 5-6-1-17 所示，注意：越远的分子，模糊程度越高。整个封面效果制作完成，如图 5-6-1-18 所示。

图5-6-1-15

步骤③ 将其他分子结构素材导入 Photoshop 中,使用"移动"和"缩放"工具将分子调整到对应的位置, 如图 5-6-1-16 所示。

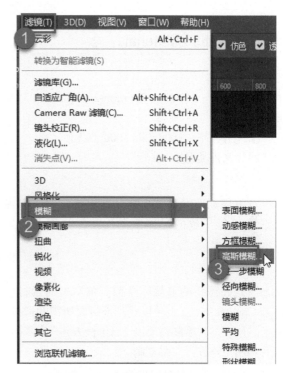

图5-6-1-17

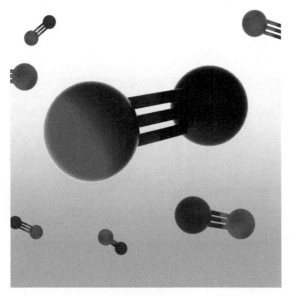

图5-6-1-16

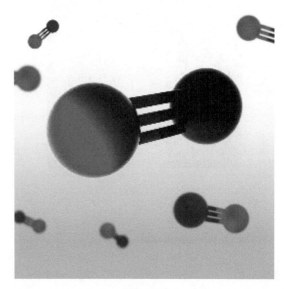

图5-6-1-18

疑难问答 ▶ Q：当Photoshop出现提示：暂存盘已满，如何解决？

A：在"编辑/首选项/暂存盘"中增加其他暂存盘符。

5.6.2 Nature Materials

尺寸及相关要求

图片尺寸：210mm × 266mm (2480pixels × 3144 pixels)

图片分辨率：300dpi 或 300dpi 以上

图片文件类型：TIF

封面表达内容

对方周期性二维纳米超晶格生长实时研究表明形成机制导致的晶体取向连接。如图 5-6-2-1 所示。

素材整理及制作

该封面需要纳米晶体模型。在本书的素材包目录 Chapter5/5.6.2 下可以找到该封面所需的素材。纳米晶体模型的绘制需要以"切角长方体"为基础，然后利用矩阵进行二维复制。

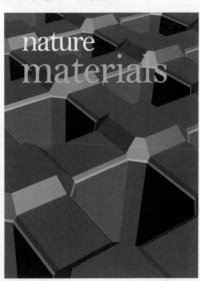

图5-6-2-1

具体制作步骤如下。

1. 纳米晶体模型

步骤① 在 3ds Max 中单击"创建"选项卡下"扩展基本体"中的"切角长方体"按钮，如图 5-6-2-2 所示，在视图中按住并拖曳鼠标左键，先创建出一个切角长方

体，作为晶体单体。注意，切角长方体的所有分段设为 1，并取消选择"平滑"选项，如图 5-6-2-3 所示。

图5-6-2-2

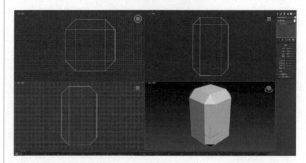

图5-6-2-3

步骤② 将模型转换为"可编辑多边形"，进入"顶点级别"，选中顶端的四个顶点，并使用"切角"工具，如图 5-6-2-4 和图 5-6-2-5 所示。

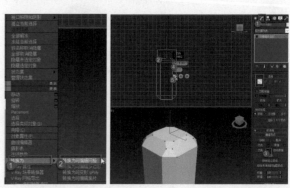

图5-6-2-4   图5-6-2-5

步骤③ 两两选中切角产生的顶点，并使用"焊接"工具焊接，如图 5-6-2-6 和图 5-6-2-7 所示。

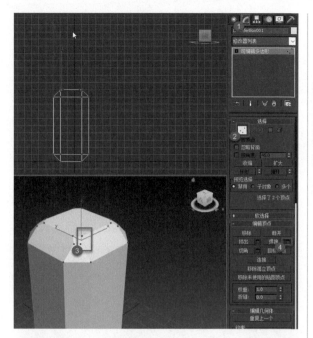

图5-6-2-6

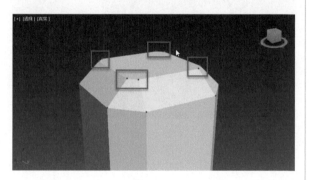

图5-6-2-7

步骤 ④ 复制出一个晶体单体，之后进入"顶点级别"，选中一半的点进行平移，平移距离足够容纳之后设置晶体矩阵的长度，之后在视图中修改部分顶点的位置，表现晶体的连接，如图5-6-2-8所示。

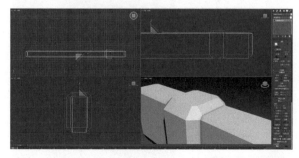

图5-6-2-8

步骤 ⑤ 进入"层次"选项卡，选中之前制作好的晶体单体，单击"使用工作轴"并"重置"。现在的工作轴就与晶体单体的轴重合了，之后选中之前制作

好的晶体连接部分，使用"Shift+ 旋转工具"组合键进行复制，获得正交方向上的晶体连接部分，如图5-6-2-9所示。

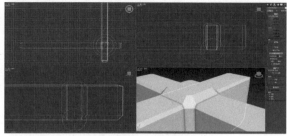

图5-6-2-9

步骤 ⑥ 使用"阵列"工具将晶体单体和晶体连接部分复制成一个阵列平面，之后选中其中的一个模型，进入"修改"选项卡，在"编辑几何体"中单击"附加"按钮，将所有模型附加成为一个模型，如图5-6-2-10和图5-6-2-11所示。

图5-6-2-10

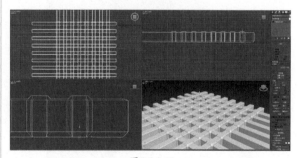

图5-6-2-11

步骤 ⑦ 使用"标准基本体"中的"长方体"工具新建一个长方体，并设置其参数和位置，使纳米晶体顶部生长部分正好露出，如图5-6-2-12和图5-6-2-13所示。

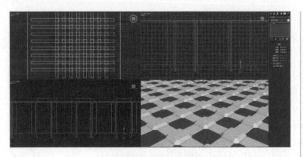

图5-6-2-12

图5-6-2-13

步骤 8 选中长方体，在"创建"选项卡的"复合对象"下单击"布尔"工具，如图 5-6-2-14 所示。在"布尔操作"中选择"交集"，并拾取纳米晶体矩阵作为"操作对象 B"，获得底层生长器件，如图 5-6-2-15 所示；选中纳米晶体矩阵，单击"布尔"工具，拾取制作好的底层生长器件模型作为"操作对象"进行差集操作，获得晶体生长部分。对这两部分模型赋予对应的材质，这样整个模型就完成了，如图 5-6-2-16 所示。材质系统调整、图像渲染他保存方法请参考 1.4.8 小节中相关介绍，此处可采用素材包中的塑料类材质。

图5-6-2-14　　图5-6-2-15

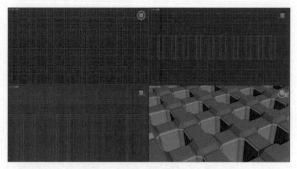

图5-6-2-16

步骤 9 调整好摄影机角度，进行渲染，就可以得到纳米晶体矩阵素材，如图 5-6-2-17 所示。

图5-6-2-17

2. 整体效果合成

步骤 1 在 Photoshop 中导入纳米晶体模型素材，使用"自由变形"工具将模型调整到合适的局部，如图 5-6-2-18 和图 5-6-2-19 所示。

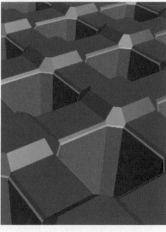

图5-6-2-18　　图5-6-2-19

步骤 ② 选中纳米晶体模型素材所在图层，进入"滤镜库"，在"纹理"分类中找到"颗粒"滤镜，调整好颗粒的"强度"和"对比度"后，并将颗粒类型设置为"结块"，单击"确定"按钮，封面效果就制作好了，如图 5-6-2-20 和图 5-6-2-21 所示。

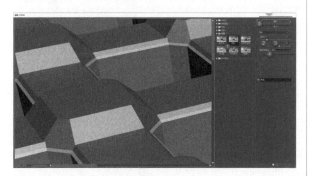

图5-6-2-20

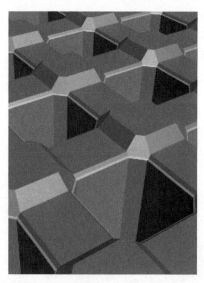

图5-6-2-21

疑难问答 Q：用Photoshop怎么选取两个图层相交的区域？

A：首先按住"Ctrl"键，用鼠标左键单击其中一个图层，载入这个图层为选区，再按住"Ctrl+Alt+Shift"组合键，用鼠标左键单击另外一个图层，即可载入相交区域。

5.6.3　Energy and Environmental Science

◎ DVD\5.6.3 Photoshop 利用蒙版工具制作渐变背景

尺寸及相关要求

图 片 尺 寸：188mm × 136mm (2220 pixels × 1606 pixels)

图片分辨率：300dpi 或 300dpi 以上

图片文件类型：pdf、jpg、eps、tif 和 psd

封面的主要内容要在指定区域绘制，如图 5-6-3-1 所示。

封面表达内容及构图

本小节要绘制的封面是新加坡南洋理工大学 2016 年发表在 *Energy and Environmental Science* 上的论文，核心内容是展现一个反应过程，从二氧化碳经过文章中的金属板材料和电击催化反应产生甲烷、乙烯等气体。背景中要表达能量的转化、对大气的净化，以及对最终产生气体的储存，如图 5-6-3-2 所示。

扫码看视频教学

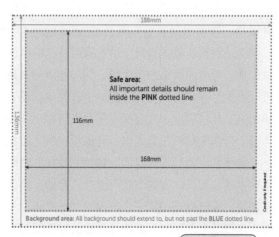

图5-6-3-1

Energy & Environmental Science

ISSN:1759-9954

ROYAL SOCIETY OF CHEMISTRY

PAPER
Ali Khademhosseini et al.
A cost-effective fluorescence mini-microscope for biomedical applications

图5-6-3-2

素材整理及制作

该封面需要用到的素材包括：甲烷、乙烯、乙烷、丙烷、二氧化碳分析结构、箭头素材、金属板、气泡、风车、储气罐、太阳能板、烟囱、烟雾等素材图片。在本书的素材包目录 Chapter5/5.6.3 下可以找到该封面所需的素材。以上需要自己绘制的素材包括：弯曲的箭头和金属板，其实这两种素材也可以在网上搜索，但找到合适的素材并不容易，制作起来又比较简单，故直接用模型来制作。几种气体分子模型素材由作者提供，其他可在网上查找。

箭头素材通过"长方体"和"三棱柱"两个基本体来制作即可，弯曲形状可通过"弯曲"修改器来调整，金属板直接用一个较薄的"长方体"来制作，在材质中使用有一定纹理贴图的材质就可以表现出金属板。都比较简单，这里就不再仔细讲解。

整体效果合成的操作步骤如下。

步骤 ① 在 Photoshop 中先导入储气罐、太阳能板、烟囱及风车等几张素材图片，将四幅图分布在画面的四个方位，之间使用"蒙版"来进行柔和过渡，如图 5-6-3-3 所示。

图5-6-3-3

步骤 ② 将金属板、箭头 2、闪电、闪电背景导入 Photoshop 中，将箭头 2 放在金属板上面，并用"调整图层"将箭头 2 的颜色调整为蓝紫色，箭头两端用"文字"工具输入 CO_2 和 C_xH_y 表示反应物和产物；在金属板下面放置闪电素材，将闪电的颜色调为金黄色，将闪电背景作为这部分反应表达的背景并左键双击图层，进入"图层样式"添加白色"外发光"效果，使用"蒙版"工具将闪电背景限制在一个椭圆形区域内，如图 5-6-3-4 所示。

图5-6-3-4

步骤 ③ 将烟雾素材、二氧化碳和气泡素材导入 Photoshop 并放置在画布的左下方，同样将烟雾素材作为背景，使用"调整图层"将烟雾颜色调为紫色，再使用"蒙版"将烟雾素材限制在椭圆区域中。注意为突出核心的反应部分，这里的椭圆区域要比反应部分的椭圆区域小，之后左键双击图层，进入"图层样式"添加紫色"描边"效果，如图 5-6-3-5 所示。

图5-6-3-5

图5-6-3-6

步骤④ 将甲烷、乙烯等几种气体分子素材和气泡导入 Photoshop 并放置在画布右下方，使用"调整图层"调整气泡颜色为蓝色，将几种分子素材放入其中，表示生成无污染的气体。使用烟囱素材中的白色烟气部分作为这部分表达的背景，同样限制在与左下部分相同的椭圆形区域中，然后添加相同的"描边"效果，如图 5-6-3-6 所示。

步骤⑤ 最后将箭头 1 素材加入画布中，放置在三个椭圆区域之间，表达它们之间的前后关系。整个封面就绘制完成了，如图 5-6-3-7 所示。

图5-6-3-7

 疑难问答 Q：Photoshop中，为什么无法在图层上使用画笔工具？

A：可能是图层被锁定了，限制了绘制，可将锁定解除。

第6章

科学可视化的发展趋势

在视觉文化时代背景下，科学可视化，尤其是前沿"大科学成果"的可视化，并非单独通过计算机的可视化模拟运算自动生成的，更需要从便于公众理解和认知的角度由艺术家与科学家合作来创建，并展开相关的图像研究，促进科学与艺术的融合也是近年来计算机图形学领域内不断掀起的呼吁声，科学可视化的发展趋势也呈现出显著的强劲姿态。

6.1 科学可视化表达的形式与发展

人们的视觉体验与阅读行为正在发生转变：由基于印刷文本的阅读逐渐转变为基于视觉图像的解读。视觉是人类获取信息最重要的途径之一，感觉器官传达的80%以上的信息来自于视觉，大脑中与视觉相关的神经元多达50%。一图胜千言，图像在科学成果的解释中具有鲜明的优势。

就单一形式的传播途径来看，视觉信息传播的形式可以达到最大的传播效果。视觉信息传播分为两种形态：静态视觉信息传播和动态视觉信息传播，分别对应着两大类型的视觉艺术形式。静态传播形式所传播的内容（比如海报、广告）着眼于对形象的深层发掘，追求造型的凝练，力图创造出鲜明、突出，具有高度概括性的画面。因此，静态视觉传播形式给人"一目了然"的感觉。动态视觉传播的优势在于：它更为逼真地浓缩呈现了现实场景，它带给人们的是生动性、真实性及强烈的现场冲击力。

在现代社会中，科学知识的流动速度不断加快。科学可视化表达，作为推广、扩散和普及科学技术知识、科学方法、科学精神的一种社会活动，是现代科学技术活动的重要环节和组成部分；科学可视化研究越发受到学术界的普遍关注，科学可视化作为一门新兴的交叉学科已经获得初步的发展。

（1）更加美观的科学表达

三角形剖面显示了艾滋病毒如何把这个细胞变成一个病毒加工厂。这种3D模型是呈现和推广人类病毒科学数据的一种新方法。这个张开嘴的方式，看起来几乎是像准备吃人的艾滋病正在蚕食整个社会。而这种科学数据呈现的新方法，既是通过艺术渲染和视觉加工，让科学数据看起来更好看、更有冲击力，也能从多角度展示更多的信息和科学过程，如图6-1-1所示。

（2）更加形象的科学表达

使用熟知的视觉符号和构图来表现科学原理不失为一种有效的方法，某个独特专业领域的知识想要容易被理解，则需要尽量使用公有领域的视觉符号或者概念，才能被更多的人所理解。图6-1-2所示的 *Cell* 封面以扑克牌中King的对称颠倒为基础，辅助以时钟、日、夜的元素，展示动物活动节律与内源性时钟的同步，呈现出日夜循环状态。以隐喻或类比的手法，用公众熟悉的符号和元素揭示科学基本原理与其相似的道理,从而将难以理解的专业知识以较为通俗易懂的"视觉故事"形态呈现给读者。

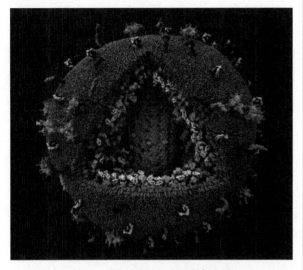

图6-1-1　艺术渲染过的艾滋病毒3D模型

图6-1-2　*Cell:17 February, 2012*

（3）更加生动的科学表达

视觉故事形式在顶级学术期刊封面上较多,以漫画形式通过图片的故事叙述展现科学研究主要针对的科学问题,形式生动,可读性强。每一项重大的科学成果都面临行业内传播和大众传播,国内外有很多科学图片机构致力于协助科学家提供科学成果的创意设计(北京中科幻彩动漫科技有限公司:国内领先的科学可视化整体解决方案提供商)。

为了更生动地表达科学内容,可视化的创建者不再仅仅是原来的科学家,第三者创作单位或者个人随着这种需求而诞生,他们协助科学家来完成可视化的视觉形式的实现。自2012年年底开始,中国也逐渐出现了提供科研视觉化服务的运营机构,例如,中科幻彩等单位,他们在为科研团队提供一对一的视觉定制服务的同时,还开展科研绘图培训课程,以此来提高科研人员的视觉素养和图像处理能力。科学可视化创作最初是科学家为了洞察数据之间的关系而衍生出来的,但在可视化表现的过程中产生了大量富有美感、观赏价值和传播价值的可视化形式。每年美国国家科学基金会都会和 *Science* 杂志联合举办国际科学可视化挑战赛,评选具有视觉冲击并且能促进人们对科学研究了解的照片、插图、视频及互动游戏,该项比赛旨在通过新奇和具有刺激性的视觉方法鼓励全世界的人关注科学,鼓励公众更好地理解科学研究。评审标准包括:视觉效果、有效的沟通、新鲜感和创意。这些科学可视化作品也是生动形象的科普作品,将其中蕴含的科学知识、科学思想及最新的科学成果传递给更多的受众,促进人们对于科学的理解与关注,因而,科学可视化的目标和内容正在发生着根本性的转变。

随着可视化目标的变化,科学可视化的受众不仅仅局限于科学家的业内专业圈,流通渠道也并非只是专业性极强的学术期刊。科学成果不仅仅是科学观点与结论,也包含科学实验条件与过程、科学数据分析、科学结论,同时,在科学成果的取得过程中还渗透着科学思想与科技哲学。对于富有影响力的科学成果,不仅业内科学工作者关注,社会公众也较为关注，在各个大众传媒的媒体上，"科技新闻"这个板块构成了重大科学成果面向公众传播的主要渠道。北京中科幻彩动漫科技有限公司立志成为"中国版 NASA"的御用包装团队，将我国高端科研资源普及化、形象化，打造科研成果可视化的专业团队，成为消费者与科学之间的桥梁。

随着我国政府对科研事业的大力支持，我国科研水平不断提升，科研环境质量不断提高，科研人员对仪器和科研检测的需求也越来越大。北京中科卓研科技有限公司专注于实验室中小型设备销售和科研检验测试，为科研工作者提供更加便捷高效的服务，助力我国科研实力的进一步提升。

 疑难问答　Q：科研可视化视频都应用于哪些方面？

A：科研可视化视频可以把作者的科研思想更直观地表达出来，在文章发表阶段可用于支持信息投稿给国际学术杂志社。细节化的表现能为作者观点提供强力支持，所以在学术会议、答辩报告等场合可以起到一鸣惊人的效果。直观的表现方式也易于被更多人群接受，可以制作成科普视频或教育展示视频，提高作者知名度及影响力。

6.2　科研视频剪辑制作初步

现代科研生活中，科研视频逐渐成为中高档次论文的必需品和有效补充。简洁直观的科研视频不仅仅是科技论文数据真实性的佐证，更是科技论文最为直观的数据表达形式，所以接下来我们要学习如何利用 After Effects 软件进行科研视频剪辑、调速、添加字幕和比例尺等操作，并以北京中科幻彩动漫科技有限公司为中科院化学所制作的一个科研视频为例来进行完整的说明。

步骤 ① 视频的导入。打开 After Effects，单击菜单栏中的"文件 / 导入 / 文件"，如图 6-2-1 所示，在弹出的对话框中找到要导入的素材即可。之后就会在"项目"面板中看到导入的素材，将其拖动到时间线上，即可看到视频出现在时间线上，并且可以看到显示视频缩略的窗口，如图 6-2-2 所示。

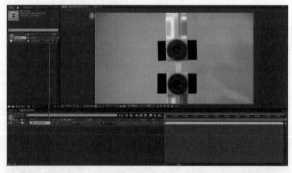

图6-2-2

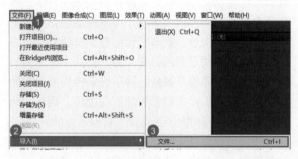

图6-2-1

步骤 ② 视频速度调整与剪辑。单击"展开或折叠"按钮，将"伸缩"显示出来，之后可以调节"伸缩"的数值，如图 6-2-3 所示。若将 100% 降低，即是加速视频；若将 100% 升高，即是减速视频。

图6-2-3

将"当前时间指示器"向右拖动，可以实时观察到当前时刻的视频画面，我们可以拖动该条视频的结束时间点来控制视频的播放长度，从而达到对视频剪辑的目的，如图 6-2-4 所示。

图6-2-4

同样也可以将视频的起始时间点进行拖动，最终将决定视频开始播放的时间，从而裁切出需要的内容，如图 6-2-5 所示。

图6-2-5

步骤 ③ 添加标注。单击"文本"工具，在视口中拖动鼠标左键添加一个输入框，即可输入文字，与 PPT 中的文本框十分相似，与此同时，下方的时间线上相应地会出现文字层，如图 6-2-6 所示。

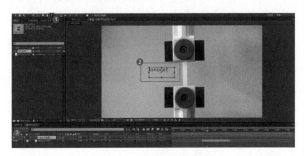

图6-2-6

可以通过文字面板中的参数调节文本的显示，如图 6-2-7 所示。如果文字面板没显示出来，可以在菜单栏的"窗口"菜单中勾选。

图6-2-7

可以用工具栏中的选择工具移动创建好的文本，如图 6-2-8 所示。我们也可以控制文本层的起止时间来决定它在何时显示、何时消失。

图6-2-8

步骤 ④ 保存与输出。单击菜单栏中的"文件 / 导出 / 添加到渲染队列"，如图 6-2-9 所示。

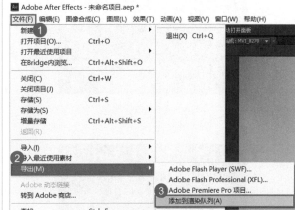

图6-2-9

可以在"渲染队列"窗口中看到渲染的视频，如图 6-2-10 所示。单击黄色的文件名，在弹出的窗口中设置视频输出路径，如图 6-2-11 所示。

图6-2-10

图6-2-11

单击"无损"，在弹出的窗口中设置视频格式及是否输出声音，如图 6-2-12 所示。如无特殊要求，H.264 格式较为常用。

单击"最佳设置"，在弹出的窗口中设置开始与结束时间，如图 6-2-13 所示。

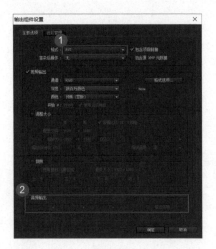

图6-2-12

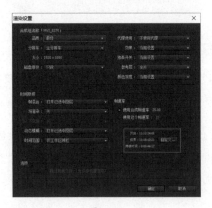

图6-2-13

参数设置好之后，单击"渲染"按钮即可开始渲染视频，耐心等待即可，如图6-2-14所示。渲

染完成后可在之前设置的路径中找到视频。最后单击菜单栏中的"文件 / 存储为"，在合适的路径将 After Effects 的工程文件保存好，便于下次修改时调用，如图 6-2-15 所示。

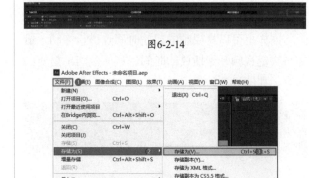

图6-2-14

图6-2-15

以上就是科研视频剪辑、调速、添加字幕等操作的方法，操作难度都要比科研绘图小，但它与绘图一样需要进行一定量的渲染和输出。渲染所需的时间往往要大于制作的时间。当我们熟练运用视频制作软件时，还可以结合音乐加入混剪、影视特效等高级表现形式。国家领导人曾指出，科技创新、科学普及是实现科技创新的两翼，要把科学普及放在与科技创新同等重要的位置。我们掌握了科研视频的制作方法，就可以亲自动手制作课题组的科普视频了，相信你的科研视频会打动专家和公众，争取到更大的科研基金支持。

疑难问答　Q：对于视频编辑软件的选择有那些推荐？

A：目前网上存在较多视频编辑软件，有些针对普通消费者的软件十分简单，易于上手，如会声会影、爱剪辑等；有些针对专业人士的软件操作更多，实现的功能也更加强大，如After Effects、Premiere等。简便的操作意味着功能的限制，更多的功能会带来学习成本，所以如何选择适合自己的软件还要根据需求来考量。

6.3　动画在科研表达中的基本应用

动画可以在数秒钟里展示动态的图像，为观众表达大量的内容。相比于图片来讲，它所承载的信息量是成倍的。对于科研工作者而言，三维动画是展示其科研成果强有力的工具，比如许多文章都会提供影像资料和三维动画来更直观地阐明科学原理；在学术会议的演讲中科研工作者也会用动画进行展示；在科研成果转化上，与公司方面进行专利上的沟通时也会用到动画；在项目申请时，动画同样也会使科研工作者在答辩过程中大放异彩。

本节将就动画在科研表达中的基本应用来进行讲解。

6.3.1 动画软件简介

科研思想由于具有很强的知识壁垒，仅仅靠图像说明有时略显苍白，在这时，采用三维动画的形式配以实时解说会使整个过程更生动形象，易于接受。无论是对学术答辩、专利演示，还是基金申请都大有裨益。动作制作软件常用的有 3ds Max、Cinema 4D、After effects、Premiere 等。一段动画往往需要这几个软件协同制作完成。本小节将对几款常用来制作三维动画的软件进行简要介绍。

1. Cinema 4D

Cinema 4D 是一款优秀的三维动画制作软件，简称 C4D。它是德国 Maxon Computer 研发的 3D 绘图软件，以其出色的运算速度和强大的渲染能力著称，在制作各类三维场景或物体时表现突出，随着其越来越成熟的技术而受到许多三维设计师的重视，同时在电视包装领域也表现非凡，如今成为主流的三维动画软件之一，如图 6-3-1-1 所示。

图6-3-1-1

Cinema 4D 包含建模、动画、渲染、角色、粒子及各类模拟模块，可以说 Cinema 4D 提供了一个完整的三维创作平台。Cinema 4D 是一款功能超强的三维图像设计工具，它所拥有的强大 3D 建模功能，无论是初学者还是高手都非常适合使用。

（1）文件转换优势

Cinema 4D 所能识别的文件格式非常多，大部分从其他三维软件导入进来的项目文件都可以直接使用，而不用担心会有破面、文件损失等问题。

（2）动力学模拟

Cinema 4D 具有真实的物理世界，可以模仿重力、风速、引力、刚体、柔体等，达到动力学模拟的效果。

（3）高级渲染模块

Cinema 4D 拥有极快的渲染速度，可以在最短的时间内创作出最具质感和真实感的作品。

（4）Cinema 4D 的预制库

Cinema 4D 拥有丰富而强大的预置库，可以轻松地从它的预置中找到你需要的模型、贴图、材质、照明、环境、动力学，甚至是摄影机镜头预设，大大提高了我们的工作效率。

2. Affect Effects

Adobe After Effects，简称"AE"，是 Adobe 公司推出的一款图形视频处理软件，适用于从事设计和视频特技的机构，包括电视台、动画制作公司、个人后期制作工作室及多媒体工作室，属于后期处理软件，如图 6-3-1-2 所示。Adobe After Effects 软件可以帮助用户高效且精确地创建无数种引人注目的动态图形和震撼人心的视觉效果。利用与其他 Adobe 软件无与伦比的紧密集成和高度灵活的 2D 和 3D 合成，以及数百种预设的效果和动画，为电影、视频、DVD 和 Macromedia Flash 作品增添令人耳目一新的效果。

图6-3-1-2

在制作三维动画的过程中，AE 的出色功能在于后期处理。它好比是一个专门服务于视频的 Photoshop，同样具有层级结构，区别是具有一条时间线，每一个图层不是一幅图片而是一个视频。因此我们在 Photoshop 中的图形处理思想在很大程度上可以移植到 AE 中。比如，可以用 Photoshop 为图片加箭头、调色，对图片进行裁切，为图片加标注，那么就可以用 AE 为视频执行同样的操作。

3. Premiere

Premiere 是 Adobe 公司推出的视频剪辑软件，如图 6-3-1-3 所示。可以用它轻松实现视频、音频素材的编辑合成及特效处理。Premiere 功能强大，操作也非常简单，制作出来的作品精美，Premiere 包括以下功能。

（1）编辑和剪接各种视频素材，具有实时播放的能力，在时间线上进行剪辑，可以节省编辑时间。

（2）对视频素材进行各种特效处理：Premiere提供强大的视频特效效果，包括切换、过滤、叠加、运动及变形等。

图6-3-1-3

（3）在视频素材上增加各种字幕、图标和其他视频效果，除此以外，还可以给视频配音，并对音频素材进行编辑，调整音频和视频的同步，改变视频特性参数，设置音频、视频编码参数，以及编译生成各种数字视频文件等。

Premiere由于其出色的剪辑能力，经常用于视频的制作，通常在三维软件中渲染出的视频片段都要先进入Premiere进行一番剪辑，在此过程中加上配音解说及背景音乐，让动画展示的科研思想更易被观众所理解。

疑难问答 Q：拍摄的有点暗的实验录像也可以调节亮度与对比度吗？

A：我们知道在Photoshop中可以通过调整"曲线"改变图片的亮度、对比度等，在After Effects中同样也可以对视频添加"曲线"进行调整。

6.3.2 科研动画制作流程

科研动画相比于绘图来讲具有更高的工作强度，短短几十秒的视频往往需要制作大量的三维场景。那么一套完整的三维视频制作流程是怎样的呢？接下来将以中科幻彩为郭光灿院士制作的关于量子芯片的三维动画为例来进行一个完整的说明，如图6-3-2-1所示。

图6-3-2-1

1. 文字脚本

三维动画的文字脚本，即动画文案，是三维动画创意的文字表达。它是体现主题、塑造形象、传播信息内容的语言文字说明，是整体视频设想的具体体现，也是制作三维视频的基础和蓝图。从创作者的思想出发，表明所要传达的科学原理、最终效果，以及创作者对这些表现手法的认识、评价或主观意念等。它是主客观的统一，因此构成内容的基本要素是文字主题及一些简单的形象图。创作者要把信息内容传达出来，必须通过创意、构思，并借助于一定的结构形式和表现手段，通过语言文字表达出来，这即是文学脚本的形成要素。它是思想的外在表现，包括视频结构形式、表现方式和解说内容等。

制作三维动画之前，最开始的工作是要制作视频的文字脚本。文字脚本中将涵盖视频的大致设想，视频内容、解说内容等。通常在这一过程中需要附带一些简要的图片加以说明，科研工作者可以直接将自己的文章用图或是PPT用图附在其中，作为更加形象的说明。

2. 基于脚本的建模

在文字脚本制作好之后，接下来需要做的是针对脚本中出现的模型进行确定，通过文字脚本中简单的配图，加以文字说明，在与科研人员反复的沟通中制作出接下来需要出场的模型。此部分的工作十分重要，除模型的形态需要确定好之外，它的材质同样也是很重要的一部分，比如是否为金属材质，与哪种金属类似，有无拉丝纹理，反光度如何，粗糙度如何，等等。将这些工作内容都落实到位，才能开始下面的工作。

3. 分镜头脚本

所谓分镜头脚本，是指借助美术手段对科学思想所做的效果展示图，是视频文字脚本的视觉化产物。通常情况下，在视频设计师拿到文字脚本后，会在正式开始制作之前，运用三维软件与美术人员一同根据文字脚本中的场景和内容绘制出一幅幅单独的画面，用来表现整个视频所需的镜头、场景形象等。制作分镜头脚本时，需要根据画面将整个视频进行时间上的分割，分镜头的绘制便于整理构思，使设想的概念能够得到进一步落实，是创意由文字转向视频的重要一步。通过绘制的画面并配以文字，基本可以预见视频最终的形态，以便对整体视频创意做进一步斟酌和完善。如图 6-3-2-2 所示，参考画面中展示的只是简单的参考图，有一些还是电镜数据图，经过美术人员和视频设计师共同努力，将这一最初的设想变为一个个镜头画面，并且在镜头一栏标明镜头将如何进行移动。通过镜头时长可以大致推算出整部视频的播放时长及规模，以及所需投入的人力。当分镜头脚本确定好之后，将正式进入视频的制作阶段。

场景	参考画面	内容	镜头	制作画面	时间
1		片头，出现固态量子芯片中英文标题			3s
2	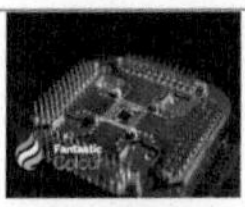	展示芯片外观	芯片（正面朝向镜头）由视频中间由远及近飞入，靠近特写外观慢镜头一会，再快速推进到内部	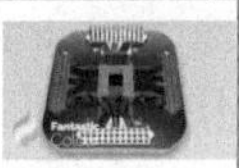	5s
3	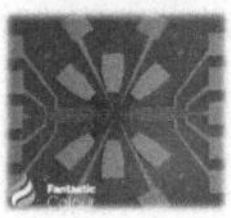	展示内部结构	镜头继续放大，将芯片中间黑色位置处由宏观（厘米级）放大到微米级进行观察，略微慢镜头一会	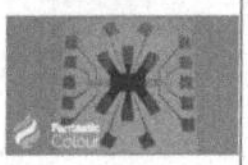	5s
4	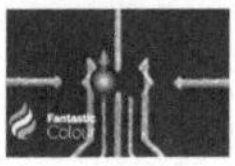	展示纳米结构	镜头继续推进到更小的场景。六线交汇处继续放大到纳米级，出现右图所示。屏幕下方出现"半导体单比特超快普适量子逻辑门"字样，2秒后该字样消失。屏幕上出现文字"电子"加箭头指向紫色小球，示意1秒后文字和箭头消失。此时，逻辑门状态为0，屏幕下方显示"无脉冲输入，电子处于逻辑门0状态"。	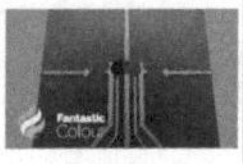	10s

图6-3-2-2

4. 运动图形动作设置

有了之前创作好的模型与场景，视频设计师需要遵照分镜头脚本开始进行动画运动的设置。在三维软件中，动画是基于时间线来实现的。在 A 时刻设定模型的运动形态 1，在 B 时刻设定模型的运动形态 2，那么随着播放进度由 A 到 B 前进，运动形态会从 1 向 2 逐渐过渡，这就是三维动画的基础。在这一过程中，时刻 A 和时刻 B 都被称为关键帧，是存储了运动信息的帧。所以制作动画的过程也是制作大量关键帧的过程。对于三维视频，每秒钟最少具有 25 帧，短短的几秒钟视频就可能需要设置几十甚至上百个关键帧，而且这个过程需要反复调节，不断修正。

5. 视频片段剪辑

视频分镜头由三维软件制作完成之后，需要把这些视频片段导入 Premiere，利用 Premiere 对视频片段进行剪辑与拼合。由于 Premiere 具有强大的剪辑功能，可以进行实时播放预览，会为工作过程节省大量时间。在这一过程中，设计师需要严格按照分镜脚本的时间设置，对视频片段的播放时间进行调整。

6. 箭头等标识的标注及特效的添加

经过剪辑输出的视频需要导入 After Effects 软件中做进一步处理。有些画面需要添加特殊的箭头标注、文字解说、光电特效等，这些后期制作工作就在这里完成，如图 6-3-2-3 所示。

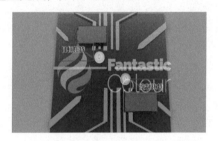

图6-3-2-3

After Effects、Premiere 和 Photoshop 有许多十分相似的地方，并且 After Effects 在 Premiere 和 Photoshop 的基础上更进一步，可以说 After Effects 是动态的 Photoshop。后期标识的标注、特效的处理等工作都在 After effects 软件中完成。

7. 视频整体输出

视频制作好之后需要进行视频的输出，在输出过程中需要注意视频格式、帧率、码率等。要求不一样，输出的视频格式就不一样，要根据需求和目的来进行参数设置。目前的多媒体视频产品所支持的视频输出格式主要有 AVI、WMV、FLV、MPEG 和 MOV 等。

以上就是三维动画的整体制作流程，需要的工序和时间都要比科研绘图多，但它独特的宣传效果也是图片很难具备的。无论在会议上播放还是在网络上传播，都将产生巨大的影响力。

疑难问答 Q：通常制作一个动画要花多长时间？

A：时间规划要视视频长短而定，通常情况下构思与脚本设定至少需要1～2周时间，期间要经历出草图、讨论、修改、改草图、再讨论等一系列过程才能最终敲定。进入软件阶段，从建模、动作设定、渲染、剪辑、特效处理等，平均一个镜头花费2～4天时间。

1. AI快捷键

① 工具箱

（多种工具共用一个快捷键的同时按 <Shift> 加此快捷键选取，当按下 <CapsLock> 键时，可直接用此快捷键切换）

移动工具 <V>

直接选取工具、组选取工具 <A>

钢笔、添加锚点、删除锚点、改变路径角度 <P>

添加锚点工具 <+>

删除锚点工具 <->

文字、区域文字、路径文字、竖向文字、竖向区域文字、竖向路径文字 <T>

椭圆、多边形、星形、螺旋形 <L>

增加边数、倒角半径及螺旋圈数（在 <L>、<M> 状态下绘图） <↑>

减少边数、倒角半径及螺旋圈数（在 <L>、<M> 状态下绘图） <↓>

矩形、圆角矩形工具 <M>

画笔工具 <B>

铅笔、圆滑、抹除工具 <N>

旋转、转动工具 <R>

缩放、拉伸工具 <S>

镜像、倾斜工具 <O>

自由变形工具 <E>

混合、自动勾边工具 <W>

图表工具（七种图表） <J>

渐变网点工具 <U>

渐变填色工具 <G>

颜色取样器 <I>

油漆桶工具 <K>

剪刀、餐刀工具 <C>

视图平移、页面、尺寸工具 <H>

放大镜工具 <Z>

默认前景色和背景色 <D>

切换填充和描边 <X>

标准屏幕模式、带有菜单栏的全屏模式、全屏模式 <F> 切换为无填充 </>

临时使用抓手工具 <空格>

精确进行镜像、旋转等操作选择相应的工具后按 <回车>

复制物体在 <R>、<O>、<V> 等状态下按 <Alt>+<拖动>

② 文件操作

新建图形文件 <Ctrl>+<N>

打开已有的图像 <Ctrl>+<O>

关闭当前图像 <Ctrl>+<W>

保存当前图像 <Ctrl>+<S>

另存为 ... <Ctrl>+<Shift>+<S>

存储副本 <Ctrl>+<Alt>+<S>

页面设置 <Ctrl>+<Shift>+<P>

文档设置 <Ctrl>+<Alt>+<P>

打印 <Ctrl>+<P>

打开"预置"对话框 <Ctrl>+<K>

恢复到上次存盘之前的状态 <F12>

③ 编辑操作

还原前面的操作（步数可在预置中） <Ctrl>+<Z>

重复操作 <Ctrl>+<Shift>+<Z>

将选取的内容剪切到剪贴板 <Ctrl>+<X> 或 <F2>

将选取的内容拷贝到剪贴板 <Ctrl>+<C>

将剪贴板的内容粘贴到当前图形中 <Ctrl>+<V> 或 <F4>

将剪贴板的内容粘贴到最前面 <Ctrl>+<F>

将剪贴板的内容粘贴到最后面 <Ctrl>+<B>

删除所选对象 <DEL>

选取全部对象 <Ctrl>+<A>

取消选择 <Ctrl>+<Shift>+<A>

再次转换 <Ctrl>+<D>

发送到最前面 <Ctrl>+<Shift>+<]>

向前发送 <Ctrl>+<]>

发送到最后面 <Ctrl>+<Shift>+<[>

向后发送 <Ctrl>+<[>

群组所选物体 <Ctrl>+<G>

取消所选物体的群组 <Ctrl>+<Shift>+<G>

锁定所选的物体 <Ctrl>+<2>

锁定没有选择的物体 <Ctrl>+<Alt>+<Shift>+<2>

全部解除锁定 <Ctrl>+<Alt>+<2>

隐藏所选物体 <Ctrl>+<3>

隐藏没有选择的物体 <Ctrl>+<Alt>+<Shift>+<3>

显示所有已隐藏的物体 <Ctrl>+<Alt>+<3>

联接断开的路径 <Ctrl>+<J>

对齐路径点 <Ctrl>+<Alt>+<J>

调合两个物体 <Ctrl>+<Alt>+<B>

取消调和 <Ctrl>+<Alt>+<Shift>+<B>

调和选项选 <W> 后按 < 回车 >

新建一个图像遮罩 <Ctrl>+<7>

取消图像遮罩 <Ctrl>+<Alt>+<7>

联合路径 <Ctrl>+<8>

取消联合 <Ctrl>+<Alt>+<8>

图表类型选 <J> 后按 < 回车 >

再次应用最后一次使用的滤镜 <Ctrl>+<E>

应用最后使用的滤镜并调节参数 <Ctrl>+<Alt>+<E>

④ 文字处理

文字左对齐或顶对齐 <Ctrl>+<Shift>+<L>

文字中对齐 <Ctrl>+<Shift>+<C>

文字右对齐或底对齐 <Ctrl>+<Shift>+<R>

文字分散对齐 <Ctrl>+<Shift>+<J>

插入一个软回车 <Shift>+< 回车 >

精确输入字距调整值 <Ctrl>+<Alt>+<K>

将字距设置为 0 <Ctrl>+<Shift>+<Q>

将字体宽高比还原为 1 比 1 <Ctrl>+<Shift>+<X>

左 / 右选择 1 个字符 <Shift>+< ← >/< → >

下 / 上选择 1 行 <Shift>+< ↑ >/< ↓ >

选择所有字符 <Ctrl>+<A>

选择从插入点到鼠标点按点的字符 <Shift> 加点按

左 / 右移动 1 个字符 < ← >/< → >

下 / 上移动 1 行 < ↑ >/< ↓ >

左 / 右移动 1 个字 <Ctrl>+< ← >/< → >

将所选文本的文字大小减小 2 点像素 <Ctrl>+<Shift>+<<>

将所选文本的文字大小增大 2 点像素 <Ctrl>+<Shift>+<>>

将所选文本的文字大小减小 10 点像素 <Ctrl>+<Alt>+<Shift>+<<>

将所选文本的文字大小增大 10 点像素 <Ctrl>+<Alt>+<Shift>+<>>

将行距减小 2 点像素 <Alt>+< ↓ >

将行距增大 2 点像素 <Alt>+< ↑ >

将基线位移减小 2 点像素 <Shift>+<Alt>+< ↓ >

将基线位移增加 2 点像素 <Shift>+<Alt>+< ↑ >

将字距微调或字距调整减小 20/1000ems <Alt>+< ← >

将字距微调或字距调整增加 20/1000ems <Alt>+< → >

将字距微调或字距调整减小 100/1000ems <Ctrl>+<Alt>+< ← >

将字距微调或字距调整增加 100/1000ems <Ctrl>+<Alt>+< → >

光标移到最前面 <HOME>

光标移到最后面 <END>

选择到最前面 <Shift>+<HOME>

选择到最后面 <Shift>+<END>

将文字转换成路径 <Ctrl>+<Shift>+<O>

⑤ 视图操作

将图像显示为边框模式（切换）<Ctrl>+<Y>

对所选对象生成预览（在边框模式中）<Ctrl>+<Shift>+<Y>

放大视图 <Ctrl>+<+>

缩小视图 <Ctrl>+<->

放大到页面大小 <Ctrl>+<0>

实际像素显示 <Ctrl>+<1>

显示 / 隐藏所路径的控制点 <Ctrl>+<H>

隐藏模板 <Ctrl>+<Shift>+<W>

显示 / 隐藏标尺 <Ctrl>+<R>

显示 / 隐藏参考线 <Ctrl>+<;>

锁定 / 解锁参考线 <Ctrl>+<Alt>+<;>

将所选对象变成参考线 <Ctrl>+<5>

将变成参考线的物体还原 <Ctrl>+<Alt>+<5>

贴紧参考线 <Ctrl>+<Shift>+<;>

显示 / 隐藏网格 <Ctrl>+<" >

贴紧网格 <Ctrl>+<Shift>+<" >

捕捉到点 <Ctrl>+<Alt>+<" >

应用敏捷参照 <Ctrl>+<U>

显示 / 隐藏 "字体" 面板 <Ctrl>+<T>

显示 / 隐藏 "段落" 面板 <Ctrl>+<M>

显示 / 隐藏 "制表" 面板 <Ctrl>+<Shift>+<T>

显示 / 隐藏 "画笔" 面板 <F5>

显示 / 隐藏 "颜色" 面板 <F6>/<Ctrl>+<I>

显示 / 隐藏 "图层" 面板 <F7>

显示 / 隐藏 "信息" 面板 <F8>

显示 / 隐藏 "渐变" 面板 <F9>

显示 / 隐藏 "描边" 面板 <F10>

显示 / 隐藏 "属性" 面板 <F11>

显示 / 隐藏所有命令面板 <TAB>

显示或隐藏工具箱以外的所有调板 <Shift>+<TAB>

选择最后一次使用过的面板 <Ctrl>+<~>

2. Photoshop快捷键

① 工具箱

（多种工具共用一个快捷键的可同时按 <Shift> 加此快捷键选取）

矩形、椭圆选框工具 <M>

裁剪工具 <C>

移动工具 <V>

套索、多边形套索、磁性套索 <L>

魔棒工具 <W>

喷枪工具 <J>

画笔工具 <B>

橡皮图章、图案图章 <S>

历史记录画笔工具 <Y>

橡皮擦工具 <E>

铅笔、直线工具 <N>

模糊、锐化、涂抹工具 <R>

减淡、加深、海绵工具 <O>

钢笔、自由钢笔、磁性钢笔 <P>

添加锚点工具 <+>

删除锚点工具 <->

直接选取工具 <A>

文字、文字蒙版、直排文字、直排文字蒙版 <T>

度量工具 <U>

直线渐变、径向渐变、对称渐变、角度渐变、菱形渐变 <G>

油漆桶工具 <K>

吸管、颜色取样器 <I>

抓手工具 <H>

缩放工具 <Z>

默认前景色和背景色 <D>

切换前景色和背景色 <X>

切换标准模式和快速蒙版模式 <Q>

标准屏幕模式、带有菜单栏的全屏模式、全屏模式 <F>

临时使用移动工具 <Ctrl>

临时使用吸色工具 <Alt>

临时使用抓手工具 < 空格 >

打开工具选项面板 <Enter>

快速输入工具选项（当前工具选项面板中至少有一个可调节数字）<0> 至 <9>

循环选择画笔 <[> 或 <]>

选择第一个画笔 <Shift>+<[>

选择最后一个画笔 <Shift>+<]>

建立新渐变（在 "渐变编辑器" 中）<Ctrl>+<N>

② 文件操作

新建图形文件 <Ctrl>+<N>

用默认设置创建新文件 <Ctrl>+<Alt>+<N>

打开已有的图像 <Ctrl>+<O>

打开为……<Ctrl>+<Alt>+<O>

关闭当前图像 <Ctrl>+<W>

保存当前图像 <Ctrl>+<S>

另存为……<Ctrl>+<Shift>+<S>

存储副本 <Ctrl>+<Alt>+<S>

页面设置 <Ctrl>+<Shift>+<P>

打印 <Ctrl>+<P>

打开 "预置" 对话框 <Ctrl>+<K>

显示最后一次显示的 "预置" 对话框 <Alt>+<Ctrl>+<K>

设置 "常规" 选项（在预置对话框中）<Ctrl>+<1>

设置 "存储文件"（在预置对话框中）<Ctrl>+<2>

设置 "显示和光标"（在预置对话框中）<Ctrl>+<3>

设置 "透明区域与色域"（在预置对话框中）<Ctrl>+<4>

设置 "单位与标尺"（在预置对话框中）<Ctrl>+<5>

设置 "参考线与网格"（在预置对话框中）<Ctrl>+<6>

设置 "增效工具与暂存盘"（在预置对话框中）<Ctrl>+<7>

设置 "内存与图像高速缓存"（在预置对话框中）<Ctrl>+<8>

③ 编辑操作

还原 / 重做前一步操作 <Ctrl>+<Z>

还原两步以上操作 <Ctrl>+<Alt>+<Z>

重做两步以上操作 <Ctrl>+<Shift>+<Z>

剪切选取的图像或路径 <Ctrl>+<X> 或 <F2>

拷贝选取的图像或路径 <Ctrl>+<C>

合并拷贝 <Ctrl>+<Shift>+<C>

将剪贴板的内容粘到当前图形中 <Ctrl>+<V> 或 <F4>

将剪贴板的内容粘到选框中 <Ctrl>+<Shift>+<V>

自由变换 <Ctrl>+<T>

应用自由变换（在自由变换模式下）<Enter>

从中心或对称点开始变换（在自由变换模式下）<Alt>

限制（在自由变换模式下）<Shift>

扭曲（在自由变换模式下）<Ctrl>

取消变形（在自由变换模式下）<Esc>

自由变换复制的像素数据 <Ctrl>+<Shift>+<T>

再次变换复制的像素数据并建立一个副本 <Ctrl>+<Shift>+<Alt>+<T>

删除选框中的图案或选取的路径 <DEL>

用背景色填充所选区域或整个图层 <Ctrl>+<BackSpace> 或 <Ctrl>+<Del>

用前景色填充所选区域或整个图层 <Alt>+<BackSpace> 或 <Alt>+<Del>

弹出"填充"对话框 <Shift>+<BackSpace>

从历史记录中填充 <Alt>+<Ctrl>+<Backspace>

④ 图像调整

调整色阶 <Ctrl>+<L>

自动调整色阶 <Ctrl>+<Shift>+<L>

打开曲线调整对话框 <Ctrl>+<M>

在复合曲线以外的所有曲线上添加新的点 <Ctrl>+<Shift>

移动所选点（"曲线"对话框中）<↑>/<↓>/<←>/<→>

以 10 点为增幅移动所选点 <Shift>+< 箭头 >

选择多个控制点（"曲线"对话框中）<Shift> 加点按

前移控制点（"曲线"对话框中）<Ctrl>+<Tab>

后移控制点（"曲线"对话框中）<Ctrl>+<Shift>+<Tab>

添加新的点（"曲线"对话框中）点按网格

删除点（"曲线"对话框中）<Ctrl> 加点按点

取消选择所选通道上的所有点（"曲线"对话框中）<Ctrl>+<D>

选择彩色通道（"曲线"对话框中）<Ctrl>+<~>

选择单色通道（"曲线"对话框中）<Ctrl>+< 数字 >

打开"色彩平衡"对话框 <Ctrl>+<B>

打开"色相 / 饱和度"对话框 <Ctrl>+<U>

全图调整（在"色相 / 饱和度"对话框中）<Ctrl>+<~>

只调整红色(在"色相/饱和度"对话框中)<Ctrl>+<1>

只调整黄色（在"色相 / 饱和度"对话框中）<Ctrl>+<2>

只调整绿色（在"色相 / 饱和度"对话框中）<Ctrl>+<3>

只调整青色（在"色相 / 饱和度"对话框中）<Ctrl>+<4>

只调整蓝色（在"色相 / 饱和度"对话框中）<Ctrl>+<5>

只调整洋红（在"色相 / 饱和度"对话框中）<Ctrl>+<6>

去色 <Ctrl>+<Shift>+<U>

反相 <Ctrl>+<I>

⑤ 图层操作

从对话框新建一个图层 <Ctrl>+<Shift>+<N>

以默认选项建立一个新的图层 <Ctrl>+<Alt>+<Shift>+<N>

通过拷贝建立一个图层 <Ctrl>+<J>

通过剪切建立一个图层 <Ctrl>+<Shift>+<J>

与前一图层编组 <Ctrl>+<G>

取消编组 <Ctrl>+<Shift>+<G>

向下合并或合并连接图层 <Ctrl>+<E>

合并可见图层 <Ctrl>+<Shift>+<E>

盖印或盖印联接图层 <Ctrl>+<Alt>+<E>

盖印可见图层 <Ctrl>+<Alt>+<Shift>+<E>

将当前层下移一层 <Ctrl>+<[]>

将当前层上移一层 <Ctrl>+<>>

将当前层移到最下面 <Ctrl>+<Shift>+<[]>

将当前层移到最上面 <Ctrl>+<Shift>+<>>

激活下一个图层 <Alt>+<[]>

激活上一个图层 <Alt>+<>>

激活底部图层 <Shift>+<Alt>+<[]>

激活顶部图层 <Shift>+<Alt>+<>>

调整当前图层的透明度（当前工具为无数字参数的，如移动工具）<0> 至 <9>

保留当前图层的透明区域（开关）</>

投影效果（在"效果"对话框中）<Ctrl>+<1>

内阴影效果（在"效果"对话框中）<Ctrl>+<2>

外发光效果（在"效果"对话框中）<Ctrl>+<3>

内发光效果（在"效果"对话框中）<Ctrl>+<4>

斜面和浮雕效果（在"效果"对话框中）<Ctrl>+<5>

应用当前所选效果并使参数可调（在"效果"对话框中）<A>

⑥ 图层混合模式

循环选择混合模式 <Alt>+<-> 或 <+>

正常 <Ctrl>+<Alt>+<N>

阈值（位图模式）<Ctrl>+<Alt>+<L>

溶解 <Ctrl>+<Alt>+<I>

背后 <Ctrl>+<Alt>+<Q>

清除 <Ctrl>+<Alt>+<R>

正片叠底 <Ctrl>+<Alt>+<M>

屏幕 <Ctrl>+<Alt>+<S>

叠加 <Ctrl>+<Alt>+<O>

柔光 <Ctrl>+<Alt>+<F>

强光 <Ctrl>+<Alt>+<H>

颜色减淡 <Ctrl>+<Alt>+<D>

颜色加深 <Ctrl>+<Alt>+<B>

变暗 <Ctrl>+<Alt>+<K>

变亮 <Ctrl>+<Alt>+<G>

差值 <Ctrl>+<Alt>+<E>

排除 <Ctrl>+<Alt>+<X>

色相 <Ctrl>+<Alt>+<U>

饱和度 <Ctrl>+<Alt>+<T>

颜色 <Ctrl>+<Alt>+<C>

光度 <Ctrl>+<Alt>+<Y>

去色海绵工具 +<Ctrl>+<Alt>+<J>

加色海绵工具 +<Ctrl>+<Alt>+<A>

暗调减淡 / 加深工具 +<Ctrl>+<Alt>+<W>

中间调减淡 / 加深工具 +<Ctrl>+<Alt>+<V>

高光减淡 / 加深工具 +<Ctrl>+<Alt>+<Z>

⑦ 选择功能

全部选取 <Ctrl>+<A>

取消选择 <Ctrl>+<D>

重新选择 <Ctrl>+<Shift>+<D>

羽化选择 <Ctrl>+<Alt>+<D>

反向选择 <Ctrl>+<Shift>+<I>

路径变选区数字键盘的 <Enter>

载入选区 <Ctrl>+ 点按图层、路径、通道面板中的缩略图

⑧ 滤镜

按上次的参数再做一次上次的滤镜 <Ctrl>+<F>

取消上次所做滤镜的效果 <Ctrl>+<Shift>+<F>

重复上次所做的滤镜（可调参数）<Ctrl>+<Alt>+<F>

选择工具（在"3D 变化"滤镜中）<V>

立方体工具（在"3D 变化"滤镜中）<M>

球体工具（在"3D 变化"滤镜中）<N>

柱体工具（在"3D 变化"滤镜中）<C>

轨迹球（在"3D 变化"滤镜中）<R>

全景相机工具（在"3D 变化"滤镜中）<E>

⑨ 视图操作

显示彩色通道 <Ctrl>+<~>

显示单色通道 <Ctrl>+< 数字 >

显示复合通道 <~>

以 CMYK 方式预览（开关）<Ctrl>+<Y>

打开 / 关闭色域警告 <Ctrl>+<Shift>+<Y>

放大视图 <Ctrl>+<+>

缩小视图 <Ctrl>+<->

满画布显示 <Ctrl>+<0>

实际像素显示 <Ctrl>+<Alt>+<0>

向上卷动一屏 <PageUp>

向下卷动一屏 <PageDown>

向左卷动一屏 <Ctrl>+<PageUp>

向右卷动一屏 <Ctrl>+<PageDown>

向上卷动 10 个单位 <Shift>+<PageUp>

向下卷动 10 个单位 <Shift>+<PageDown>

向左卷动 10 个单位 <Shift>+<Ctrl>+<PageUp>

向右卷动 10 个单位 <Shift>+<Ctrl>+<PageDown>

将视图移到左上角 <Home>

将视图移到右下角 <End>

显示 / 隐藏选择区域 <Ctrl>+<H>

显示 / 隐藏路径 <Ctrl>+<Shift>+<H>

显示 / 隐藏标尺 <Ctrl>+<R>

显示 / 隐藏参考线 <Ctrl>+<;>

显示 / 隐藏网格 <Ctrl>+<" >

贴紧参考线 <Ctrl>+<Shift>+<;>

锁定参考线 <Ctrl>+<Alt>+<;>

贴紧网格 <Ctrl>+<Shift>+<" >

显示 / 隐藏"画笔"面板 <F5>

显示 / 隐藏"颜色"面板 <F6>

显示 / 隐藏"图层"面板 <F7>

显示 / 隐藏"信息"面板 <F8>

显示 / 隐藏"动作"面板 <F9>

显示 / 隐藏所有命令面板 <TAB>

显示或隐藏工具箱以外的所有调板 <Shift>+<TAB>

⑩ 文字处理（在"文字工具"对话框中）

左对齐或顶对齐 <Ctrl>+<Shift>+<L>

中对齐 <Ctrl>+<Shift>+<C>

右对齐或底对齐 <Ctrl>+<Shift>+<R>

左 / 右选择 1 个字符 <Shift>+< ← >/< → >

下 / 上选择 1 行 <Shift>+< ↑ >/< ↓ >

选择所有字符 <Ctrl>+<A>

选择从插入点到鼠标点按点的字符 <Shift> 加点按

左 / 右移动 1 个字符 < ← >/< → >

下 / 上移动 1 行 < ↑ >/< ↓ >

左 / 右移动 1 个字 <Ctrl>+< ← >/< → >

将所选文本的文字大小减小 2 点像素 <Ctrl>+<Shift>+<<>

将所选文本的文字大小增大 2 点像素 <Ctrl>+<Shift>+<>>

将所选文本的文字大小减小 10 点像素 <Ctrl>+<Alt>+<Shift>+<<>

将所选文本的文字大小增大 10 点像素 <Ctrl>+<Alt>+<Shift>+<>>

将行距减小 2 点像素 <Alt>+< ↓ >

将行距增大 2 点像素 <Alt>+< ↑ >

将基线位移减小 2 点像素 <Shift>+<Alt>+< ↓ >

将基线位移增加 2 点像素 <Shift>+<Alt>+< ↑ >

将字距微调或字距调整减小 20/1000ems <Alt>+< ← >

将字距微调或字距调整增加 20/1000ems <Alt>+< → >

将字距微调或字距调整减小 100/1000ems <Ctrl>+<Alt>+< ← >

将字距微调或字距调整增加 100/1000ems <Ctrl>+<Alt>+< → >

3. 3ds Max快捷键

F3：线框 / 平滑 + 高光切换

F4：查看带边面切换

F5：限制到 x 轴

F6：限制到 y 轴

F7：限制到 z 轴

F8：限制平面周期

F9：按上一次设置渲染

F10：渲染设置

1：子对象层级 1

2：子对象层级 2

3：子对象层级 3

4：子对象层级 4

5：子对象层级 5

7：显示统计切换

8：环境对话框切换

9：高级照明面板

Q：智能选择

W：选择并移动

E：选择并旋转

R：右视图

T：顶视图

I：平移视口

P：透视视图

A：角度捕捉切换

S：捕捉开关

F：前视图

G：隐藏网格

H：按名称选择

J：显示选择外框切换

L：左视图

C：摄影机视图

B：底视图

M：材质编辑器切换

Alt+1：成组

Alt+2：组打开

Alt+3：组关闭

Alt+4：解组

Alt+Q：孤立当前选择

Alt+W：最大化视口切换

Alt+A：对齐

Alt+Z：最大化显示当前选择对象

Alt+X：以透明方式显示切换

Ctrl+A：全选

Ctrl+D：全部不选

Ctrl+X：专家模式（即全屏显示，无工具栏无菜单栏）

Ctrl+Z：撤销场景操作

Shift+Q：渲染

Shift+A：快速对齐

Shift+S：隐藏二维对象切换

Shift+F：显示安全框切换

Shift+G：隐藏几何体切换

Shift+Z：最大化显示所有对象

Shift+C：隐藏摄影机切换

Shift+L：隐藏灯光切换

1. 基础工具

移动工具

可以对 Photoshop 里的图层进行移动。

放大缩小工具（快捷键：Z）

主要用来放大图像，当出现"+"号对图像单击一下，可以放大图像。

按住 Alt 键不放，则鼠标指针会变为"-"号，单击一下可以缩小图像。

用快速方式：按下鼠标左键不放向左滑动鼠标为缩小，向右滑动鼠标为放大。

<Ctrl++> 则 为 放 大，<Ctrl+-> 则 为 缩 小，<Ctrl+ 空格键 > 可临时切换为放大镜。

可以放大和缩小图像的显示倍数，最大为 1600%，最小为 0.22%。

拾色器（快捷键：I）

主要用来吸取图像中某一种颜色，并将其变为前景色，一般用于要用到相同的颜色时，在色板上又难以达到相同的可能，宜用该工具。用鼠标对着该颜色单击一下即可吸取。颜色取样工具在图像上吸取颜色值，作为取样点，在信息面板中显示。最多一次可取个颜色取样。

拖手工具（快捷键：H）

当图像不能全部显示在画面中，可通过抓手工具移动图像，但移动的是视图而不是图像，它并不改变图像在画布中的位置。双击抓手工具可以将图像全部显示在画面中。在使用其他工具时，按住空格键可临时切换为抓手工具。按 <Ctrl+0> 可将视图转为满画布显示。

历史工具（快捷键：Y）

主要作用是恢复图像最近保存或打开时的原来的面貌，如果对打开的图像在操作后没有保存，使用此工具可以恢复这幅图原来打开的面貌；如果对图像保存后再继续操作，使用该工具会恢复保存后的面貌。

剪裁工具（快捷键：C）

可以对图像进行裁剪，选择后一般出现八个节点框，用户用鼠标对着节点进行缩放，在框外可以对选择框进行旋转，用鼠标在选择框上双击或按回车键即可以结束剪裁。

橡皮（快捷键：E）

主要用来擦除不必要的像素，如果对背景层进行擦除，则背景色是什么色擦出来的就是什么色；如果对背景层以上的图层进行擦除，则会将这层颜色擦除，显示出下一层的颜色。擦除笔头的大小可以在右边的画笔中选择。

（快捷键：按住 Alt+ 按住鼠标右键 + 上下滑动鼠标改变笔触软硬 / 左右滑动鼠标改变画笔大小）

2. 选取工具

框选工具（快捷键：M）

可以在图像上选一个规则的选区。

套索工具：（快捷键：L）

套索工具

可任意按住鼠标左键不放并拖动选择一个不规则的选区范围，一般用于模糊选区时。

多边形套索工具

可用鼠标在图像上确定某一点，然后选中要选择的范围。但不能勾出弧线，所勾出的选择区域都是由多条线组成的。

磁性套索工具

这个工具似乎有磁力一样，无须按鼠标左键而直接移动鼠标，在工具头部处会出现自动跟踪的线，这条线总是走向颜色与颜色边界处，边界越明显磁力越强。将首尾连接后可完成选择，一般用于选择颜色差别比较大的图像。

魔棒工具（快捷键 W）

用鼠标对图像中某颜色单击一下即可进行选择，选择的颜色范围要求是相同的颜色，在屏幕右上角容差值处调整容差度，数值越大，表示魔棒所选择的颜色差别大，反之，颜色差别小。

快速选择工具

单击鼠标左键可以选中规则形状选区，按住鼠标左键拖动可以增加选区范围，在选区外侧按住"Alt+鼠标左键"并向选区内部拖动可以减少（修正）选区范围。

3. 绘制工具

画笔类工具（快捷键：B）

画笔工具

主要用来对图像上色，上色的压力可通过右上角的选项调整，可在右边的画笔处根据选择自己所需的笔头大小；在右边的色板或颜色处选择所需的颜色。

（快捷键：按住 Alt+ 按住鼠标右键 + 上下滑动鼠标改变笔触软硬 / 左右滑动鼠标改变画笔大小）

调整其不透明度的设置，可改变绘画颜色的深浅。要设置不透明度，用户可直接在图层面板的不透明度文本框中输入具体数值，也可单击右侧的小三角按钮，拖动滑块，改变数值。在使用时可直接单击数字键，改变画笔的不透明度，如 50 表示画笔的不透明度为 50%，0 为 100%，25 为 25%。设置渐隐参数时，首先单击工具属性栏中的动态画笔，打开对话框，在其中输入渐隐的数值（1-9999）。画笔尺寸的渐隐值越大，其笔划越长；不透明度的渐隐值越大，笔划所显现的部分就越多；色彩的渐隐值越大，由深渐淡的效果越匀称。

设置湿边效果：可通过选中工具属性栏中的"湿边"复选框，创建类似水彩效果的线条。

设置压力：对于喷枪、模糊、锐化、涂抹、减淡、加深及海绵，可通过工具属性栏中的动态画笔来设置压力参数，从而设置处理时的透明度，压力越小，颜色变化越轻微。

设置笔刷：在使用这些工具时（喷枪、画笔、橡皮图章、图案图章、铅笔、历史画笔及涂抹等工具）可通过工具属性栏中的画笔下拉列表框选择笔刷的形状和尺寸，也可以在画布中右击鼠标打开笔刷选择列表，增大或缩小画笔的尺寸，快捷方式是"]"、"["。

铅笔工具

主要是模拟平时画画所用的铅笔，选用该工具后，在图像上按住鼠标左键不放并拖动，即可进行画线。它与喷枪、画笔的不同之处是所画出的线条没有蒙边。可以在右边的画笔中选取笔头。

图章类工具：（快捷键：S）

仿制图章工具

主要用来对图像进行修复，也可以理解为局部复制。先按住 Alt 键，再用鼠标左键在图像中需要复制或要修复处单击，在右边的画笔处选取一个合适的笔头，就可以在图像中修复图像。

图案图章工具

它也是用来复制图像的，但与橡皮图章有些不同。它要求先用矩形选择一个范围，然后在"编辑"菜单中选择"定义图案"命令，再选择合适的笔头，最后在图像中复制图案。

渐变类工具（快捷键：G）

（线性）渐变工具

主要用来对图像进行渐变填充。双击渐变工具，在右上角上会出现渐变的类型，单击右边的三角形下拉菜单，会列出各种渐变类型，在图像中需要填充渐变的区域按住鼠标左键拖动到另一处放开鼠标。如果想在图像局部填充渐变，则要先选择一个范围再填充渐变。

所谓渐变实际上就是在图像的某一区域填入多种过渡颜色的混合色。

它提供了五种渐变工具，从左至于右为直线状渐变、放射状渐变、螺旋状渐变、反射状渐变、菱形渐变。在制作渐变效果时若按住 Shift 键，将以45°的角度产生渐变效果；拖动的距离越长，其过渡效果越柔和。在其属性工具栏上可改变渐变的颜色。PS 中已提供了多种现成的渐变色，选择"反向"复选框可使渐变色以相反的方向产生。选择"仿色"复选框可使用递色法来设置中间色调，从而使渐变效果更协调。选择"透明度"复选框可设置渐变的不透明度，在渐变编辑面板颜色条下方，每单击一次增加一个色标，其颜色会默认为是用户最近使用的颜色；双击色标或在下方的颜色框中可改变色标的颜色，在上方每单击一次产生一个不透明性色标，其作用是改变当前不透明色标所在位置的颜色的不透明度。色标和不透明性色标的位置都可以在对话框中直接输入。

单击删除，是删除当前色标或不透明性色标，或将色标拖离颜色条即可删除一个色标。在当前色标和不透明性色标的两边各有一个控制点，拖动它可改变颜色或不透明度的过渡。存储按钮可保存用户设定好的渐变色，载入按钮可调用用户存储的渐变色和软件设定好的渐变色。在使用渐变时，直接单击数字键可改变渐变的整体不透明度，和画笔的用法一致。

其他渐变模式 ▭▭▭▭▭

从左到右依次为：线性渐变、径向渐变、角度渐变、对称渐变、菱形渐变（操作方法同线性渐变）

油漆桶工具 🪣

其主要作用是用来填充颜色，其填充的颜色和魔棒工具相似，只是将前景色填充一种颜色，其填充的程度由右上角选项栏中的"容差"值决定，其值越大，填充的范围越大。

油漆桶工具有两个选项：前景色和图案，前景色是使用前景色为填充色在各选区内填充，在模式选项中，选择不同的模式，它将根据容差值，选择相近的颜色区域填充颜色，产生的效果和图层模式中的效果相同。比较典型的是正片叠底和滤色模式，正片叠底是将填充区域的颜色值和当前填充色或图案的颜色值相乘再除以 255，也就是将两种颜色相比较，颜色深的作为最终色，滤色模式是将两种颜色的值各减 255 得到的补色再相乘后除以 255，得到的颜色一般比较亮。

4. 修改类工具

修复画笔类工具

污点修复画笔工具 🖌

直接单击图层中需要修复的污点处，污点处会显现和周围图层接近的形貌。

修复画笔工具 🖌

按住 Alt+ 鼠标左键在图层上取样，松开 Alt 键到需要修补的地方单击修复。

模糊锐化涂抹（快捷键：R）

模糊工具 💧

主要用来对图像进行局部模糊，按住鼠标左键不断拖动即可操作，一般在颜色与颜色之间比较生硬的地方加以柔和。

锐化工具 ◢

与模糊工具相反，对作用范围内的图像进行清晰化操作。如果作用的效果太强烈，图像中每一种组成颜色都显示出来，所以会出现花花绿绿的颜色。使用了模糊工具后，再使用锐化工具，则图像不能复原，因为模糊后颜色的组成已经改变。

涂抹工具 👆

可以将颜色抹开，其效果好似一幅图像的颜料未干而用手去涂抹颜色一样。一般用在颜色与颜色边界生硬或颜色与颜色之间衔接不好，使颜色柔和化；有时也会用在修复图像的操作中。可以在右边画笔处选择一个合适的笔头。

减淡加深海绵（快捷键：O）

减淡工具 🔍

也可以称为加亮工具，主要用于对图像进行加光处理，以达到对图像颜色进行减淡的效果，可以在右边的画笔中选取笔头大小，控制减淡的范围。

加深工具 ✋

与减淡工具相反，也可称为减暗工具，主要用于对图像进行变暗，以达到对图像颜色进行加深的效果，可以在右边的画笔中选取笔头大小，控制加深的范围。

海绵工具 🧽

它可以对图像的颜色进行加色或进行减色，可以在右上角的选项中选择加色还是减色。实际上也可以用于加强颜色对比度或减少颜色的对比度。其加色或是减色的强烈程度可通过在右上角选项中选择压力来设置，在右边的画笔中选择合适的笔头可设置作用范围。

5.　文字工具（快捷键：T）

文字类工具 **T.**

可在图像中输入文字，选中该工具后，在图像中单击一下，即可在出现的输入框中输入文字。可以单击鼠标右键，选择横排输入／直排输入。输入文字后还可对该图层双击，对文字加以编辑。

直排文字工具：输入文字并呈横向排列。

竖排文字工具：输入文字并呈竖向排列。

直排文字蒙版工具：输入文字作为选区并呈横向排列。

竖排文字蒙版工具：输入文字作为选区并呈竖向排列。

文字调板：创建变形文本，使输入的文本产生各种变形。

切换字符和段落调板：对输入的文字段落进行调整，如调整间距、行距等。

6.　路径与形状工具

路径工具（快捷键：P）

钢笔工具 **∅.**

也称为勾边工具，可使用它画出一条路径，首先注意的是落笔必须在像素锯齿下方，即在像素锯齿下方单击一下定点，移动鼠标指针到另一落点处单击一下鼠标左键。如果要勾出一条弧线，则落点时就要按住鼠标左键不放，再拖动鼠标。每定一点都会出现一个节点加以控制，以方便修改，而用鼠标拖出一条弧线后，节点两边都会出现一个控制柄，还可按住 Ctrl 键对各控制柄进行调整，按住 Alt 键则可以消除节点后面的控制柄，避免影响后面的勾边工作。

钢笔工具属性栏上有三个选项：形状图层、路径和填充图层。形状图层是以图层作为颜色板，用钢笔勾画的形状作为矢量蒙版来显示颜色，当改变矢量蒙版的形状时，图像中显示的颜色区域也随之改变，但改变的只是形状，颜色图层并没有改变。路径是一种矢量图形，可以转换成选区。当几个路径相交错时，选择属性栏上的选项，如并集、差集、交集、重叠等，可以产生不同的选区。填充图层在选择钢笔工具时是用不了的，只有在选择形状工具时才能使用（在形状工具中再描述）

在平滑锚点时，拖动其控制手柄可改变路径的形状。

注：在使用钢笔工具时，按 Alt 键可临时转换成转换锚点工具。若上一个锚点是平滑锚点，那么在勾画下一个锚点之前，按 Alt 键单击上一个锚点可将其中的一个控制手柄删除。

自由钢笔工具 **∅.**

与套索工具相似，在图像中按住鼠标左键不放直接拖动，可以在鼠标轨迹下勾画出一条路径。

添加锚点工具 **∅.**

可以在一条已勾完的路径中增加一个节点以方便修改，用鼠标左键在路径的节点与节点之间对着路径单击一下即可。

减少锚点工具 **∅.**

可以在一条已勾完的路径中减少一个节点，用鼠标左键在路径上的某一节点处单击一下即可。

转换点工具 **⌐.**

此工具主要用于将圆弧的节点转换为尖锐状，即圆弧转直线。

路径选择工具（快捷键：A）

路径选择工具 **▶.**

路径选择工具只能选取矢量路径，包括形状、钢笔勾画的路径。被选择的路径可以进行复制、移动、变形等操作。

直接选择工具 **▶.**

可以选取单个锚点，并可以对其进行操作，如移动、变形等，按住 Alt 键也可以复制整个路径或形状。

形状工具 **▢.**（快捷键：U）

选中之后在图层中按住鼠标左键并拖动，松开鼠标即可完成图形的创建。

形状工具包含矩形、圆角矩形、椭圆形、多边形、直线和自定形状等工具。

7.　图层工具

图层样式 ■

图层之间互不干扰，选中当前图层，则只能在当前图层中绘制图形。

图层链接

按住 Shift 键不放，逐个单击你要连接的图层，最后再单击链条图标，即可将选择的图层全链在一起。链住的几个图层相当于一个图层可以整体移动。

调整图层

对图层的整体色彩状态进行调整。（按住 Alt 键 + 在调整图层和图层之间单击鼠标左键，可以使调整图层只作用于当前图层）

组

可以在组内建立当前组内图层，便于管理复杂图层。

新建

新建一个空白图层。

删除蒙版工具

选中当前蒙版 / 图层，单击图标即可删除当前蒙版 / 图层。

8. 滤镜类工具

液化

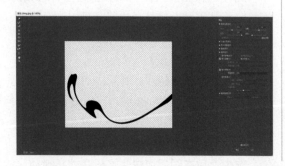

选中图层，单击液化进入调整页面，通过拖动鼠标轨迹以改变图层图形形状。

模糊

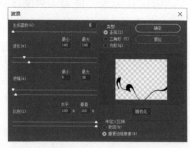

通过调整模糊半径和阈值来使图层呈现不同程度的模糊状态。

扭曲

通过调整波长、波幅等参数来使图层图片发生不同程度的扭曲，达到想要的最终效果。

9. 其他工具

自由变形：按 Ctrl+T 键，可随意变换图层形状。

标尺：按 Ctrl+R 键，可以在画布上面和左侧调出刻度标尺。从标尺栏按住鼠标左键拖动即可拖出参考线。

对齐

按 <Ctrl+ 选中所有需要对齐的图层 >，之后选择对齐模式即可实现图层对齐。

RGB配色表

颜色	英文名称	RGB值	HEX值
	Snow	255 250 250	#FFFAFA
	GhostWhite	248 248 255	#F8F8FF
	WhiteSmoke	245 245 245	#F5F5F5
	Gainsboro	220 220 220	#DCDCDC
	FloralWhite	255 250 240	#FFFAF0
	OldLace	253 245 230	#FDF5E6
	Linen	250 240 230	#FAF0E6
	AntiqueWhite	250 235 215	#FAEBD7
	PapayaWhip	255 239 213	#FFEFD5
	BlanchedAlmond	255 235 205	#FFEBCD
	Bisque	255 228 196	#FFE4C4
	PeachPuff	255 218 185	#FFDAB9
	NavajoWhite	255 222 173	#FFDEAD
	Moccasin	255 228 181	#FFE4B5
	Cornsilk	255 248 220	#FFF8DC
	Ivory	255 255 240	#FFFFF0
	LemonChiffon	255 250 205	#FFFACD
	Seashell	255 245 238	#FFF5EE
	Honeydew	240 255 240	#F0FFF0
	MintCream	245 255 250	#F5FFFA
	Azure	240 255 255	#F0FFFF
	AliceBlue	240 248 255	#F0F8FF
	lavender	230 230 250	#E6E6FA
	LavenderBlush	255 240 245	#FFF0F5
	MistyRose	255 228 225	#FFE4E1
	White	255 255 255	#FFFFFF
	Black	0 0 0	#000000
	DarkSlateGray	47 79 79	#2F4F4F
	DimGrey	105 105 105	#696969
	SlateGrey	112 128 144	#708090

颜色	英文名称	RGB值	HEX值
	LightSlateGray	119 136 153	#778899
	Grey	190 190 190	#BEBEBE
	LightGray	211 211 211	#D3D3D3
	MidnightBlue	25 25 112	#191970
	NavyBlue	0 0 128	#000080
	CornflowerBlue	100 149 237	#6495ED
	DarkSlateBlue	72 61 139	#483D8B
	SlateBlue	106 90 205	#6A5ACD
	MediumSlateBlue	123 104 238	#7B68EE
	LightSlateBlue	132 112 255	#8470FF
	MediumBlue	0 0 205	#0000CD
	RoyalBlue	65 105 225	#4169E1
	Blue	0 0 255	#0000FF
	DodgerBlue	30 144 255	#1E90FF
	DeepSkyBlue	0 191 255	#00BFFF
	SkyBlue	135 206 235	#87CEEB
	LightSkyBlue	135 206 250	#87CEFA
	SteelBlue	70 130 180	#4682B4
	LightSteelBlue	176 196 222	#B0C4DE
	LightBlue	173 216 230	#ADD8E6
	PowderBlue	176 224 230	#B0E0E6
	PaleTurquoise	175 238 238	#AFEEEE
	DarkTurquoise	0 206 209	#00CED1
	MediumTurquoise	72 209 204	#48D1CC
	Turquoise	64 224 208	#40E0D0
	Cyan	0 255 255	#00FFFF
	LightCyan	224 255 255	#E0FFFF
	CadetBlue	95 158 160	#5F9EA0
	MediumAquamarine	102 205 170	#66CDAA

颜色	英文名称	RGB值	HEX值
	Aquamarine	127 255 212	#7FFFD4
	DarkGreen	0 100 0	#006400
	DarkOliveGreen	85 107 47	#556B2F
	DarkSeaGreen	143 188 143	#8FBC8F
	SeaGreen	46 139 87	#2E8B57
	MediumSeaGreen	60 179 113	#3CB371
	LightSeaGreen	32 178 170	#20B2AA
	PaleGreen	152 251 152	#98FB98
	SpringGreen	0 255 127	#00FF7F
	LawnGreen	124 252 0	#7CFC00
	Green	0 255 0	#00FF00
	Chartreuse	127 255 0	#7FFF00
	MedSpringGreen	0 250 154	#00FA9A
	GreenYellow	173 255 47	#ADFF2F
	LimeGreen	50 205 50	#32CD32
	YellowGreen	154 205 50	#9ACD32
	ForestGreen	34 139 34	#228B22
	OliveDrab	107 142 35	#6B8E23
	DarkKhaki	189 183 107	#BDB76B
	PaleGoldenrod	238 232 170	#EEE8AA
	LtGoldenrodYellow	250 250 210	#FAFAD2
	LightYellow	255 255 224	#FFFFE0
	Yellow	255 255 0	#FFFF00
	Gold	255 215 0	#FFD700
	LightGoldenrod	238 221 130	#EEDD82
	goldenrod	218 165 32	#DAA520
	DarkGoldenrod	184 134 11	#B8860B
	RosyBrown	188 143 143	#BC8F8F
	IndianRed	205 92 92	#CD5C5C
	SaddleBrown	139 69 19	#8B4513
	Sienna	160 82 45	#A0522D
	Peru	205 133 63	#CD853F
	Burlywood	222 184 135	#DEB887
	Beige	245 245 220	#F5F5DC

颜色	英文名称	RGB值	HEX值
	Wheat	245 222 179	#F5DEB3
	SandyBrown	244 164 96	#F4A460
	Tan	210 180 140	#D2B48C
	Chocolate	210 105 30	#D2691E
	Firebrick	178 34 34	#B22222
	Brown	165 42 42	#A52A2A
	DarkSalmon	233 150 122	#E9967A
	Salmon	250 128 114	#FA8072
	LightSalmon	255 160 122	#FFA07A
	Orange	255 165 0	#FFA500
	DarkOrange	255 140 0	#FF8C00
	Coral	255 127 80	#FF7F50
	LightCoral	240 128 128	#F08080
	Tomato	255 99 71	#FF6347
	OrangeRed	255 69 0	#FF4500
	Red	255 0 0	#FF0000
	HotPink	255 105 180	#FF69B4
	DeepPink	255 20 147	#FF1493
	Pink	255 192 203	#FFC0CB
	LightPink	255 182 193	#FFB6C1
	PaleVioletRed	219 112 147	#DB7093
	Maroon	176 48 96	#B03060
	MediumVioletRed	199 21 133	#C71585
	VioletRed	208 32 144	#D02090
	Magenta	255 0 255	#FF00FF
	Violet	238 130 238	#EE82EE
	Plum	221 160 221	#DDA0DD
	Orchid	218 112 214	#DA70D6
	MediumOrchid	186 85 211	#BA55D3
	DarkOrchid	153 50 204	#9932CC
	DarkViolet	148 0 211	#9400D3
	BlueViolet	138 43 226	#8A2BE2
	Purple	160 32 240	#A020F0
	MediumPurple	147 112 219	#9370DB

颜色	英文名称	RGB值	HEX值
	Thistle	216 191 216	#D8BFD8
	Snow1	255 250 250	#FFFAFA
	Snow2	238 233 233	#EEE9E9
	Snow3	205 201 201	#CDC9C9
	Snow4	139 137 137	#8B8989
	Seashell1	255 245 238	#FFF5EE
	Seashell2	238 229 222	#EEE5DE
	Seashell3	205 197 191	#CDC5BF
	Seashell4	139 134 130	#8B8682
	AntiqueWhite1	255 239 219	#FFEFDB
	AntiqueWhite2	238 223 204	#EEDFCC
	AntiqueWhite3	205 192 176	#CDC0B0
	AntiqueWhite4	139 131 120	#8B8378
	Bisque1	255 228 196	#FFE4C4
	Bisque2	238 213 183	#EED5B7
	Bisque3	205 183 158	#CDB79E
	Bisque4	139 125 107	#8B7D6B
	PeachPuff1	255 218 185	#FFDAB9
	PeachPuff2	238 203 173	#EECBAD
	PeachPuff3	205 175 149	#CDAF95
	PeachPuff4	139 119 101	#8B7765
	NavajoWhite1	255 222 173	#FFDEAD
	NavajoWhite2	238 207 161	#EECFA1
	NavajoWhite3	205 179 139	#CDB38B
	NavajoWhite4	139 121 94	#8B795E
	LemonChiffon1	255 250 205	#FFFACD
	LemonChiffon2	238 233 191	#EEE9BF
	LemonChiffon3	205 201 165	#CDC9A5
	LemonChiffon4	139 137 112	#8B8970
	Cornsilk1	255 248 220	#FFF8DC
	Cornsilk2	238 232 205	#EEE8CD
	Cornsilk3	205 200 177	#CDC8B1
	Cornsilk4	139 136 120	#8B8878
	Ivory1	255 255 240	#FFFFF0

颜色	英文名称	RGB值	HEX值
	Ivory2	238 238 224	#EEEEE0
	Ivory3	205 205 193	#CDCDC1
	Ivory4	139 139 131	#8B8B83
	Honeydew1	240 255 240	#F0FFF0
	Honeydew2	224 238 224	#E0EEE0
	Honeydew3	193 205 193	#C1CDC1
	Honeydew4	131 139 131	#838B83
	LavenderBlush1	255 240 245	#FFF0F5
	LavenderBlush2	238 224 229	#EEE0E5
	LavenderBlush3	205 193 197	#CDC1C5
	LavenderBlush4	139 131 134	#8B8386
	MistyRose1	255 228 225	#FFE4E1
	MistyRose2	238 213 210	#EED5D2
	MistyRose3	205 183 181	#CDB7B5
	MistyRose4	139 125 123	#8B7D7B
	Azure1	240 255 255	#F0FFFF
	Azure2	224 238 238	#E0EEEE
	Azure3	193 205 205	#C1CDCD
	Azure4	131 139 139	#838B8B
	SlateBlue1	131 111 255	#836FFF
	SlateBlue2	122 103 238	#7A67EE
	SlateBlue3	105 89 205	#6959CD
	SlateBlue4	71 60 139	#473C8B
	RoyalBlue1	72 118 255	#4876FF
	RoyalBlue2	67 110 238	#436EEE
	RoyalBlue3	58 95 205	#3A5FCD
	RoyalBlue4	39 64 139	#27408B
	Blue1	0 0 255	#0000FF
	Blue2	0 0 238	#0000EE
	Blue3	0 0 205	#0000CD
	Blue4	0 0 139	#00008B
	DodgerBlue1	30 144 255	#1E90FF
	DodgerBlue2	28 134 238	#1C86EE
	DodgerBlue3	24 116 205	#1874CD

续表

颜色	英文名称	RGB值	HEX值
	DodgerBlue4	16 78 139	#104E8B
	SteelBlue1	99 184 255	#63B8FF
	SteelBlue2	92 172 238	#5CACEE
	SteelBlue3	79 148 205	#4F94CD
	SteelBlue4	54 100 139	#36648B
	DeepSkyBlue1	0 191 255	#00BFFF
	DeepSkyBlue2	0 178 238	#00B2EE
	DeepSkyBlue3	0 154 205	#009ACD
	DeepSkyBlue4	0 104 139	#00688B
	SkyBlue1	135 206 255	#87CEFF
	SkyBlue2	126 192 238	#7EC0EE
	SkyBlue3	108 166 205	#6CA6CD
	SkyBlue4	74 112 139	#4A708B
	LightSkyBlue1	176 226 255	#B0E2FF
	LightSkyBlue2	164 211 238	#A4D3EE
	LightSkyBlue3	141 182 205	#8DB6CD
	LightSkyBlue4	96 123 139	#607B8B
	SlateGray1	198 226 255	#C6E2FF
	SlateGray2	185 211 238	#B9D3EE
	SlateGray3	159 182 205	#9FB6CD
	SlateGray4	108 123 139	#6C7B8B
	LightSteelBlue1	202 225 255	#CAE1FF
	LightSteelBlue2	188 210 238	#BCD2EE
	LightSteelBlue3	162 181 205	#A2B5CD
	LightSteelBlue4	110 123 139	#6E7B8B
	LightBlue1	191 239 255	#BFEFFF
	LightBlue2	178 223 238	#B2DFEE
	LightBlue3	154 192 205	#9AC0CD
	LightBlue4	104 131 139	#68838B
	LightCyan1	224 255 255	#E0FFFF
	LightCyan2	209 238 238	#D1EEEE
	LightCyan3	180 205 205	#B4CDCD
	LightCyan4	122 139 139	#7A8B8B

色相搭配表

红色

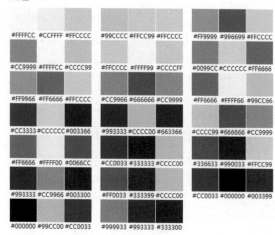

图1

橙色

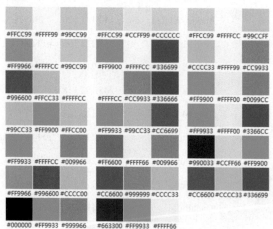

图2

黄色

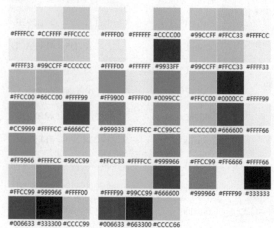

图3

绿色

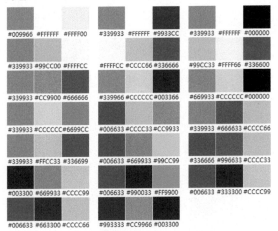

图4

青色

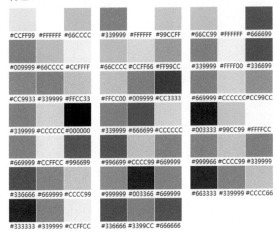

图5

蓝色

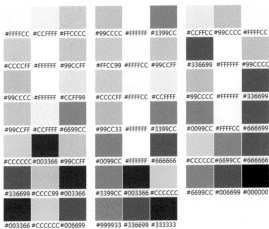

图6

紫色

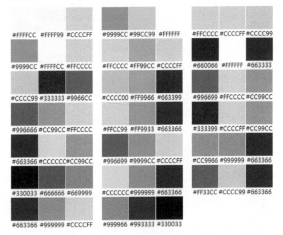

图7

柔和明亮

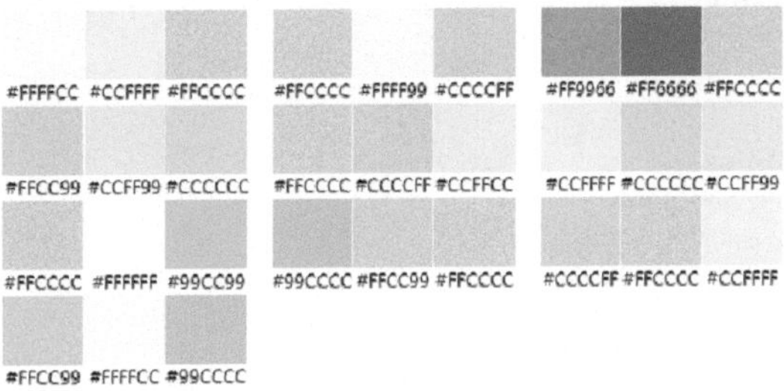

图8

洁净爽朗

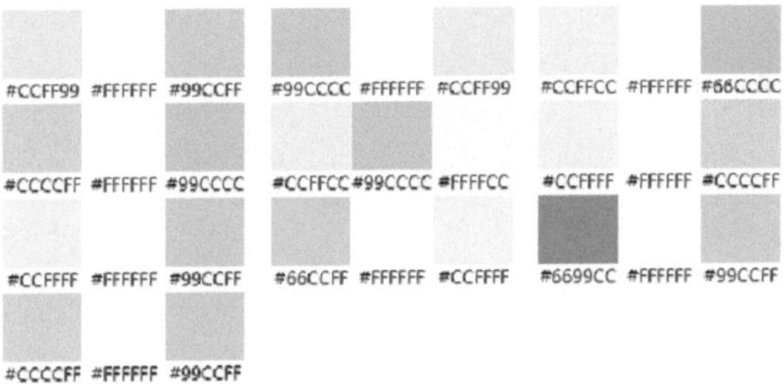

图9

可爱有趣

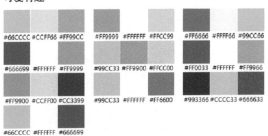

图10

优雅女性

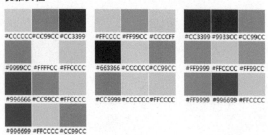

图11

自然安稳

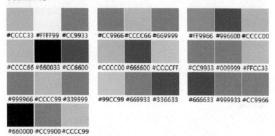

图12

冷静沉着

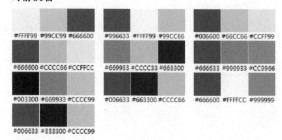

图13

简单时尚

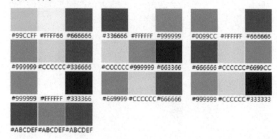

图14

Q：具有特殊结构的材料外观应该利用哪些软件进行绘制？

A：使用 3ds Max、Cinema 4D、Maya 等软件都可以对特殊结构材料外观进行绘制。

Q：在绘制实验方案流程图时，应该怎样进行箭头的标注？主要会用到哪些软件？

A：在科研绘图中，AI 软件可以较好地完成大部分二维平面工作，加以渐变色稍作修饰，甚至可以做出伪 3D 的效果。在 AI 中使用钢笔工具可以精确地绘制出我们想要的形状，包括弯箭头、宽尾箭头等。对于箭头的标注工作十分有效。对于需求不高的情况下，使用 PPT 中自带的箭头模板也是不错的选择，优点是快速高效。

Q：荧光实验结果的图像应该怎样进行调色？

A：科研实验的图像数据的优化是科研绘图中十分重要的一环，对于实验数据的图像处理，在本书中有十分详尽的讲解，包括电镜伪彩处理、去杂色锐化处理等。对于荧光实验图像数据的调色需要使用 Photoshop。在 Photoshop 中可以调整"色相 /饱和度"对图像的颜色进行处理，将颜色的饱和度、色相等单独进行调节。

Q：在不同软件中绘制的图片，应该怎样合并在同一幅图片里？

A：很多时候绘制一张图片并不能只是用一款软件，每一款软件各有所长，在各自擅长的领域绘制出某一部分图像后，需要将它们导入 Photoshop中进行图像合成，合成后还需要单独调色，使图像浑然一体。

Q：绘制 3D 图像的时候，怎样进行阴影和背景的调节才能让图形立体效果更强？

A：当某些三维模型制作极为困难时，可以制作二维图片，再绘制仿真阴影，可以出现图形的立体效果。读者可以尝试在 PS 中使用画笔工具，通过调节软笔刷来绘制阴影，增强图形的立体效果。

Q：委托实验测试公司进行测试后获得的数据，应该利用什么软件进行加工处理？有没有公司提供相关的测试和数据处理服务？

A：对于实验数据的处理建议使用 Origin 进行二维图像的转化，提升数据的形象化表达水平。目前国内大多数提供测试实验服务的公司都不提供数据处理服务，北京中科卓研科技有限公司不仅可以提供检验检测服务，同时还提供实验室中小型设备销售。

Q：科研表达的方式除了二维图片，有没有可以供科研人员学习与使用的视频或者动画制作软件？

A：科研思想由于具有很强的知识壁垒，仅仅靠图像说明有时略显苍白。在这种时候，采用三维动画的形式配以实时解说会使整个过程更生动形象，易于接受。无论是对学术答辩、专利演示，还是基金申请等都是大有裨益的。对于视频制作软件常用的有 3ds Max、Cinema 4D、After Effects、Premiere 等。一段动画往往需要这几个软件协同制作完成。幻彩的制作团队曾为 Science 杂志制作三维动画，为中科大郭光灿院士制作的量子芯片三维动画在央视新闻频道播出，体现了高超的制作水准和国际认可度。同时，动画模型还可以赋予骨骼，调节其运动，或采用动作捕捉技术，使模型运动更加逼真，细节更加丰富，尤其在制作人物、恐龙等场景展现了丰富的应用。

Q：什么是渲染？渲染的效果是什么？

A：在 3ds Max 软件中经常要使用渲染功能查看图像效果。众所周知，我们能看到事物是因为光子在物体表面经历了全反射、折射或是漫反射后进入人眼。那么在三维场景中看到物体也是模拟这个过程，但为了降低电脑负荷，在我们进行三维场景编辑的时候，我们看到的效果是简化后的，只采用了少量的光线模拟运算，所以效果也会打折扣。当开始渲染之后，电脑会全力计算所有像素点的全反射、折射、漫反射甚至二次反射等，得到的效果是最接近真实效果的。这样的过程有些类似于在做扫描电镜的时候分为"Quick view"和"Photo","Quick view"用于实时观察，效果不佳，"Photo"用于确定最终图像，效果更好。

Q：很多杂志对图像的分辨率有具体要求，图片的分辨率怎么确定？DPI与像素的区别与联系是什么？

A：在 Photoshop 软件中打开一张图片，在菜单栏中选择"图像 / 图像大小"，可以查看图片的分辨率。DPI 是一个英文首字母缩写词，即 Dot Per Inch，意思是每英寸的点数，用来表示打印机的打印精度或者显示器的显示精度。数码相机的像素数与 DPI 不同。像素数是拍出照片上的像素的总和，即横向的像素乘以纵向的像素，往往表示为两个数相乘的形式。查看一张数码照片的详细信息，可以看到有一些标着 96DPI，有一些标着 72DPI，有一些标着 300DPI。这个标出的 DPI 一些是为 Photoshop 默认的打印设置的，一些是为显示器而默认设置，以此来判断照片的清晰度。

Q：螺旋和扭曲的效果应该通过怎样的思路来制作？涉及到哪些软件？

A：在 3ds Max 中使用扭曲和锥化修改器可以实现扭曲和螺旋效果。

Q：在图片上的对象保持不变的情况下，用 Photoshop 可以更换背景色吗？

A：这个问题可以理解成有一个图层正好把背景部分遮盖了，而对象的部分是透明的，结合选区使用调整图层就可以。

Q：除了可视化的展示之外，科研成果的表达还有什么表现形式呢？

A：科研成果的表达，其实除了图像、动画等视觉表达的形式以外，还有科学活动这类途径，这种方式不仅能够通过人的视觉、听觉等感官来接受信息，更能够调动人类的大脑进行深入思考和挖掘，为科研成果的表达增添互动参与的成分，尽管

这类形式在国内的开展情况并不普遍，能够策划并开展科学活动的机构也不多见，其中赛恩奥尼文化传媒有限公司却在该领域取得了令人欣慰的成绩。在科普活动、科普影视、科普图书、科学秀、科普展品和科技教育等领域，赛恩构筑了专业的服务方案优势，是国内领先的科学普及解决方案综合服务商，专注中国科普事业发展，致力于高新科技产品化，在科技与公众之间搭建起沟通的桥梁。

Q：有没有速成的学习方法，能够在短时间内掌握科研图像的设计制作技术？

A：北京中科幻彩动漫科技有限公司自 2015 年起定期举办线下科研绘图专题培训，由封面设计经验丰富的讲师现场手把手教学，累计培训超过五十场，参与培训人数近千人。在线下科研绘图专题培训中，可以学习到 3ds Max、Photoshop、AI、Chem3D 等多款软件，结合实例边学边练，并能够通过培训获得丰富的科研图像素材，课程终身免费复听，报名请登录中科幻彩官网 www.zhongkehuancai.com，单击"绘图培训"了解详情。

Q：有没有专业设计制作科研论文封面插图和科学动画的公司？合作流程是怎样的？需要提供什么素材吗？

A：北京中科幻彩动漫科技有限公司，现为北京中关村金种子企业，它是由中科院研究人员创立的，专注于科学可视化和科普的动漫影视 VR 公司，目前主营二维 / 三维动画制作、科普影视拍摄制作、科普虚拟现实 / 增强现实（VR/AR）、企事业单位宣传视频、科普广告和 SCI 科研论文插图封面设计与培训等业务。公司始终专注于高端科学资源科普化和科学可视化，荣获中关村金种子企业、中国科协 2016 年科普中国十大优秀网络作品、北京市新锐科普创客等一系列奖项。公司设计的六百余幅作品已发表在包括 Science Nature、Cell、PNAS 等各学科国际著名杂志上，是国内科研论文配图制作量最大的设计公司，入选北京市科委 2017 年科普征集专项，为中科大郭光灿院士制作量子芯片三维动画在央视新闻频道播出，完成中国科技馆虚拟现实科技馆《让电子皮肤代替你的手脚》VR 展项建设任务。设计师团队均为具有化学、物理、生物、材料、信息等专业背景的科研人员，采取一对一私人订制的模式，进一步简化合作流程，为客户提供个性化的定制服务。具体合作流程请登录中科幻彩官网 www.zhongkehuancai.com 点击"合作流程"了解。

文件格式：jpg、png、tif、mat

文件夹内容：PPT模板素材、标签素材、灯光特效素材、贴图素材、配色方案、3ds Max材质文件

　　为了满足读者在科研绘图设计过程中对素材的需求，中科幻彩特别收录了500套PPT模板、10000余张标签素材、1300余张灯光特效素材和5000余张贴图素材，这些素材都是本书中所涉及的案例及实际操作中所要使用到的文件，以方便读者速查速用，这样可以节省读者制作这些常用图形元素的宝贵时间，全面提升科研绘图设计的整体水平。

科研绘图素材包需配套《科研论文配图设计与制作从入门到精通》使用

EASY TO USE

1. 扫码关注中科幻彩官方微信公众号

2. 回复"素材包"获取素材资源

3. 回复"46620"获取视频教程

部分文件使用请参阅书中描述步骤